砂糖の帝国

日本植民地とアジア市場

Empire of Sugar

External Forces of Change in the Economy of Japanese Colonies

Kensuke HIRAI

平井健介

東京大学出版会

Empire of Sugar:
External Forces of Change
in the Economy of Japanese Colonies

Kensuke HIRAI

University of Tokyo Press, 2017
ISBN 978-4-13-046123-8

目　次

序章　「砂糖の帝国」とアジア……………………………… 1

1. アジア世界の再編　1
2. アジア経済と日本植民地経済　6
3. 砂糖――アジアと日本植民地をつなぐもの　12
4. 論点と構成　20

第I部　東アジアの砂糖市場と植民地糖業

第1章　ジャワ糖問題の登場と抑制
――帝国内砂糖貿易の形成………………………………… 31

はじめに　31
1. 帝国内砂糖貿易の形成　33
2. 「ジャワ糖問題」の登場と抑制　37
3. ジャワ糖の対日本輸入　45
4. 日本精製糖の対中国輸出　50
小　括　57

第2章　ジャワ糖問題の発生――東アジア間砂糖貿易の再興… 59

はじめに　59
1. 帝国内砂糖貿易の成長　60
2. 「ジャワ糖問題」の発生　65
3. ジャワ糖の対日本輸入　69
4. 日本精製糖の対中国輸出　77
小　括　85

第3章　過剰糖問題の時代――帝国内砂糖貿易における相剋…… 87

はじめに　87

1. 「過剰糖問題」と台湾　88

2. 新興産糖地域の「地域利害」　93

3. 帝国の拡大と過剰糖　101

小　括　105

第4章　過剰糖問題の国際環境
――東アジア間砂糖貿易における二つの「日蘭会商」…… 107

はじめに　107

1. 1930年代の東アジア砂糖市場　108

2. 日蘭会商と中国砂糖市場　113

3. 中国における「日蘭会商」　118

4. 糖商会の反対運動　126

小　括　133

第II部　台湾糖業の資材調達と帝国依存

第5章　栽培技術の向上と「肥料革命」…………………… 137

はじめに　137

1. 黎明期の肥料　140

2. 雨降って地固まる　146

3. 土地生産性の向上と移入代替　163

小　括　171

第6章　製糖技術の向上とエネルギー調達の危機……… 175

はじめに　175

1. 在来製糖業から近代製糖業へ　177

2. 近代製糖業の技術進歩とエネルギー　181

3. エネルギー調達の危機と克服　188

小　括　198

第7章　砂糖の増産と包装袋変更問題……………………… 203

はじめに　203

1. アジアにおける包装袋の生産と流通　204

2. 台湾糖業における包装袋需給の変遷　209

3. 包蓆収支の天井　219

小　括　228

終章　日本植民地の国際的契機……………………………… 231

はじめに　231

1. 植民地糖業の展開　233

2. 日本植民地の国際的契機　241

おわりに　243

参考文献一覧　245

図表一覧　259

あとがき　261

索　引　269

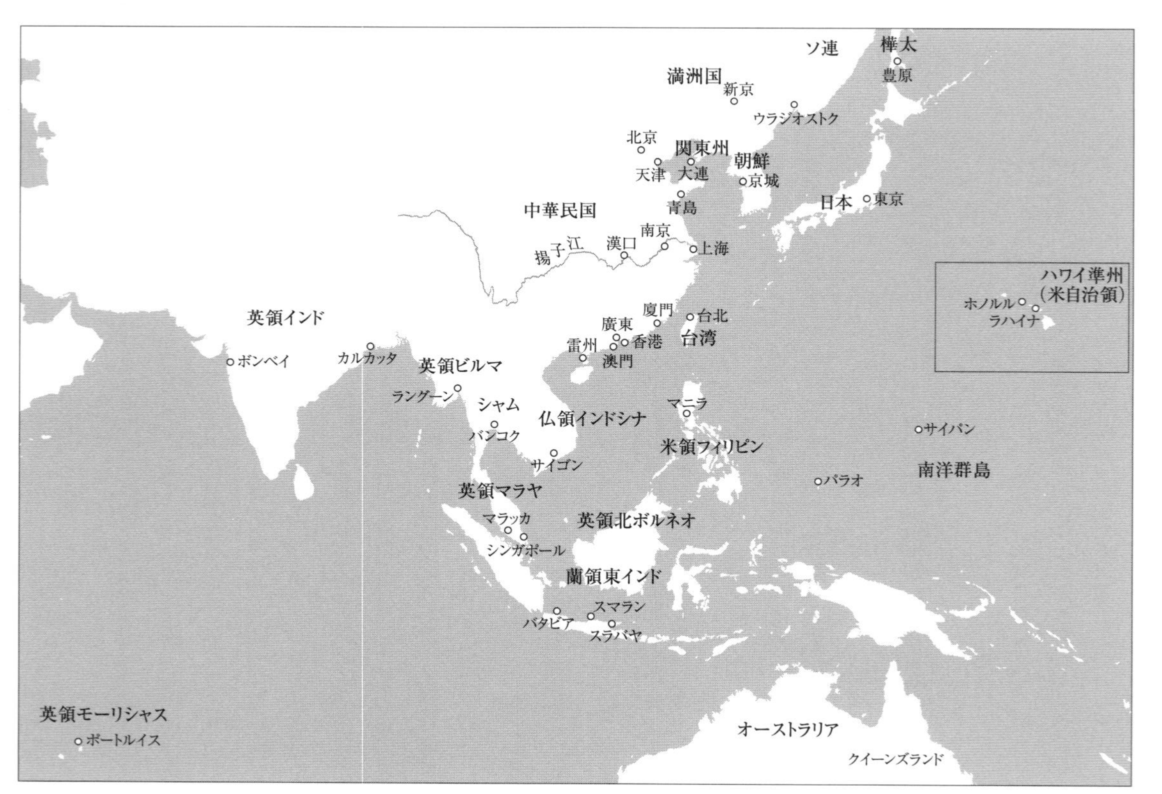

地図1　1930年代のアジア太平洋

出典）筆者作成.

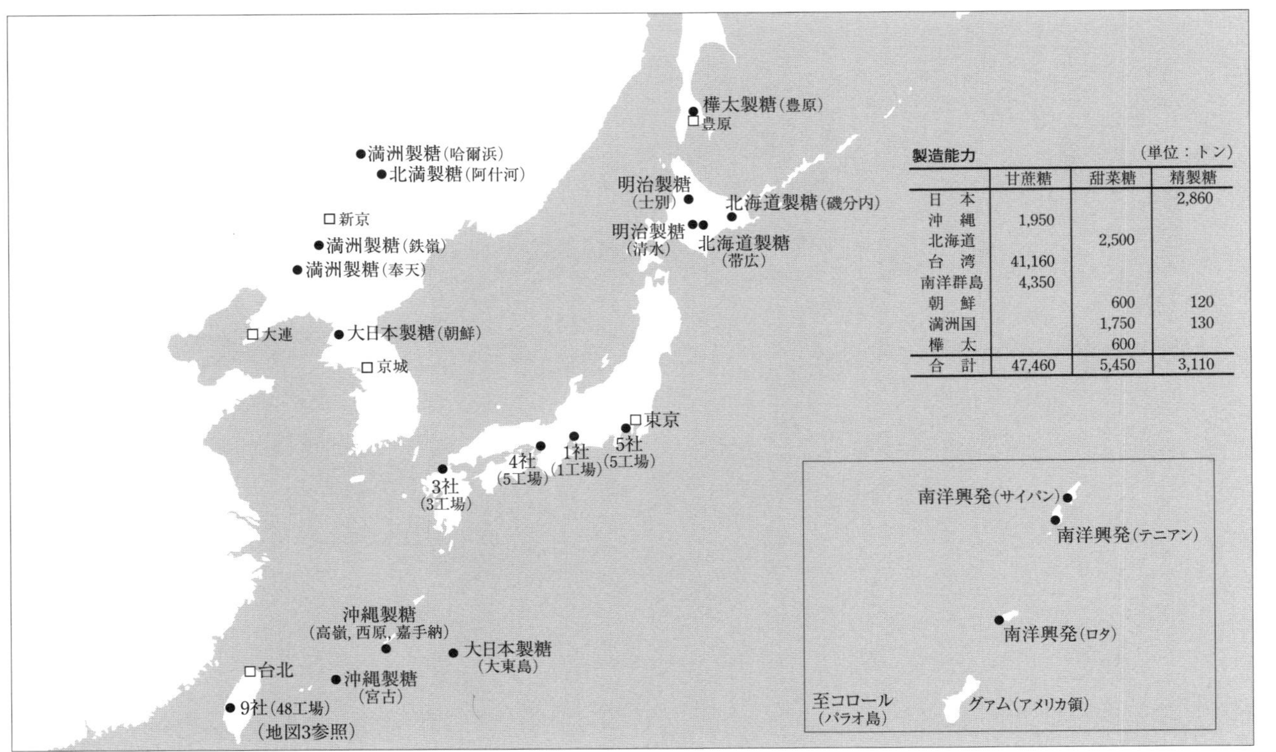

製造能力　　(単位：トン)

	甘蔗糖	甜菜糖	精製糖
日　本			2,860
沖　縄	1,950		
北海道		2,500	
台　湾	41,160		
南洋群島	4,350		
朝　鮮		600	120
満洲国		1,750	130
樺　太		600	
合　計	47,460	5,450	3,110

地図2　1930年代の植民地糖業と日本精製糖業の分布

出典）山下久四郎編『砂糖年鑑』(昭和12年版) 日本砂糖協会，1937年，5-6頁.
注）そのほか，上海に明治製糖㈱経営の明華糖廠，ジャワに大日本製糖㈱ゲダレン工場がある.

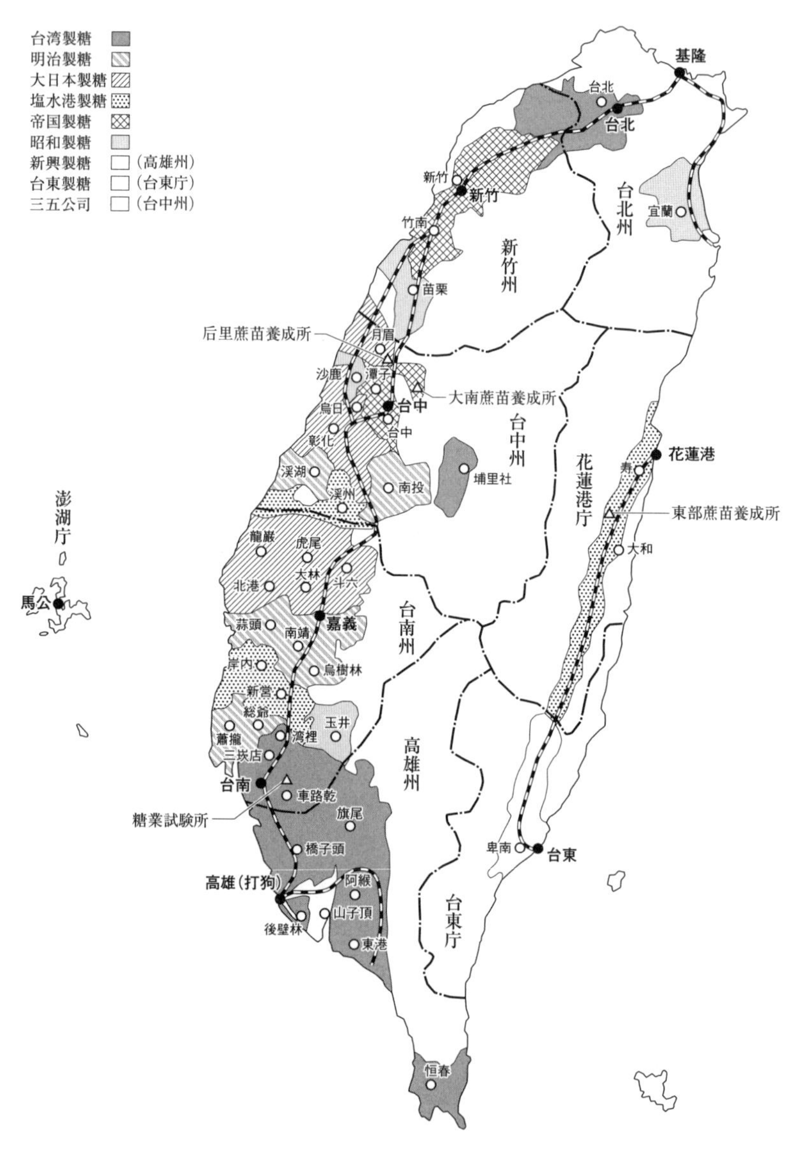

地図3 1930年代の台湾糖業

出典） 台湾総督府『台湾糖業統計』(第24)1936年.

注1） 行政区分は1909-20年までは12庁制であり, 本地図の5州3庁とはおよそ次のとおり対応する. 台北州(旧台北庁・宜蘭庁), 新竹州(旧新竹庁・桃園庁), 台中州(旧台中庁・南投庁), 台南州(旧台南庁・嘉義庁), 高雄州(旧台南庁・阿緱庁). 花蓮港庁, 台東庁, 澎湖庁はほぼ同じ.

注2） 塩水港製糖(株)渓州工場は旧林本源製糖(株). 大日本製糖(株)彰化・大林工場は旧新高製糖(株), 烏日・月眉・斗六・北港工場は旧東洋製糖(株). 明治製糖(株)烏樹林・南靖工場は旧東洋製糖(株). 台湾製糖(株)旗尾工場は旧塩水港製糖(株).

序章　「砂糖の帝国」とアジア

1.　アジア世界の再編

1-1.　国際分業体制の形成とアジア

本書の目的は，19 世紀末から 20 世紀前半のアジアに形成された日本植民地経済の「国際的契機」を，製糖業の分析を通じて明らかにすることである．

19 世紀以降，アジアはイギリスを中心とする欧米列強によって再編されていった．政治レベルの再編は，アジアが主権国家を単位とする近代的な国際関係に二等国あるいは植民地として組み込まれることであった（地図 1 参照）．東アジアの中国と日本，および東南アジアのシャム（現在のタイ）は，植民地化こそ免れたものの，欧米列強に対して片務的な領事裁判権，関税自主権，最恵国条項を認める「不平等条約」を締結させられた．これらの国は，列強の侵入を防ぐために「境界の明確化と辺境地域の内部化」の必要性に迫られ，たとえば中国はロシアや英領ビルマとの間の国境画定と「建省」（新疆省・台湾省・東三省）をおこない，日本も 1870 年代に，北海道，千島列島，小笠原諸島，沖縄を正式に領土とした[1]．他方，南アジアや東南アジア（シャムを除く）の各地域は，欧米列強の植民地とされた．これらの地域は，16 世紀における「ヨーロッパ世界の拡張」のなかで主要交易地に限った「点と線の支配」の下に置かれていたが（「前期植民地国家（early colonial state）」），当該期には後背地までも含む「面の支配」の下に置かれるようになった（「後期植民地国家（late colonial state）」）[2]．南

1）　川島真，服部龍二編『東アジア国際政治史』名古屋大学出版会，2007 年，16–17 頁．

2）　加納啓良「総説」加納啓良編『植民地経済の繁栄と凋落』（東南アジア史 6）岩波書店，2001 年，3 頁．

アジアは英領インドを中心に再編され，東南アジアは，米領フィリピン，蘭領東インド，英領マラヤ・北ボルネオ，英領ビルマ，仏領インドシナ，そして独立国シャムによって構成された．こうして，アジアには現代まで続く国境線で区分された世界が形成された．

経済レベルの再編は，自由貿易原則を基調とする国際分業体制への編入を意味した．植民地化や不平等条約は，その濃淡はあるものの，アジア諸地域に自由貿易を「強制」したからである．他の非欧米地域と同様に，アジアは欧米工業国が需要する一次産品の供給地域や欧米工業国が生産する工業製品の市場となり，東アジアからは生糸，南アジアからはジュート（黄麻）・棉花・茶，東南アジアからは錫・砂糖・ゴム・米などがそれぞれ輸出され，欧米工業国からは様々な工業製品が輸入された．国際分業体制は，覇権国イギリスが供給する「国際公共財」によって拡大していった．たとえば，自由貿易原則の維持や，金との兌換が保証されたポンドを基軸通貨とする国際金本位制は，経済活動に伴うリスクを軽減したし，イギリスが主導した交通・通信インフラ（鉄道・蒸気船・海底電信ネットワーク）の形成はヒト・モノ・カネ・情報の物理的な移動を促進し，世界に展開したイギリス海軍はシーレーンの安全に寄与した[3)]．

ただし，以上のような国際分業体制の成立は，欧米列強のみに利益をもたらしたわけではなく，アジア経済の成長にも寄与した．たとえば，不平等条約の締結による東アジアの「開港」は，それまで中国内部に限定されていた中国商人の活動範囲が，東アジア各地に拡大する契機となった．古田和子は，19世紀後半の東アジアは上海を拠点とする中国商人が形成する「上海ネットワーク」によって秩序づけられていたと指摘し，籠谷直人は，開港した日本の前に姿を現したのは「華僑商人の海」であり，日本の開港は西洋への開港という側面だけでなく「アジアへの開港」という側面を有していたと指摘する[4)]．また，杉原薫は，対欧米向けの一次産品の生産が拡大するなかで増大した労働者の購買力は，すべてが欧米製品に向けられたのではなく，一部はアジア製品に向けら

3）　秋田茂『イギリス帝国の歴史』中公新書，2012年，159頁．

4）　古田和子『上海ネットワークと近代東アジア』東京大学出版会，2000年；籠谷直人『アジア国際通商秩序と近代日本』名古屋大学出版会，2000年，33頁．そのほか，朝鮮の開港と中国商人については，石川亮太『近代アジア市場と朝鮮：開港・華商・帝国』（名古屋大学出版会，2016年）がある．

（単位：100万ポンド）

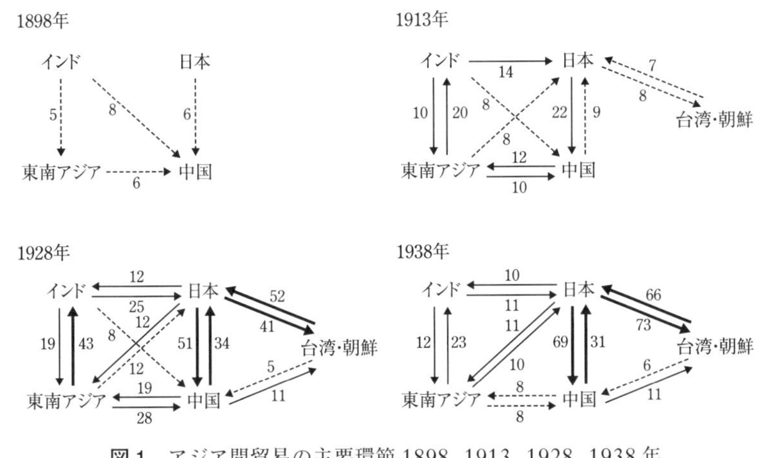

図 1　アジア間貿易の主要環節 1898, 1913, 1928, 1938 年

出典）杉原薫『アジア間貿易の形成と構造』ミネルヴァ書房，1996 年，21, 115 頁．
注）500 万ポンド以上の環節のみ掲載（FOB ベース）．点線は 1,000 万ポンド未満，実線は 1,000 万ポンド以上 3,000 万ポンド未満，太線は 3,000 万ポンド以上の貿易環節を示す．

れていたこと，その結果，日本・中国・インドの工業製品（綿製品や雑貨品），東南アジアの米・砂糖などがアジア域内で活発に取引され（図 1），この「アジア間貿易」の成長率はアジアの対欧米貿易の成長率を上回っていたことを明らかにした[5)]．アジア間貿易は，当該期の世界のどの地域よりも高い貿易結合度を有し[6)]，その担い手は欧米商社のみならず，日本商社・中国商人・インド商人などのアジア商人であった[7)]．

ここで重要なことは，アジア経済の成長は，アジア内の論理で説明できるものではないということである．たとえば，中国商人の活動範囲を広げた「開港」は欧米列強による「強制された自由貿易」の一環であった．また，中国商人やアジア人移民は国際公共財（蒸気船ネットワークなど）の受益者であったし，アジアの購買力の成長の源は対欧米一次産品輸出であった．アジア経済の成長は，

5）杉原薫『アジア間貿易の形成と構造』ミネルヴァ書房，1996 年（第 1 章）．
6）松本貴典「両大戦間期における世界貿易の貿易結合度分析：その計測と含意」『成蹊大学経済学部論集』第 25 巻 1 号，1994 年 10 月．
7）杉山伸也，リンダ・グローブ編『近代アジアの流通ネットワーク』創文社，1999 年．

世界経済との関係があってはじめて達成されたのである[8)].

1-2. 帝国日本の興隆

アジア世界の再編は欧米列強との関係だけで進められたわけではなく，東アジアでは日本の対外膨張によってさらなる再編が進められた（地図1参照）．日本の対外膨張の嚆矢は，上述の領土画定にまで遡ることができる．というのも，1890年の明治憲法の施行時点における日本の領土は，それ以後に領有された地域（後述）と区別して，憲法が適用される「内地」とされたが，北海道・千島列島と琉球の領有は異民族支配にほかならず，これら地域は「内地植民地」とも呼ばれたからである．

日本の領土はさらに「戦略的な利益に合致するという最高権力者レベルでの慎重な決定」[9)] に基づきながら，「利益線」（領土の「安危に密着の関係ある区域」）をめぐる近隣諸国との争いを通じて拡大していった．最初に「利益線」と位置づけられたのは朝鮮であった．日本は，朝鮮への影響力を保持したい中国との日清戦争（1894–95年），朝鮮半島への進出の可能性を否定しないロシアとの日露戦争（1904–05年）にそれぞれ勝利して，朝鮮半島に対する日本の優越権を列強に認めさせたほか，台湾・澎湖諸島（1895年）と樺太（1905年）を植民地として，関東州・満鉄附属地（1905年）を中国からの租借地として新たに獲得し，「韓国併合に関する条約」（1910年）によって朝鮮の植民地化に成功した．しかし，朝鮮の植民地化による領土の拡張は，朝鮮に隣接する満洲の「利益線」化をもたらし，最終的に日本の傀儡国家としての「満洲国」（1932年）の樹立につながった．そのほか，日本は第一次世界大戦に参戦（1914–17年）し，ドイツが中国から租借していた青島，および太平洋に領有していた南洋群島を占領した．青島は中国や列強の反発を受けて返還したものの，南洋群島は大戦後に設立された国際連盟の「C式委任統治領」（1921年）として日本の統治下に置かれた．

明治憲法の施行以後に獲得されたこれらの地域は，憲法がそのまま適用され

8）アジア経済における近世と近代の連続性，そこでのヨーロッパのプレゼンスをどの程度認めるかは，論者によって異なる．この点については，古田『上海ネットワークと近代東アジア』（「補論「アジア交易圏」論とアジア研究」205–208頁）に詳しい．

9）マーク・ピーティー『植民地：帝国50年の興亡』読売新聞社，1996年，26頁．ただし，台湾は例外であり，「主に国家的威信を理由に占領された」（同26頁）．

ないために,「内地」と区別されて「外地」と呼ばれた(満洲は外国扱い). 本書では, これらをまとめて「日本植民地」と呼ぶ.

こうして形成された日本植民地の経済は, 日本に一次産品を供給する食料原料基地として, あるいは日本の工業製品や資本輸出を引き受ける製品・投資市場として再編された. 日本は1890年代以降, 綿紡績業などの軽工業を中心とする工業化を通じて経済成長を開始したが, そのなかで一部の工業原料(棉花など)や食料(砂糖や米)の輸入が増大し, 外貨が流出していった. 日本は植民地との間で特恵関税圏(海外からの輸入品には関税を課すが, 植民地からの移入品には一部の例外を除いて関税を課さない)を設定し, 輸入品を植民地品で代替することを企図した. 他方, 各植民地政府は, 事業公債の発行, 土地調査事業による私的所有権の確定と地税の徴収, 専売制や鉄道経営などの官業を通じて歳入の増加を図り[10], それを植民地官僚[11]の給与のほか, 交通・通信インフラ(蒸気船, 鉄道, 道路, 港湾, 電信電話)の整備[12]や, 各種産業への奨励金(試験場などの研究機関の設立も含む)などに用いた.

日本植民地で生産された主要な一次産品は, 砂糖・米・木材(パルプ)・大豆粕・鉄鉱石・石炭などであり, そのほとんどが日本商人によって日本へ移出された. 1935年における日本の全輸移入額に占める植民地からの移入額の比率は約31%, 砂糖や米を主とする食料品に限れば約81%に達し, 植民地は日本の外貨流出の抑制に寄与した. また, 日本の輸移出額に占める植民地への移出額の比率は約36%, 重化学工業品に限れば約62%であり, 日本植民地は国際競争力に乏しい日本の重化学工業品にとって重要な市場となった[13].

日本植民地経済は, アジア経済のなかでどのような位置を占めたのだろうか. この点を比較史的視角から見ると, 第1に, 経済成長率の高さを指摘できる. 世界の経済指標の長期的変化を独自の方法で推計した「マディソン・プロジェ

10) 平井廣一『日本植民地財政史研究』ミネルヴァ書房, 1997年.

11) 1926年における帝国全体の官僚は148,000人であり, その約3分の1にあたる45,000人が植民地官僚であった(岡本真希子『植民地官僚の政治史』三元社, 2008年, 18頁).

12) 高橋泰隆『日本植民地鉄道史論』日本経済評論社, 1995年; 小風秀雅『帝国主義下の日本海運: 国際競争と対外自立』山川出版社, 1995年; 李昌玟『戦前期東アジアの情報化と経済発展: 台湾と朝鮮における歴史的経験』東京大学出版会, 2015年.

13) 山本有造『日本植民地経済史研究』名古屋大学出版会, 1992年, 128–129頁.

クト（Maddison Project Database）」によれば，1913–40年の1人当たり実質GDPの年平均成長率は，全世界0.93%，ヨーロッパ主要12ヵ国1.13%，アメリカ1.04%，アジア0.94%に対し，日本2.74%，朝鮮2.28%，台湾1.63%であった[14]．第2に，宗主国との密接な貿易関係を指摘できる．図1に示されるように，日本と台湾・朝鮮の間でおこなわれた日本帝国内貿易は，1928年にアジア間貿易の最大の環節となり，その傾向は世界恐慌の影響で世界経済が縮小傾向に入った1930年代にも続いた．日本植民地経済は，宗主国との密接な関係を持ちながら，高い経済成長を実現したのである．

一方，アジア経済における日本植民地経済の位置を関係史的視角から眺めようとした時，言い換えるならば，「日本植民地経済の成長はアジア経済（あるいは世界経済）とどのような関係にあったのか」という問いを立てた時，それに答えることは容易ではない．本書が日本植民地経済の「国際的契機」，すなわち経済成長の外的要因を解明しようとする動機はここにある．

2.　アジア経済と日本植民地経済

2–1.　アジア経済の異空間

アジア経済史研究は，近代アジア経済を欧米宗主国との関係のなかだけで捉えるのではなく，アジア域内で自生する経済的紐帯が，欧米を中心とする世界経済との関係のなかでどのように変容しながら展開したのかという点から捉えなおすことを目的として，域内におけるヒト，モノ，カネ，情報の動きを考察し，アジア間貿易やアジア商人の重要性を指摘してきた[15]．しかし，この「ア

14）“Maddison Project Database”（http://www.ggdc.net/maddison/maddison-project/data.htm）．マディソン推計は推計方法に問題点が多く，実際には台湾の経済成長率の方が，朝鮮のそれよりも高い．（溝口敏行，梅村又次『旧日本植民地経済統計』東洋経済新報社，1988年）．なお，日本と植民地の間では明確な所得格差（日本の所得水準（GDE per capita）を100とした場合，台湾は約60，朝鮮は約35）があったし，植民地内部では，日本人と植民地人の間には賃金格差があった．ここでは，植民地の経済成長率が宗主国と同等であり，同時期の世界平均よりも高かったことだけを指摘するにとどめる．

15）主要業績として，濱下武志，川勝平太編『アジア交易圏と日本工業化：1500–1900』リブロポート，1991年；杉原『アジア間貿易の形成と構造』；古田『上海ネットワークと近代東アジア』；籠谷『アジア国際通商秩序と近代日本』；杉山，グローブ『近代アジアの流通ネットワーク』；籠谷直人，脇村孝平編『帝国とアジア・ネットワーク：長期の19世紀』世界思想社，2009年．

ジア」のなかに，日本植民地が含まれることはなかった．その背景として，上述したように，帝国日本内部では特恵関税圏によって他のアジア世界と異なる経済空間が形成されており，日本植民地と日本との貿易結合度が極めて高かったことが指摘できる．たとえば，1928年におけるアジアの各植民地の対宗主国貿易比率（輸出・輸入）は，欧米の植民地では英領インド21%・39%，蘭領東インド17%・18%，仏領インドシナ21%・41%，米領フィリピン75%・62%であったのに対し，日本植民地では台湾87%・69%，朝鮮91%・71%であった16)．アジア経済史研究は，帝国日本内部を高い結合度で結ばれた異質な空間とし，日本植民地とアジアとの関係を考察することを避けてきたのである．

こうしたなかで，華商ネットワークに着目することで，日本植民地経済とアジア経済の関係を議論する研究が進められてきた．朝鮮については，植民地化前後の時期における通貨流通を取り上げた古田和子や石川亮太の研究があり，日本が大陸進出に際して実施した金融インフラの整備に対抗していく中国商人の考察を通じて，日本が対応を迫られた相手は清朝という「国家」ではなく，国境を越えて機能する「境域を支配する経済秩序」であったことが明らかにされている17)．また，台湾についても，林満紅や河原林直人は，台湾海峡の両岸地域に限られていた台湾人商人の活動範囲が，華商ネットワークと帝国日本の勢力圏の双方の拡大に支えられて，東南アジアや満洲へと拡大していったことを明らかにした18)．華僑ネットワークの強靱性をアプリオリに設定することには批判がある19)ものの，これらの研究は日本植民地経済に新たな側面を付け加えることに成功したと言える．しかし，華商が活躍し得た範囲は，朝鮮では植

16) 杉原『アジア間貿易の形成と構造』134頁．

17) 古田和子「境域の経済秩序」『アジアとヨーロッパ』（世界歴史23）岩波書店，1999年；石川『近代アジア市場と朝鮮』（第Ⅲ部）．

18) 林満紅「日本と台湾を結ぶネットワーク」貴志俊彦編『近代アジアの自画像と他者』京都大学出版会，2011年；林満紅「華商と多重国籍」『アジア太平洋討究』第3号，2001年；林満紅「日本植民地期台湾の対満洲貿易促進とその社会的意義」秋田茂，籠谷直人編『1930年代のアジア国際秩序』渓水社，2001年；林満紅「日本の海運力と「僑郷」の紐帯」松浦正孝編『昭和・アジア主義の実像』ミネルヴァ書房，2007年；林満紅「日本政府と台湾籍民の対東南アジア投資（1895–1945）」『アジア文化交流研究』第3号，2008年3月；河原林直人『近代アジアと台湾』世界思想社，2003年．

19) 谷ヶ城秀吉は，華僑ネットワークの強靱性をアプリオリに設定する研究に疑問を投げかけ，取引主体を取り巻く外部環境の変化を考察する必要性を提起した（谷ヶ城秀吉『帝国日本の流通ネットワーク』日本経済評論社，2012年）．

民地時代の「初期」に限られていたし，台湾でも全貿易額の約10%を占めるに過ぎない対アジア貿易に限られていたことは，華商ネットワークからのアプローチの限界を示している．日本植民地経済が対日貿易を軸に展開していた点を議論に組み込めない限り，日本植民地経済に新たな側面を付け加えることはできても，日本植民地をアジアのなかに位置づけることはできない．

他方，日本植民地経済史研究は，日本植民地経済の「国内的契機」にのみ関心を寄せてきた[20]．1970年代までの日本植民地経済史研究[21]の主たる関心・目的は，日本による植民地の経済的支配とそれに対する現地プレーヤーの抵抗を解明することにあったが，1970年代以降の東アジアの経済成長を背景に，日本植民地経済を「支配と抵抗」の文脈からだけでなく，「侵略と開発」の文脈からも把握する必要性が提起される[22]ようになり，国民経済計算による分析を通じて日本植民地の経済成長が数量的に示された[23]ことは，この傾向に拍車をかけた．また，各産業の研究も進展し，日本による植民地支配のなかでどのような経済的機会が生み出され，それに現地プレーヤーはどのように対応したのか

20）日本経済史研究は，日本植民地を考察対象としてこなかった．籠谷直人は，「戦後の日本史研究は，植民地を放棄した戦後の「小日本主義」的意識を前提に，戦前期の日本の植民地部分を「外部」化し，近代史における日本「国内」史と「植民地」史を，それぞれ別個のものとして議論する傾向」にあったと指摘する（籠谷直人『アジア国際通商秩序と近代日本』21頁）．また，堀和生も，日本経済史研究の研究手法は「きわめてドメスチック」であり，その要因として「近代日本帝国主義のアジア侵略を価値観として否定するあまり，日本近代史の対象を日本の主要4島に限定する傾向がある」ことを指摘している（堀和生『東アジア資本主義史論 I』ミネルヴァ書房，2009年，2–3頁）．さらに，日本帝国主義史研究においても，植民地支配をするに至った日本の経済構造の解明に関心が寄せられ，植民地経済は考察対象とはされなかった（兒玉州平「序言：戦前日本帝国下の植民地・占領地経済に関する関係史的接近」『社会経済史学』第83巻1号，2017年5月，7頁）．

21）主要な業績として，浅田喬二『日本帝国主義と旧植民地地主制』御茶の水書房，1968年；江丙坤『台湾地租改正の研究』東京大学出版会，1974年；矢内原忠雄『帝国主義下の台湾』岩波書店，1929年；涂照彦『日本帝国主義下の台湾』東京大学出版会，1975年；朴慶植『日本帝国主義の朝鮮支配』（上・下）青木書店，1973年；林炳潤『植民地における商業的農業の展開』東京大学出版会，1971年；満洲史研究会『日本帝国主義下の満洲』御茶の水書房，1972年；浅田喬二・小林英夫編『日本帝国主義の満洲支配』時潮社，1986年．

22）松本俊郎『侵略と開発』御茶の水書房，1992年；小林英夫編『植民地化と産業化』（近代日本と植民地3）岩波書店，1993年；マーク・ピーティー『植民地』．戦後韓国の経済成長の起源を植民地時代に求めた研究として，Eckert, Carter J., *Offspring of Empire: The Koch'ang Kims and the Colonial Origins of Korean Capitalism, 1876–1945*, Seattle: University of Washington Press, 1991（カーター・エッカート『日本帝国の申し子』草思社，2004年）がある．

23）山本『日本植民地経済史研究』；溝口，梅村『旧日本植民地経済統計』．

について，比較史的視角から考察されてきた．農業の領域では，植民地農業の成長には日本からの技術移転（高収量品種，肥料，灌漑設備）が重要であり，その成果は台湾では高く朝鮮では低かったことが明らかとなった[24]ほか，台湾の稲作における肥料供給では，総督府の肥料政策の限界を補う台湾人肥料商の重要性が指摘されている[25]．工業の領域では，工業化を牽引した大工場の多くは日本資本であったが，植民地下で生み出される様々な経済的機会を捉えた現地資本によって，中小零細工業が成長していたこと，それは台湾でより顕著であったことが明らかにされた[26]．

関係史的視角からの研究として，堀和生の帝国内分業論がある．堀は，外貨問題に直面した帝国日本の重要な機能は「帝国としての輸入代替」であり，「植民地生産による代替機能を実に効率的に実現」することで拡大していく帝国内分業は，日本・植民地間関係にとどまるものではなく，それを主軸にしながら植民地相互の関係を副次的に形成し，植民地相互の関係は「帝国内分業の性格をより鮮明に示す」とした[27]．

このように，日本植民地経済を捉える視点は「支配と抵抗」から「侵略と開発」へ，あるいは比較史的研究や関係史的研究など多様化してきたが，いずれにせよ日本植民地経済の展開を帝国日本内部の論理で説明しようとしており，日本植民地経済の「国際的契機」の解明につながるものではない．

24）Hayami, Yujiro and Ruttan, Vernon W., *Agricultural Development: An International Perspective*, Baltimore and London: The Johns Hopkins University Press, 1971; Myers, Ramon H. and Yamada, Saburo, “agricultural development in the empire,” in Myers, Ramon H. and Peattie, Mark R. (eds.), *The Japanese Colonial Empire, 1895–1945*, Princeton: Princeton University Press, 1984.

25）平井健介「1910–30年代台湾における肥料市場の展開と取引メカニズム」『社会経済史学』第76巻3号，2010年11月．

26）台湾と朝鮮を比較した研究として，木村光彦「植民地下台湾・朝鮮の民族工業」（名古屋学院大学産業科学研究所，Discussion Paper No.3，1981年），金洛年「植民地期台湾と朝鮮の工業化」（中村哲，堀和生編『日本資本主義と朝鮮・台湾』京都大学学術出版会，2004年）がある．各植民地を対象とした主な業績としては，台湾については，堀内義隆「日本植民地期台湾の米穀産業と工業化」（『社会経済史学』第67巻1号，2001年5月），堀内義隆「植民地期台湾における中小零細工業の発展」（『調査と研究』第30号，2005年4月），朝鮮については，堀和生『朝鮮工業化の史的分析』（有斐閣，1995年）や金洛年『日本帝国主義下の朝鮮経済』（東京大学出版会，2002年）などがある．

27）堀『東アジア資本主義史論Ⅰ』227，231頁．

2-2. 本書の分析視角

以上のように，先行研究は，日本植民地経済の「国際的契機」の有無を分析する枠組を持ちあわせてこなかったのであり，日本植民地経済とアジア経済との関係がなかったのか否かは，決して自明なことではない．

そこで，本書では，対帝国外関係と対日関係の「連関」という視角から，日本植民地経済の「国際的契機」を解明したい．先行研究が日本植民地経済の「国際的契機」を解明してこなかった要因は，日本経済史が「日本とアジアの関係」を，日本植民地経済史が「日本と日本植民地の関係」を，アジア経済史が「日本植民地とアジアの関係」をそれぞれ個別に考察したことにあると考えるからである．図 2–① は，先行研究が内包するこのような分析視角上の問題点を図示したものである．これに対して，本書の特徴は図 2–② に示したように，対日関係と対帝国外関係の「連関」のあり方を 2 つの点から検討する点にある．第 1 は，植民地の対日貿易と日本の対帝国外貿易の「連関」であり（連関 α），植民地商品のほぼ唯一の販売先である日本市場の環境が，帝国外地域との関係のなかでどのように変化したのかを考察することで，対日関係を介した日本植民地と帝国外地域の間接的な関係の解明が期待できる．第 2 は，植民地の対日貿易と植民地の対帝国外貿易の「連関」であり（連関 β），日本市場へ販売される植民地商品の生産や輸送を支える様々な資材がどのような地域から供給されていたのかを考察することで，やはり対日関係を介した植民地と帝国外地域の間接的な関係の解明が期待できる．

また，植民地相互の関係を，対帝国外関係の強弱に作用するものとして考察することも，本書のもう一つの特徴である．このような視角を設定する理由は，植民地相互の緊密な経済関係を指摘する帝国内分業論には，以下 2 つの問題があると考えるからである．第 1 に，貿易の規模の問題である．図 2 に示されるように，帝国内貿易が最も拡大した 1939 年でも，植民地相互間の貿易の規模は，対日貿易の 11 分の 1，対帝国外貿易の半分に過ぎなかった．こうした点を考慮すれば，植民地相互の関係を直接的な貿易から導き出すことは困難であると思われる．第 2 に，「地域利害」の問題である．帝国日本には「帝国としての輸入代替」という強力な「帝国利害」が存在する一方，各植民地には自身の「地域利害」（地域の「開発」）を追求する「植民地政府主導型の植民地政

①先行研究の分析視角

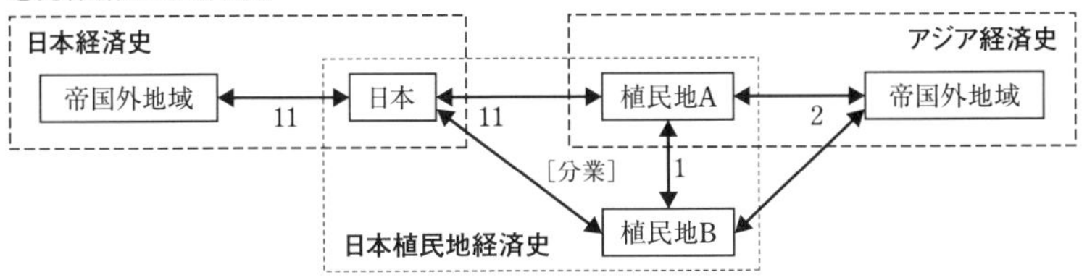

②本書の分析視角

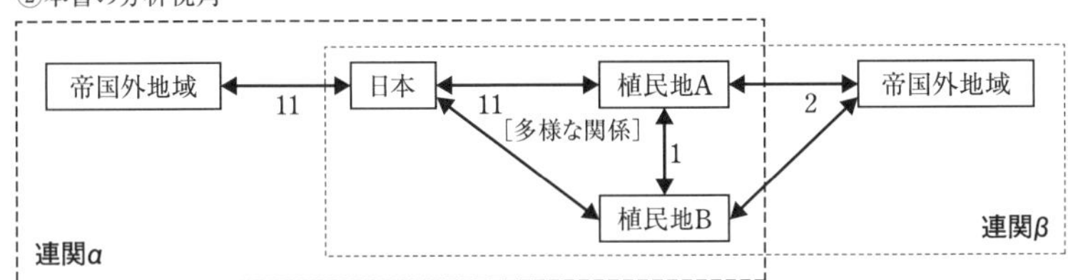

図 2 先行研究の分析視角と本書の分析視角

出典） 著者作成.
注 1） 図上の数字は，堀和生『東アジア資本主義史論 I』（ミネルヴァ書房，2009 年）214 頁の図 7–2 を用い，1939 年における各貿易環節の規模（植民地相互の貿易の規模＝1）を示している．日本・帝国外地域の貿易額は 12.31 億新ドル，日本・植民地の貿易額は 12.28 億新ドル，植民地相互（植民地・他植民地間）の貿易額は 1.09 億新ドル，植民地・帝国外地域の貿易額は 1.97 億新ドルである．
注 2） 「植民地」には台湾，朝鮮，関東州のほか満洲が含まれ，樺太と南洋群島は含まれない．

策」[28] が許されていた．その結果，各植民地の商品は棲み分けられることなく，むしろ日本が需要する特定の商品（砂糖や米など）が各植民地で同時生産され，日本へ移出されることになった．したがって，各植民地は相互に競合相手であり，植民地 A の「地域利害」が植民地 B の「地域利害」はもちろん，時には「帝国利害」とも合致しないことはあり得たにもかかわらず[29]，帝国内分業論ではこうした議論は組み込まれず，利害相剋の自動調整が想定されている．実際には植民地相互間では，時々の状況に応じて「分業」と「相剋」（対立）の間を揺れ動く，

28） 山本『日本植民地経済史研究』152 頁.
29） 植民地経済史研究では，植民地においては「地域利害」と「帝国利害」が相剋したことが明らかにされてきた．たとえば，産米増殖計画をめぐる日本・植民地間の相剋を扱った松本俊郎は，「帝国内の経済的な発展に対して作られていた帝国主義権力の緩やかな合意が，権力的な統一性の不十分さと相まって，権力内部に矛盾を拡大させていた」とした（松本俊郎「植民地」1920 年代史研究会編『1920 年代の日本資本主義』東京大学出版会，1983 年，321 頁）．

多様で動態的な関係が形成されていたのではないだろうか（図 2–② の中央部）.

本書では，多様で動態的な植民地相互間の関係が，対帝国外関係にどのように作用したのかを考えたい．たとえば，連関 α について見れば，日本市場において植民地商品の供給が過剰となった場合，その商品を生産する植民地 A と植民地 B の間で生産調整がなされ，その商品の帝国外への輸出が回避されたか否か，ということであり，連関 β について見れば，植民地 A の商品の増産や輸送に必要となる資材が帝国外から輸入されている際に，植民地 B が新たな供給地として登場し，輸入代替が図られるのか否かということである.

3.　砂糖――アジアと日本植民地をつなぐもの

日本植民地経済の「国際的契機」を以上の 2 つの視角から解明するに際して，本書では，製糖業を具体的な考察対象とする．それは，砂糖が当該期のアジア経済と日本植民地経済の双方で最も重要な貿易品であったからである.

3–1.　砂糖の大衆化

砂糖は，農地で栽培された砂糖原料（甘蔗（サトウキビ）や甜菜（ビート））を，数次の工程を通じて加工することによって生産される（以下，図 3 を参照）．製糖工程は，砂糖原料を工場へ運び込む「刈取・運搬工程」に始まり，運び込まれた砂糖原料から糖汁を得る「圧搾工程」，糖汁から不純物を取り除きつつ結晶を作成する「煎糖工程」へと続く．以上の工程を経て生産されるのが，糖蜜が残存する含蜜糖である（日本の黒糖はこれに当たる）．さらに，含蜜糖から糖蜜を分離する「分離工程」を踏むと，糖蜜がほぼ除去された分蜜糖が生産される（我々が砂糖と呼ぶのはこれにあたる）．分蜜糖は，その純度によって粗糖と精白糖に分類される．粗糖は，糖蜜が完全には除去されていない褐色の砂糖であり，そのまま直接消費される直消糖と，精白糖の一種である精製糖の原料になる原料糖とに分けられる．精白糖は糖蜜が完全に除去された透明の砂糖であり，粗糖の製造工程で生産される白糖（耕地白糖）と，原料糖を精製工程を通じて加工した精製糖に分けられる．甘蔗から含蜜糖・粗糖・白糖を製造する産業が甘蔗糖業，甜菜から粗糖・白糖を製造する産業が甜菜糖業，甘蔗や甜菜から製造された粗

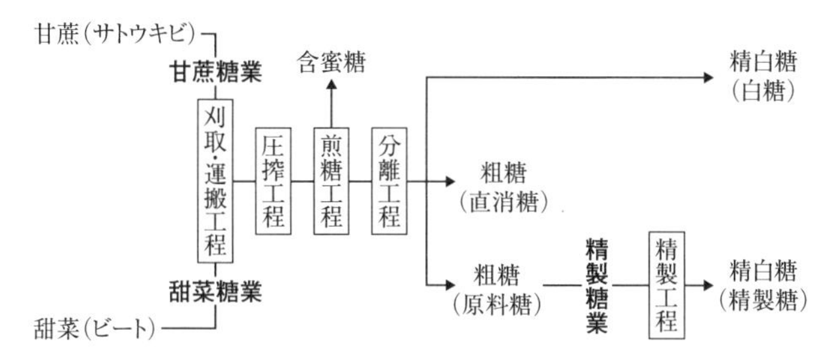

図3 製糖業と砂糖の類型

出典) 著者作成.

糖(原料糖)を加工して精製糖を製造する産業が精製糖業である.

18世紀まで,砂糖は甘蔗から生産されていた.甘蔗糖業の起源はインドにあるとされ,そこから東は中国へ,さらに16世紀以降に東アジアや東南アジアへ伝播し,西は7世紀頃「コーランに従う」ように中東から地中海へ,さらに15世紀末から始まる「ヨーロッパ世界の拡張」を通じて新大陸へ伝播していった[30].世界の砂糖市場はアジア市場(アジア域内)と環大西洋市場(新大陸=ヨーロッパ)で構成された.アジア市場で生産・消費されたのは主に含蜜糖であり,インドではグル糖,中国では赤糖,琉球では黒糖と呼ばれた.含蜜糖は小農によって生産され,国内消費のみならずアジア一帯に輸出されて,主に奢侈品として富裕層に消費された.他方,環大西洋市場で生産・消費されたのは粗糖や精製糖などの分蜜糖であった.シドニー・ミンツやエリザベス・アボットが指摘したように,植民地主義と奴隷貿易が結びつくことで生産量が増大した新大陸産の「ほろ苦い(bittersweet)」粗糖は,ヨーロッパへ輸出されて精製糖へと加工され,工業化のなかで形成された工場労働者が需要する手っ取り早い栄養補給源——砂糖入り紅茶——として消費された[31].18世紀のヨーロッパでは砂

---

30) Daniels, Christian, “agro-industries: sugarcane technology,” in Needham, Joseph (ed.), *Science and Civilization in China*, Volume 6, Part 3, New York: Cambridge University Press, 1996, pp. 419–467; Mintz, Sidney, *Sweetness and Power: The Place of Sugar in Modern History*, New York: Viking, 1985(シドニー・W・ミンツ『甘さと権力:砂糖が語る近代史』平凡社,1988年).

31) Abbott, Elizabeth, *Sugar: A Bittersweet History*, London and New York: Duckworth Overlook, 2009(エリザベス・アボット『砂糖の歴史』河出書房新社,2011年); Mintz, *Sweetness and Power*.

糖はもはや奢侈品ではなく，大衆品となった．

18 世紀までの製糖業（在来製糖業）の生産性は低かった．甘蔗は生育に 1 年以上を要するため，たとえ少収量でも環境変化に耐性のある品種が好まれたし，肥料は堆肥や人糞尿などが利用された．また，圧搾工程は畜力，煎糖工程は薪・バガス（甘蔗の圧搾粕）を用いた直炊きといった自然エネルギーに依存していた．1800 年頃のキューバを事例に在来製糖業の到達点を見ると，糖度搾出率（甘蔗に含まれる糖分の搾出率）は最高でも 50%，一製糖期（約半年）の圧搾量は 170 トンに過ぎなかった[32]．また，自然エネルギーに依拠する在来製糖業の成長は，1 つの土地を砂糖原料である甘蔗の栽培に充てるのか，圧搾工程で要する家畜の放牧に充てるのか，煎糖工程で要する薪材の植林に充てるのかという土地利用の相剋を引き起こし，産業の持続的成長を脅かした．

19 世紀のヨーロッパにおける甜菜糖業の登場と技術革新は，製糖業の低生産性と持続不可能性という問題を解消した（近代製糖業）．甜菜糖業の中心地であるドイツを例にとると，甜菜への肥料投入量は雑穀へのそれの約 3 倍に達し，ドイツの化学肥料工業の成長は，甜菜栽培の拡大に起因していた[33]．圧搾工程では蒸気駆動の圧搾機（1799 年）が開発されたほか，糖度搾出率を向上させるためにケインナイフ（1854 年），シュレッダ（1879 年），クラッシャ（1882 年）が開発された．また，煎糖工程ではエネルギー効率を高める真空結晶缶（1832 年）や多重効用缶（1844 年）が開発され，分離工程でも遠心分離機が導入された．これらの機械は蒸気力や電力などの人工エネルギーを動力源として，砂糖の大量生産を可能とした．アーサー・ルイスは，国際分業体制のなかで取引された熱帯産物のうち，コーヒー，茶，煙草などが単純な加工を施されるだけであったのに対し，砂糖は技術進歩を経験した唯一の商品であったと指摘する[34]．

ヨーロッパで形成された近代製糖業は，植民地支配を通じてアジアや新大陸の甘蔗糖業にも伝播した．近代製糖業の糖度搾取率は 90% に達し，一日で数百トンもの甘蔗や甜菜を圧搾できるようになった[35]．その結果，19 世紀後半だけ

32）糖業協会編『糖業技術史』丸善プラネット，2003 年，100 頁．

33）Perkins, J. A., “the agricultural revolution in Germany, 1850–1914,” *The Journal of European Economic History*, 10(1), Spring, 1981, pp. 86–87.

34）Lewis, W. Arthur, *Growth and Fluctuations, 1870–1913*, London: George Allen and Unwin, 1978, p. 191.

で世界の砂糖生産量は8倍に増大し，それに伴う砂糖価格の低下によって，ヨーロッパの人々に限られていた「砂糖の大衆化」は世界全体に波及した．U. ボスマらは，石油が登場する以前の世界で最も取引された商品は砂糖であったと指摘する[36]．それは少し大げさではあるが，表1に示されるように，第二次世界大戦前の世界において，砂糖が最も取引された貿易商品の1つであったことは間違いない．

表1 世界の一次産品貿易額1932，1934，1935年

（単位：100万ドル）

順位	一次産品	1932	1934	1935	平均
1	棉　花	497	444	468	470
2	小　麦	341	236	246	274
3	砂　糖	346	257	217	273
4	羊　毛	214	272	264	250
5	石　炭	255	211	211	226
6	コーヒー	243	198	150	197
7	ガソリン	194	126	127	149
8	バター	181	125	136	147
9	鉱　油	137	142	151	143
10	茶	110	117	110	112
11	銅	84	118	134	112
12	ゴム	45	138	114	99
13	トウモロコシ	125	86	83	98
14	冷凍肉	91	78	89	86
15	錫	51	69	72	64
16	チーズ	77	52	47	59

出典）League of Nations (Economic Intelligence Service), *Review of World Trade 1935*, Genova: League of Nations, 1936, p. 49.

3-2. 東アジア間砂糖貿易

砂糖は，アジアでも重要な貿易品であった．上述したように，欧米先進国への一次産品輸出の拡大とインド・日本・中国における工業化の進展のなかで増大した労働者の購買力が，砂糖需要に結びついた．

砂糖需要に応えたのは，列強の植民地支配のなかで近代製糖業が導入されたジャワ（蘭領東インド）と香港であった[37]．ジャワではオランダ資本によって近

35）製糖業における技術革新については，以下の文献に詳しい．Galloway, J. H., *The Sugar Cane Industry: An Historical Geography from Its Origins to 1914*, Cambridge: Cambridge University Press, 1989 (Chapter 6)；糖業協会『糖業技術史』．

36）Bosma, Ulbe, Juan, Giusti-Cordero and Knight, G. Roger (eds.), *Sugarlandia Revisited: Sugar and Colonialism in Asia and the Americas, 1800 to 1940*, New York and Oxford: Berghahn Books, 2007, p. 5.

37）Galloway, J. H., "the modernization of sugar production in southeast Asia, 1880–1940," *Geographical Review*, 95–1, Jan. 2005; Bulbeck, David et al., *Southeast Asian Exports since the 14th Century: Cloves, Pepper, Coffee, and Sugar*, Singapore: Institute of Southeast Asian Studies, 1998.

代製糖業が導入され，粗糖や白糖が生産された．民間資本の自由な参入が認められない「強制栽培制度」（1840–70年）の下では生産量の増大は緩慢であったが，1870年に植民地統治の方針が「自由主義」統治へ変更され，民間資本の製糖業への投資が可能になると，多くのオランダ資本が製糖業に参入した．1870年に15万トンに過ぎなかったジャワ糖の生産量は，1904年には100万トンを突破し，そのほとんどはアジア一帯へ輸出された[38]．ジャワ糖業の強みは甘蔗栽培における土地生産性の高さにあり，それは気候面の優位性に加え，糖業試験場で開発された科学的農法に基づく「肥料革命（fertiliser revolution）」の結果であった[39]．20世紀初頭において，ジャワ糖は蘭領東インドの総輸出額の30%以上，世界の砂糖輸出量の第2位（アジアでは第1位）を占めた[40]．また，南京条約（1842年）によって中国からイギリスへ割譲された香港では，ジャーディン・マセソン商会（Jardine, Matheson & Co.）やスワイア商会（John Swire & Sons）などのイギリス資本によって精製糖業が勃興した．中国やジャワの粗糖を原料として生産された香港精製糖は，東アジア一帯に輸出された[41]．

他方，砂糖輸出国でありながら在来製糖業にとどまった英領インド，中国，シャムなどは，増大する砂糖需要を取り込むことができなかった．近年の研究によれば，これら地域の在来製糖業は，近代製糖業と競合する粗糖・白糖の生産では壊滅的な打撃を受けた一方で，競合しない含蜜糖では生産規模を維持したことが明らかとなっている[42]．たしかに，20世紀前半を通じて，英領インド

38）加納啓良「ジャワ糖業史研究序論」『アジア経済』第22巻5号，1981年5月，73頁．

39）Knight, G. Roger, “a precocious appetite: industrial agriculture and the fertiliser revolution in Java’s colonial cane fields, c. 1880–1914,” *Journal of Southeast Asian Studies*, 37–1, Feb, 2006.

40）糖業改良事務局編『砂糖に関する調査』1913年．

41）杉山伸也「十九世紀後半期における東アジア精糖市場の構造」速水融・斎藤修・杉山伸也編『徳川社会からの展望』同文舘出版，1994年；杉山伸也「スワイア商会の販売ネットワーク」杉山，グローブ『近代アジアの流通ネットワーク』．

42）クリスチャン・ダニエルス「中国砂糖の国際的位置」『社会経済史学』第50巻4号，1985年1月；杉山「十九世紀後半期における東アジア精糖市場の構造」；山本博史「タイ砂糖産業」加納『植民地経済の繁栄と凋落』；Ingram, James C., *Economic Change in Thailand 1850–1970*, Stanford and California: Stanford University Press, 1971; Manarungsan, Sompop, *Economic Development of Thailand, 1850–1950: Response to the Challenge of the World Economy*, Bangkok: Institute of Asian Studies, Chulalongkorn University, 1989.

や中国は世界でもトップクラスの砂糖生産量（ほとんどが含蜜糖）を誇っていた．しかし，ここでは，これらの地域が含蜜糖の輸出国から分蜜糖（ジャワ糖，香港精製糖）の輸入国に転じたことを重視したい．中国は1870–90年に含蜜糖の輸出が著しく増大したものの，1890年代に入って香港精製糖の輸入が増加したために1893年には砂糖輸入国に転じた[43]ほか，シャムも含蜜糖が1850年の最大の輸出品であったが，1880年代中葉にジャワ糖の輸入が増大し砂糖輸入国に転じた[44]．世紀転換期において，これらの国の総輸入額に占める砂糖の比率（順位）は，英領インドでは6.4%（2位），中国では5.2%（3位），シャムでは2.8%（不明）に達した[45]．

日本も砂糖輸入国となった．徳川時代の日本では讃岐・奄美大島・琉球で粗糖や含蜜糖が生産され，いわゆる「鎖国」下での管理貿易と相まって，砂糖の「自給」が達成されていた．しかし，幕末開港以降，とりわけ1880年代に砂糖輸入量が急増し，世紀転換期（1898–1902年）に砂糖は全輸入額の9.2%（3位）を占めた[46]．輸入される砂糖のなかには中国（台湾）の含蜜糖も一部含まれたが，多くは香港精製糖であった．日本もアジア砂糖市場の再編に巻き込まれたのである．

以上のように，近代製糖業の到来によってアジアの砂糖市場は1880年代に再編され，日本が位置する東アジアの砂糖市場は，粗糖・白糖を生産するジャワ，ジャワ粗糖を精製糖に加工する香港，それらの砂糖を消費する中国・日本という構造が出来上がった．本書では，これを「東アジア間砂糖貿易」と呼ぶ．

3–3. 帝国内砂糖貿易

東アジアの砂糖市場ではその後も再編が続いた．20世紀に入って，帝国日本

43） ダニエルス「中国砂糖の国際的位置」21頁．

44） 山本「タイ砂糖産業」120，123–125頁．

45） インドは1898–1902年平均の数字である（House of Commons Parliamentary Papers; Accounts and Papers, XLVII.703, 'tables relating to the trade of British India with British possessions and foreign countries, 1897–98 to 1901–1902,' pp. 4, 11）．中国は1898–1902年平均の数字である（Hsiao, Liang-lin, *China's Foreign Trade Statistics, 1864–1949*, Cambridge: East Asian Research Center Harvard University, 1974, pp. 23, 67）．シャムは1899年の数字である（山本「タイ砂糖産業」125頁）．

46） 日本銀行統計局編『明治以降本邦主要経済統計』1966年，278, 286–287頁．

において近代製糖業が次々と勃興したからである．その契機は，日本の東アジア間砂糖貿易からの離脱の試み，すなわち砂糖の輸入代替化政策にあった．戦前日本の最大の経済問題は外貨不足であり，外貨流出の二大要因は棉花と砂糖の輸入であった．日本は1894年に日英通商航海条約を締結して関税自主権を一部回復すると，砂糖の輸入代替化を「帝国利害」とし，1899年から数度にわたって輸入関税を引き上げた．日本植民地からの移入品には輸入関税は課されなかったので，帝国内部で生産される砂糖は，輸入糖に対して関税分だけ優位に立つことになった．日本の砂糖不足と帝国内の砂糖生産に有利な環境の形成は，近代製糖業を勃興させる原動力となった．日本では1895年に精製糖業が勃興し，輸入したジャワ糖を原料とする日本精製糖は，数年で香港精製糖を駆逐したほか，早くも1900年代末には中国へ輸出されるようになった．

日本植民地ではさらに，地域開発という「地域利害」も近代製糖業が勃興する原動力となった．植民地における近代製糖業の雛型は，最初の海外植民地となった台湾で形作られた．台湾総督府は，日本からの補充金に依存しない「財政独立」と経済的富源の吸収を図る一環として産業育成に着目し，1902年から甘蔗糖業の保護育成を開始して，各種の補助金の下付，原料採取区域制度および共同購買事業の導入，糖業試験場の設置など，近代製糖業の成長に必要な仕組み（「台湾モデル」）を作り上げていった．日本の関税政策と台湾総督府の糖業育成策による製糖業の経営環境の好転によって，1900年の台湾製糖(株)の設立を嚆矢として，明治製糖(株)，大日本製糖(株)，塩水港製糖(株)など，多くの製糖会社が主に日本資本によって設立され，台湾の砂糖生産量は急増した．製糖業から得られる砂糖消費税は台湾総督府の重要な財源となり，1905年の「財政独立」の達成に寄与した[47)]．

第一次世界大戦期の前後には，台湾以外の日本植民地でも近代製糖業が陸続として形成された．沖縄と南洋群島では，台湾と同様に，財源確保や産業育成の手段として甘蔗糖業が位置づけられ，沖縄では1910年に沖縄製糖会社，南洋群島では1922年に南洋興発(株)がそれぞれ設立された．北海道・朝鮮・満洲・樺太では，深耕を要する甜菜が粗放的農法を集約的農法へ改める際の「指

47）平井『日本植民地財政史研究』47–48頁．

導的作物」として位置づけられ，北海道では1919年に北海道製糖(株)，満洲では1916年に南満洲製糖(株)，朝鮮では1918年に朝鮮製糖(株)が設立され，樺太では1936年に樺太製糖(株)が設立された．これらの新興産糖地域では，「台湾モデル」の導入と改良を通じて製糖業の育成が図られ，砂糖生産量は持続的に増大した．

植民地に勃興した近代製糖業(植民地糖業)で生産された粗糖・白糖(植民地糖)は，関税保護に支えられて日本へ移出され，日本に輸入されていたジャワ糖を漸次代替していった．本書では，これを「帝国内砂糖貿易」と呼ぶ．

このように，外貨流出を防ぐという日本の「帝国利害」と，地域開発の中核的産業を育成したい各植民地の「地域利害」が合わさった結果，地図2に示されるように，すべての日本植民地に近代製糖業が成立するという現象が生まれた．製糖業を除いて，帝国全土に分布した産業は存在しない．そして，図1で確認したように，日本・植民地間の貿易はアジアで最大の貿易環節であったが，植民地糖は，その最大の商品であった．20世紀前半のアジアに形成された帝国日本は，砂糖によって結ばれる「砂糖の帝国」であったのである．

この点に最初に着目したのは，戦前日本の植民政策学者である矢内原忠雄であった．矢内原は「我製糖業資本は台湾を中心として内地沖縄北海道朝鮮を征服し(中略)ここに一大糖業帝国を建設した」として，植民地に対する日本の経済的支配は製糖業を媒介として拡大したとし，これを「糖業帝国主義」と呼んだ[48]．しかし，その後，産業史研究，経営史研究，カルテル研究，植民地研究など様々な領域で植民地糖業は考察されてきた[49]が，それによって日本帝国経済を把握するという視点は希薄であった[50]．他方，矢内原は帝国内部に視点を置いたために，アジアにおいても砂糖が重要な商品であったにもかかわらず，

48) 矢内原忠雄『帝国主義下の台湾』300–303頁．

49) 主要な業績は以下の通りである．笹間愛史「糖業」中島常雄編『食品』(現代日本産業発達史18)交詢社，1967年；糖業協会編『近代日本糖業史』(上巻)勁草書房，1962年；糖業協会編『近代日本糖業史』(下巻)勁草書房，1997年；久保文克編『近代製糖業の発展と糖業連合会』日本経済評論社，2009年；久保文克『近代製糖業の経営史的研究』文眞堂，2016年；涂『日本帝国主義下の台湾』；柯志明「「米糖相剋」問題と台湾農民」小林『植民地化と産業化』；Ka, Chih-ming, *Japanese Colonialism in Taiwan: Land Tenure, Development, and Dependency, 1895–1945*, Boulder and Colo: Westview Press, 1995.

50) 竹野学「戦時樺太における製糖業の展開：日本製糖業の「地域的発展」と農業移民の関連について」『歴史と経済』第48巻1号，2005年，1頁．

製糖業・砂糖の考察を通じて日本植民地経済とアジア経済の関係を議論する視点は持たなかった．本書は，矢内原の指摘を一歩進めて，製糖業に焦点を当てることで，日本植民地経済の「国際的契機」を解明しようとするものである．

4. 論点と構成

4-1. 東アジアの砂糖市場と植民地糖業――ジャワ糖問題と過剰糖問題

本書の第Ⅰ部では，図 2–② で示した「連関 α」（植民地の対日貿易と日本の対帝国外貿易との連関）を対象に，植民地糖の唯一の販売先である日本市場の環境が，東アジアの砂糖市場との関係のなかでどのように変化していったのかを考察する．

前節で明らかにした 20 世紀前半の東アジアの砂糖市場の状況を今一度まとめておこう．東アジアの砂糖市場は，東アジア間砂糖貿易と帝国内砂糖貿易によって構成された（図 4–① を参照）．東アジア間砂糖貿易では，ジャワで粗糖と白糖が生産され，白糖は直接あるいは香港経由で中国へ輸出されたほか，粗糖は香港と日本へ輸出された．香港へ輸出された粗糖は精製糖に加工されて中国へ輸出された．日本へ輸出された粗糖は，一部が直消糖として消費され，一部は精製糖に加工されて日本で消費されるか中国へ輸出された．一方，帝国内砂糖貿易では，台湾を中心とする日本植民地で生産された粗糖（後に白糖も）が日本へ移出され，粗糖は一部が直消糖として，一部が精製糖に加工されて日本で消費された．

東アジアの砂糖市場では様々な商人が活動していた．図 4–② は，担い手としての商人に焦点を当てて，東アジアの砂糖市場の商圏を描いたものである．帝国内砂糖貿易では日本商が取引を独占していたが，東アジア間砂糖貿易では，ジャワ糖の対日本輸出と日本精製糖の対中国輸出は日本商，ジャワ糖の対中国輸出は欧州商と蘭印華商，香港精製糖の対中国輸出は英国商，そして中国開港場から消費地への砂糖流通は中国人の砂糖問屋（糖行．以後，糖行を用いる）がそれぞれ担っていた．東アジアの砂糖市場は，これら商人間の競争と協調によって秩序づけられていたのである．

帝国内砂糖貿易は，東アジア間砂糖貿易から独立して展開したわけではない．

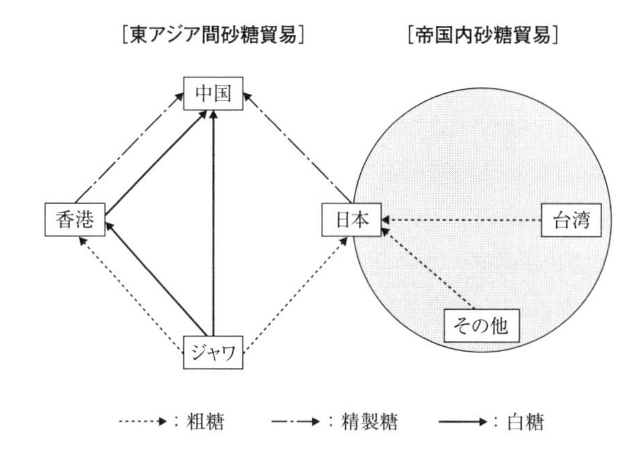

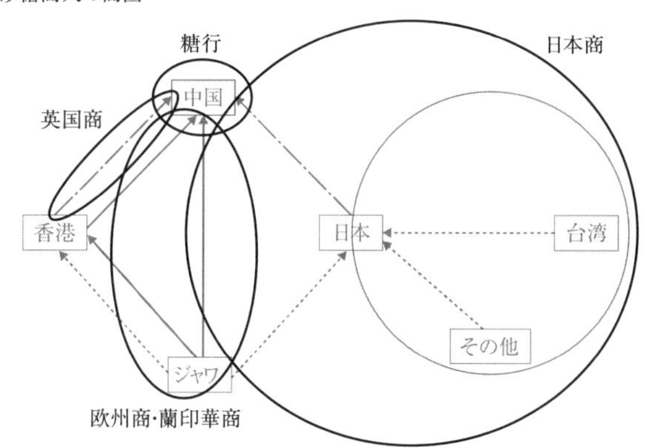

図4　東アジアの砂糖市場の構造

出典）著者作成.
注）帝国日本を取り巻く太枠は，関税障壁を表している.

帝国内砂糖貿易が形成されても，当初は植民地糖だけで日本の砂糖需要を充足することはできなかったため，日本は東アジア間砂糖貿易を通じてジャワ糖を輸入し続けていた．もし，ジャワ糖の輸入量が，日本の砂糖需要量に対する植民地糖の移入量の不足分にまで抑えられていれば（たとえば，日本の砂糖需要量100単位，植民地糖の移入量60単位であれば，ジャワ糖の輸入量が40単位），日本市場において植民地糖はジャワ糖と競争せず，帝国内砂糖貿易と東アジア間砂糖貿易は相互に独立していると言える．しかし，もしジャワ糖が過剰に輸入されれば（たとえばジャワ糖が50単位輸入され，10単位が過剰となる），日本市場において植民地糖はジャワ糖との競争に直面して販売を阻害されることになる．本書では，ジャワ糖の過剰供給によって植民地糖の販売が阻害されることを「ジャワ糖問題」と呼ぶ．

「ジャワ糖問題」を回避するには，ジャワ糖の日本への輸入を抑制するか，過剰分のジャワ糖（10単位）を日本精製糖へ加工し中国へ輸出する必要がある．これらの取引を担ったのは，図4–②で見たように，日本商であった．すなわち，帝国内砂糖貿易が東アジア間砂糖貿易から独立し得るか否かは，そこにおける日本商の活動のあり方に左右されたのである．

第1章と第2章では，東アジア間砂糖貿易における商人間の競争・協調関係が，「ジャワ糖問題」にどのように作用したのかを考察することで，植民地糖業が東アジアの砂糖市場の動向に影響を受けながら展開していたことを明らかにする．そのうち，第1章では第一次世界大戦期までの時期を扱い，帝国内砂糖貿易の形成による「ジャワ糖問題」の登場と，それを抑制するための様々な試みを考察する．第2章では大戦後から1929年までの時期を対象に，東アジア間砂糖貿易の環境変化を通して，「ジャワ糖問題」が発生するに至る過程を検討していく．

1930年代に入ると，「ジャワ糖問題」は解消した．植民地糖の生産量の増大によって，1929年に輸入代替化が達成され，ジャワ糖の実需が消滅したからである．しかし，帝国内砂糖貿易が東アジア間砂糖貿易から独立したわけではなかった．植民地糖の生産量が日本の砂糖需要を超えて増大した結果，植民地糖の過剰供給によって植民地糖の販売が阻害されるという事態が発生した．当時，これは「過剰糖問題」と呼ばれ，過剰糖問題を解消するためには，植民地糖業内部での調整を通じて植民地糖の生産量を制限するか，それが不可能であれば過剰糖（余剰な植民地糖）を中国へ輸出しなければならなかった．

しかし，1930年代には中国が関税改正や砂糖専売制の実施を通じて東アジア間砂糖貿易からの離脱を図ったほか，一部のプレーヤーが縮小する中国市場における砂糖流通の再編を試みたため，中国への輸出を通じた過剰糖の処分は容易ではなかった．1930年代は日本帝国経済が膨張し，日本植民地の対日依存は一層増大したとされるが，植民地糖業は激変する東アジア間砂糖貿易と直接対峙する危険に曝されたのである．

第3章と第4章は，帝国内砂糖貿易の新たな不安定要因となった「過剰糖問題」の展開を考察し，東アジアの砂糖市場と植民地糖業の関係を考える．第3章では，植民地糖業の問題の焦点が「ジャワ糖問題」から「過剰糖問題」へ移行する過程と，その対応策をめぐって帝国内各地の植民地政府や製糖業者が対立する様相を考察する．第4章では，過剰糖の処分先として中国輸出が重視されるなかで，東アジア間砂糖貿易から離脱していく中国市場の商圏を争って展開された2つの日蘭会商，すなわち蘭領東インドにおけるフォーマルな日蘭会商と，中国におけるインフォーマルな日蘭会商を考察し，植民地糖業が直接対峙しなければならなくなった東アジア間砂糖貿易の環境について考える．

4-2. 台湾糖業の資材調達と帝国依存――肥料・エネルギー・包装材

第Ⅱ部では，図2-② で示した「連関β」（植民地の対日貿易と植民地の対帝国外貿易との連関）を対象に，植民地糖生産量の80%を占めた台湾糖業を事例として，植民地糖の増産と対日移出のために必要とされた様々な資材の需給構造の変化を考察していく．

前節で指摘したように，世界の製糖業史研究ではエネルギーや肥料といった資材が製糖業の存続や競争を左右したことが明らかにされてきた．他方，日本植民地経済史研究は，植民地糖業の分析に際して「支配と抵抗」の側面が強く反映される土地や労働力に関心を寄せる[51]あまり，植民地糖業においてどのような資材が必要とされ，それらがどの地域から供給されたかについては考察してこなかった．

表2は，台湾糖業で需要された主要な資材について示している．栽培工程で必要とされた資材について，ここでは製糖会社から農民への前貸し金の内訳を

51） 上述の柯志明や久保文克による米糖相剋に関する研究のほか，黄紹恆や大島久幸による労働力調達の研究がある（黄紹恆「近代日本糖業の成立と台湾経済の変貌」堀和生，中村哲編『日本資本主義と朝鮮・台湾』京都大学学術出版会，2004年；大島久幸「中国人労働者の導入と労働市場」須永徳武編『植民地台湾の経済基盤と産業』日本経済評論社，2015年）．

表 2　台湾糖業の主要資材の使用額　1916/17–1935/36 年期

（単位：1,000 円，(%)）

	栽培工程（前貸し金の内訳）				製糖工程（主要消耗品）		
	耕作資金	肥料代	蔗苗代	合計	包装材	エネルギー	合計
1916/17					1,269 (65)	450 (23)	1,943
1917/18					2,064 (74)	434 (16)	2,775
1918/19					2,531 (71)	676 (19)	3,552
1919/20					2,011 (62)	923 (28)	3,248
1920/21	3,867 (46)	4,137 (49)	455 (5)	8,458	1,511 (52)	967 (33)	2,913
1921/22	5,586 (50)	5,190 (46)	431 (4)	11,207	1,547 (51)	987 (33)	3,009
1922/23	4,453 (48)	4,425 (47)	464 (5)	9,342	2,032 (62)	847 (26)	3,256
1923/24	4,390 (45)	4,948 (51)	367 (4)	9,706	3,102 (73)	787 (18)	4,271
1924/25	5,884 (44)	6,797 (51)	626 (5)	13,307	3,860 (76)	732 (14)	5,049
1925/26	5,749 (36)	8,894 (56)	786 (5)	15,974	4,260 (76)	945 (17)	5,603
1926/27	4,679 (35)	7,122 (53)	1,409 (10)	13,467	2,556 (59)	1,395 (32)	4,306
1927/28	5,941 (36)	8,618 (53)	1,450 (9)	16,294	3,356 (60)	1,721 (31)	5,617
1928/29	6,947 (37)	10,067 (54)	1,479 (8)	18,792	3,831 (58)	2,304 (35)	6,594
1929/30	6,540 (37)	9,675 (55)	1,048 (6)	17,551	3,860 (62)	2,004 (32)	6,215
1930/31	6,182 (43)	7,268 (50)	785 (5)	14,524	3,124 (63)	1,607 (32)	4,971
1931/32	6,700 (48)	5,632 (41)	1,069 (8)	13,814	3,350 (58)	1,773 (31)	5,776
1932/33	2,750 (42)	3,112 (47)	413 (6)	6,602	3,048 (71)	827 (19)	4,302
1933/34	3,251 (43)	3,609 (48)	417 (6)	7,547	3,254 (75)	636 (15)	4,340
1934/35	6,390 (44)	6,998 (48)	799 (5)	14,650	4,690 (73)	1,038 (16)	6,454
1935/36	6,172 (39)	8,280 (52)	939 (6)	15,827	4,714 (68)	1,385 (20)	6,919

出典）台湾総督府『台湾糖業統計』(第 21) 1933 年，102–103 頁；台湾総督府『台湾糖業統計』(第 24) 1936 年，72，104–105 頁；台湾総督府『台湾糖業統計』(第 28) 1941 年，72，104–105 頁．

注 1）包装材は，原表の「アンペラ」，「ガニー」，「籐」（割籐）の合計．エネルギーは，原表の「石炭」，「薪」，「重油」，「コークス」の合計．

注 2）1925/26 年期以降の前貸し金にはその他含む．

掲げた．世界各地の甘蔗栽培では土地と労働力の支配が可能なプランテーションの形態が採られるが，台湾では製糖会社の資力の不足から，プランテーションの形成が困難であった．その結果，台湾の製糖会社は甘蔗を農民から買収しなければならず，農民が甘蔗栽培に際して必要とする蔗苗や肥料を彼らに代わって調達したほか，その購入資金や耕作資金を前貸しした．したがって，前貸し金の内訳は，栽培工程で用いられた資材が反映されていると考えられる．以上を踏まえて表 2 を見ると，農民の生活費などに用いられる耕作資金を除けば，ほとんどが肥料代であったことがわかる．速水佑次郎らの研究[52]によって明ら

52）Hayami and Ruttan, *Agricultural Development*.

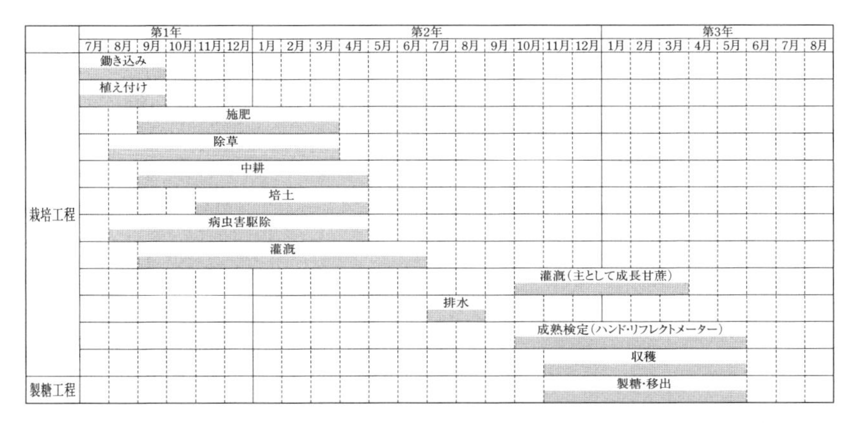

図5　台湾糖業における作業期間（1928/29製糖年期＝1927/28蔗作年期）

出典）伊藤重郎『台湾製糖株式会社史』台湾製糖株式会社，1939年，附表（304頁後）.

かにされたように，日本植民地の農業成長は土地生産性の向上を通じて達成され，そのためには「農業近代化パッケージ」（品種改良，肥料の多投，灌漑設備の普及）の導入が不可欠であった．肥料に対する前貸し金の多さは，こうした経緯を反映したものである．

次に，製糖工程で必要とされた資材について，製糖工場の主要消耗品を見てみると，エネルギーが約25%，包装材が約60%であったことがわかる．ただし，エネルギーには市場で購入する薪や石炭だけが含まれ，甘蔗の圧搾工程で生み出されるバガス（圧搾殻）が含まれないことに留意する必要がある．製糖工程で消費されたエネルギー（カロリーベース）のうち，約80%はバガスによって占められ，薪・石炭は約20%を占めるに過ぎなかった．この点を考慮すると，製糖工程で用いられる資材とは，エネルギーと包装材であったのである．

台湾の製糖期は11月に始まり翌5月頃まで続く（図5を参照）．甘蔗は刈取後24時間以内に製糖工程に入らなければ腐敗が始まって糖分量が低下するため，刈り取った先から次々に製糖しなければならない．たとえば，1938年に台湾では1,300万トンもの甘蔗が収穫され，それを8会社49工場が約180日間かけて製糖した[53)]．刈取・運搬工程が止まらない限り，製糖工程を止めることは

53）台湾総督府『台湾糖業統計』（第28）1941年，1, 8, 80頁.

写真 1　バガスの堆積

出典）台灣糖業公司善化糖廠に展示されている写真（1985 年に張森垚氏が撮影）を，著者が撮影（撮影日：2017 年 2 月 16 日）．

写真 2　砂糖包装袋の堆積

出典）仲摩照久編『日本地理風俗体系』（第 15 巻台湾編）新光社，1931 年，36 頁．

できない．もし止めてしまうと，次々と運ばれてくる甘蔗が工場の外で腐敗していくだけである．エネルギーと包装材は，止まることを許されない製糖工程に不可欠な資材であったのである．

台湾糖業で用いられた主なエネルギーは甘蔗の圧搾殻であるバガスであり，

燃焼効率を上げるために工場外で天日干しされたバガスのピラミッドは，台湾の風物詩であったであろう（写真1）．ただし，バガスだけで所要エネルギーを賄えなかったために，製糖会社は薪や石炭などの「補助エネルギー」を市場で購入しなければならず，これらの安定調達に製糖会社は腐心した．そうして出来上がった砂糖は，最後に包蓆やガニーバッグなどの袋に包装されて港へ運ばれていった．写真2は，高雄港の倉庫内を撮影したものである．この写真のもともとのキャプションは「砂糖の堆積」であるが，「砂糖包装袋の堆積」とした方が正確であろう．写真内の労働者の身長と比較すると，如何に多くの包装袋が必要であったかが理解できるが，これでも一握りに過ぎない．台湾糖の移出だけで最盛期には約一千万枚もの包装袋が毎年必要とされていたのである．

製糖業の重要資材（肥料・エネルギー・包装材）に対する需要は，砂糖の増産と対日移出が進展するなかでどのように変化し，その安定調達のためにどのような対応が取られたのか．それらの資材のどれだけを帝国内部で生産することができたのか（帝国依存）．帝国外地域から供給された場合に輸入代替策は講じられたのか．第Ⅱ部では，こうした論点の下に，第5章では肥料，第6章ではエネルギー，第7章では包装材をそれぞれ考察対象として検討していく．

最後に，本書の年表記について補足しておく．砂糖の生産面に関する資料では，年次ではなく，しばしば「製糖年期」が用いられ，たとえば「1928/29年期」と表記される．これは，図5で見たように栽培工程や製糖工程が複数年にまたがっているからである．たとえば台湾の1928/29年期の場合，甘蔗は1927年の7月から8月頃に植付けられて1928年11月頃まで栽培され，甘蔗の収穫と製糖作業は1928年11月から1929年5月まで続けられる．この約2年間を経て生産される砂糖を，製糖工程の期間を取って1928/29年期と表記するのである．また，栽培工程に焦点を当て，製糖年期を1年分前倒しした「蔗作年期」が用いられることもあり，製糖年期の「1928/29年期」は，蔗作年期では「1927/28年期」となる．本書では，第1章から第4章および第6章から第7章は製糖作業や砂糖生産を考察するため，製糖年期を用いる．第5章は甘蔗作や肥料消費を考察するため，蔗作年期を用いる．また，流通面や消費面に関する資料では，年次や年度で表記されることも多い．本書では，1928/29年期の砂糖について，肥料は1927年に調達・使用され，包装袋・補助エネルギーは

1928年に調達・使用され，製品である砂糖は1929年に輸移出されたものとして考察していく．

第Ⅰ部
東アジア砂糖市場のなかの帝国糖業

第1章　ジャワ糖問題の登場と抑制
——帝国内砂糖貿易の形成

はじめに

本章の目的は，20世紀初頭から第一次世界大戦期までの時期を対象に，東アジアの砂糖市場における商人間の競争・協調関係が，日本市場における植民地糖の販売を阻害する「ジャワ糖問題」に与えた影響を考察し，東アジアの砂糖市場と植民地糖業との関係を解明することにある．

図1を用いて，本章の論点と構成を確認しておこう．図1は，「東アジア間砂糖貿易」(ジャワ，香港，日本，中国) と，そこからの輸入代替化を図るために日本が形成した「帝国内砂糖貿易」(日本，台湾，その他植民地) について，1万トンを超える貿易環節を示している[1]．1902年から1913年にかけて，東アジアの砂糖貿易量は39.7万トン (東アジア間39.7万トン，帝国内0万トン) から63.8万トン (東アジア間53.3万トン，帝国内10.5万トン) へと約1.5倍に増大した．

当該期の東アジアの砂糖市場の変化は，日本における砂糖需要の増大と輸入代替化策を反映したものであった．すなわち，1899年の日本の関税自主権の一部回復と1895年の日本精製糖業の勃興によって「香港→日本」の精製糖貿易が消滅し，代って「日本→中国」の精製糖貿易が登場したほか，植民地糖業 (当該期は台湾糖業と同義) の勃興によって，「台湾→日本」の粗糖貿易が登場した．第1節では，東アジアの砂糖市場に変化をもたらした，以上の過程を具体的に検討する．

地理的環境の不利により国際競争力のない植民地糖は，日本市場でのみ販売

1)　本来は1913年ではなく1917年の貿易量を使用するべきだが，1916–18年は特異な時代であったため (後述)，1913年の貿易量を用いた．

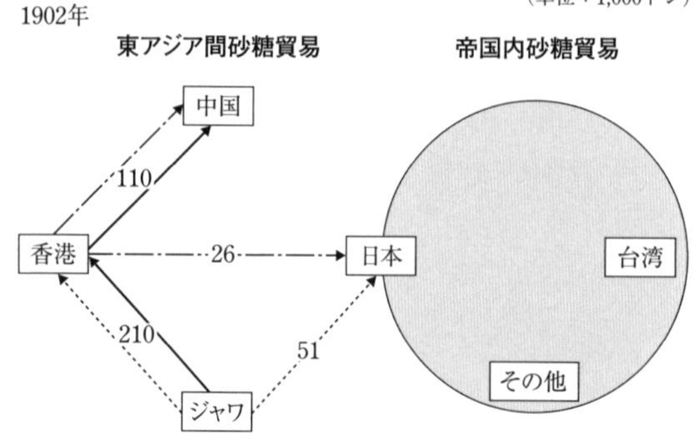

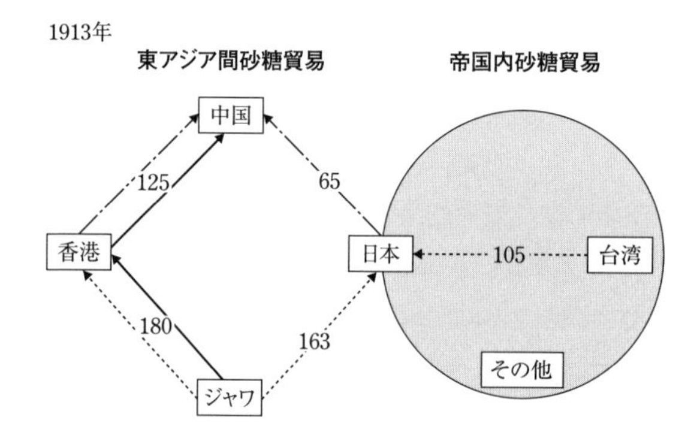

図1　東アジアの砂糖市場1902，1913年（3ヵ年移動平均値）

注1）実線は白糖，破線は粗糖，一点鎖線は精製糖の流通を示す．
注2）「日本→中国」「香港→中国」：China (Imperial) Maritime Customs, *Returns of Trade and Trade Reports*, Shanghai: Statistical Department, Inspectorate General of Customs, 1902, 1914. に記載の "refined sugar" と "white sugar" の項目を用いた．
注3）「ジャワ→香港」：熱帯産業調査会『糖業に関する調査書』（台湾総督府，1935年）469–474頁に記載のジャワから中国・香港への砂糖輸出量より，注2）の資料に記載されている中国のジャワからの砂糖輸入量を差し引いて算出した．
注4）「台湾→日本」：台湾総督府編『台湾貿易四十年表』1936年，504–507頁（分蜜糖の合計値）．
注5）「ジャワ→日本」：大蔵省『大日本外国貿易年表』各年（色相15号未満，色相18号未満，色相21号未満の合計値）．
注6）「香港→日本」：大蔵省『大日本外国貿易年表』各年（色相20号以上）．

が可能であった．しかし，日本市場を植民地糖だけで独占できたわけではない．1913年の状況を例にとれば，日本市場には植民地糖10.5万トンのみならず，ジャワ糖16.3万トンが供給されていた（図1参照）．したがって，植民地糖業にとって重要であったのは，日本市場へのジャワ糖の供給量が，植民地糖の販売を阻害しない程度に抑えられているか否かという点にあった．本書ではこれを「ジャワ糖問題」と呼ぶ（序章参照）．第2節では，砂糖需給量の分析を通じて，当該期の日本市場において「ジャワ糖問題」がどのように推移したのかを考察する．

「ジャワ糖問題」を回避するためには，ジャワ糖の対日本輸入が抑制できるか，あるいは，抑制されなかった場合には余剰なジャワ糖を精製糖へ加工して中国へ輸出できるかが焦点となる．そして，「ジャワ糖問題」の抑制の成否は，ジャワ糖の対日本輸入と日本精製糖の対中国輸出を担った日本商（いわゆる日本商社）の活動に左右された（序章図4–② 参照）．東アジアの砂糖市場の環境が日本商の砂糖取引活動にどのような影響を与えたのかについて，第3節ではジャワ糖の取引に，第4節では日本精製糖の取引にそれぞれ焦点を当てて，考察する．

1.　帝国内砂糖貿易の形成

1-1.　日本精製糖業の勃興

日本における砂糖需要は，1880年代初頭を境として，その質を変えながら増大していった．図2は1875–1917年の日本の砂糖輸入量を示している．砂糖輸入量は1870年代に3.5万トン程度で安定し，そのほとんどが中国や台湾の在来製糖業で生産される赤糖（含蜜糖）であった．しかし，1880年代に入ると，香港で生産される精製糖（図2の「精白糖」）を主とする分蜜糖の輸入が急増していった．台湾領有前夜の1894年において，日本の砂糖輸入量は13万トンに達し，そのうち7万トンは香港精製糖であった．

日本の砂糖需要が含蜜糖から分蜜糖へと移行しながら増大するなかで，1895年に東京で日本精製糖(株)，大阪で日本精糖(株)が設立され，ここに日本精製糖業が勃興した．これらの精製糖会社は，ジャワ原料糖を輸入して精製糖を生産し，日本へ輸入されていた香港精製糖の代替化を図った．当時の日本は協定関税下にあり，ジャワ原料糖に高率の関税を賦課できなかったことが幸いし，日本精製糖は香港精製糖と同様，ジャワ原料糖費に精製費を加えただけのコストで生産できた（表1(A)）．しかし，1899年に日本が関税自主権の一部を回復

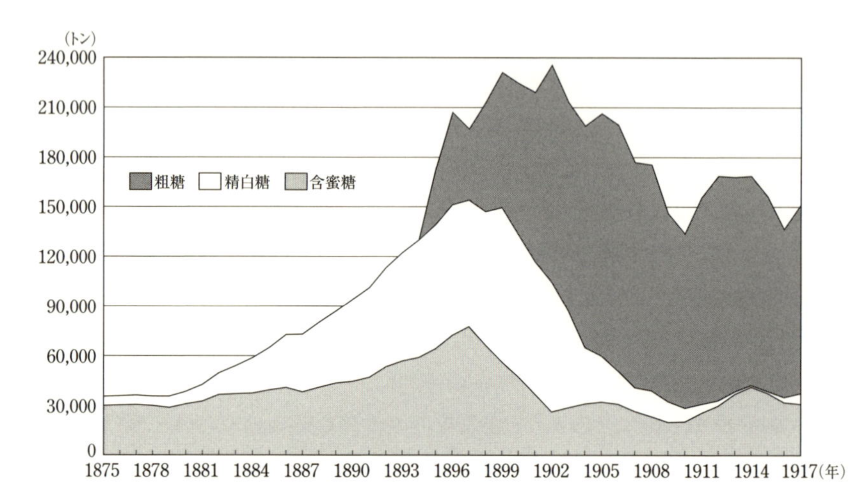

図2　日本の砂糖輸入量 1875–1917 年 (5ヵ年移動平均値)

出典)　東洋経済新報社編『日本貿易精覧』1935 年, 163–165 頁.
注 1)　「含蜜糖」: 1899 年までは「砂糖」, 1900–11 年は「色相 8 号未満」, 1912 年以降は「色相 11 号未満」の値.
注 2)　「粗糖」: 1897–99 年は「色相 20 号未満」, 1900–11 年は「色相 15 号未満」と「色相 20 号未満」の合計値, 1912 年以降は「色相 15 号未満」「色相 18 号未満」「色相 21 号未満」の合計値.
注 3)　「精白糖」: 1896 年までは「白砂糖」, 1897–1911 年は「色相 20 号以上」, 1912 年以降は「その他」の値.

表1　日本の砂糖輸入関税と国内精製糖の生産費 (1895–1926 年)

	(A) 協定関税 1895–98		(B) 1899 年関税改正 1899–1901		(C) 原料糖戻税制度 1902–10		(D) 1911 年関税改正 1911–26		
精製糖	日本	香港	日本	香港	日本	香港	日本		香港
原料糖	ジャワ	ジャワ	ジャワ	ジャワ	ジャワ	ジャワ	台湾	ジャワ	ジャワ
生産費構成	精製費 原料糖費	精製費 原料糖費	精製費 粗糖関税 原料糖費	精製費 原料糖費	精製費 原料糖費	精製費 原料糖費	精製費 原料糖費	精製費 粗糖関税 原料糖費	精製糖関税 精製費 原料糖費

出典)　農商務省編『砂糖に関する調査』1913 年, 146–148 頁より作成.

して粗糖の輸入関税を引き上げたため, 日本精製糖は香港精製糖に比べてコスト高となった (表1 (B)). そこで, 1902 年に「輸入原料糖戻税制度」が施行され, 輸入された粗糖を原料糖として用いた場合は関税が払い戻されることとなり (直消糖として用いた場合は関税賦課), 日本精製糖は再び香港精製糖と競合することが可能となった(表1(C)). 経営環境の好転は精製糖会社の設立ブームをもたらし, 1903年に鈴木商店が大里(だいり)製糖所を設立したほか, 1905年には増田増蔵と安部幸兵衛が横浜精糖(株), 湯浅竹之助が湯浅製糖所(1908年に神戸精糖(株)に改称)をそれぞれ設立した[2]. 先発の日本精製糖(株)と日本精糖(株)は, 過度な競争を避けて精製糖市場における支配的地位を確保するため, 1906年に合併して大日本製糖(株)となった[3].

日本精製糖業は順調に成長し, 1900年代末には生産量は10万トンに達した. その結果, 1899年に9.3万トンを記録した香港精製糖の輸入量は急減し, 第一次世界大戦期にはほとんど輸入されなくなった(図2参照). 他方, 後述する直消糖需要との関係もあって, 日本国内の精製糖市場は早くも1900年代末には飽和状態になり, 日本精製糖は中国へのダンピング輸出を通じて処理されなければならなくなった.

1-2. 植民地糖業の勃興

日本では, 精製糖のほかに, その下級代替品として直消糖(直接消費される粗糖)に対する需要が形成されつつあった. 図2に示される粗糖は, 原料糖のみならず, 直消糖としても消費されていた. 直消糖需要に対応するため, 台湾における粗糖の生産が企図された. 日本植民地化以前の台湾では, 在来製糖業において主に赤糖が生産されていたが, 日本植民地化後に統治機関として設置された台湾総督府(以下, 総督府)が三井家に製糖会社の設立を呼び掛けた結果, 1900年に台湾製糖(株)が設立されて, 1901/02年期から粗糖生産が開始された. これが日本植民地における近代製糖業(植民地糖業)の嚆矢である.

総督府は製糖業を保護育成するために, 新渡戸稲造に命じて調査・提出させた「糖業改良意見書」に基づいて, 1902年に「糖業奨励規則」を施行し, 製糖業に種々の奨励金・補助金を下付することとした. また, 総督府は製糖会社の原料調達を容易にする政策も実行した. 砂糖の大量生産が可能な近代製糖業は, それだけ多くの原料(甘蔗)を必要とする. そのため, 世界の産糖地域では, 製糖会社が土地と労働力を支配するプランテーションを形成することで, 大量

2)　糖業協会編『近代日本糖業史』(上巻)勁草書房, 1962年, 336頁.
3)　糖業協会『近代日本糖業史』(上巻)338頁.

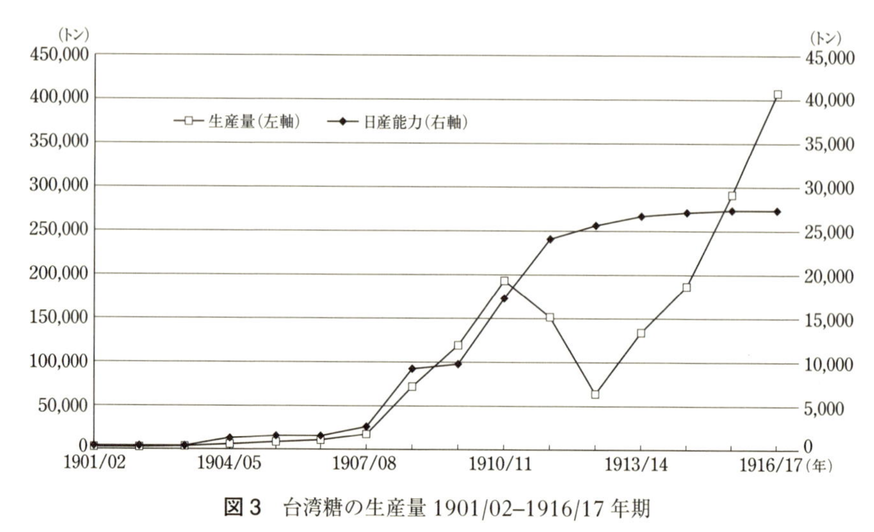

図3　台湾糖の生産量 1901/02–1916/17 年期

出典）台湾総督府『台湾糖業統計』(第16) 1928年，12，70頁.

の甘蔗を安価に調達できた．しかし，台湾では商業的農業が普及していたほか，1898–1903年に実施された土地調査事業によって土地の私的所有権が確立されたため，土地の価格が高く，製糖会社が土地を集積してプランテーションを形成することはほぼ不可能であった[4)]．したがって，甘蔗は農民からの買収によって調達されなければならず，会社間の甘蔗買収競争がもたらすコストの上昇への懸念が，製糖会社の設立を鈍らせていた．総督府は，甘蔗買収競争の止揚を目的に，1905年に「製糖場取締規則」を施行した．この規則によって，製糖会社が設立された場合，工場周辺の一定地域が「原料採取区域」として当該会社に割り当てられ（地図3参照），当該会社は区域内の農民が栽培した甘蔗の独占的な買手となることができるようになった（ただし，農民が何を栽培するかは自由である）．こうして製糖会社への投資環境が整備された．

これらの保護育成策に日露戦後の企業勃興ブームが重なり，台湾では日本資本を中心に製糖会社が相次いで設立された[5)]．図3に示されるように，台湾糖

4）柯志明「「米糖相剋」問題と台湾農民」小林英夫編『植民地化と産業化』（近代日本と植民地3）岩波書店，1993年，135頁.

5）日本資本の進出については，涂照彦『日本帝国主義下の台湾』（東京大学出版会，1975年）

業の日産製糖能力・生産量は，1901/02年期には300トン・1,000トンに過ぎなかったが，1908/09年期に急増して1910/11年期には1.7万トン・20万トンとなった．上述したように，1899年の関税改正によって，日本では直消糖の輸入関税が引き上げられた．しかし，植民地糖は輸入関税が課せられないため，台湾で生産されるようになった粗糖は，直消糖として日本へ移出された．ここに「帝国内砂糖貿易」が形成されたのである．

2.「ジャワ糖問題」の登場と抑制

2-1.「ジャワ糖問題」の登場

台湾における粗糖（直消糖）生産量と対日移出量の増大によって，はやくも1900年代末に日本の直消糖市場では供給過剰が問題となった．したがって，過剰な台湾直消糖は原料糖として日本精製糖業に販売されなければならなくなったが，上述したように，日本精製糖業は輸入原料糖戻税制度の適用を受けた安価なジャワ原料糖を使用できたから（表1（C）），ジャワ原料糖よりも約40%も割高な台湾原料糖を使用するインセンティブはなかった[6)]．ここに，ジャワ糖によって植民地糖（台湾糖）の販売が阻害される「ジャワ糖問題」が登場したのである．

「ジャワ糖問題」を回避するために，帝国内砂糖貿易では以下4つの対応策が採られた．第1に，総督府の補助金を用いた台湾原料糖の値引きであり，1910–11年度に限って実施された．台湾総督府は1902年に施行された「糖業奨励規則」を根拠として，1910年度に「原料消費」の名目で135万円，「原料糖」の名目で48万円の補助金を給付し，1911年度には「原料糖」の名目で263万円の補助金を給付した．台湾の製糖会社は，総額445万円にものぼる補助金を用いることで，台湾原料糖をジャワ原料糖と同価格で日本の精製糖会社に販売できるようになったのである[7)]．しかし，1902–09年度の補助金総額が270万円に過ぎなかったことからすれば，たった2年間で445万円を要する原

282–285頁に詳しい．

6)　台湾総督府『台湾糖業統計』（第16）1928年，102，169頁．

7)　台湾総督府『台湾糖業統計』（第21）1933年，122–123頁．

料糖補助金は，継続可能なものではなかった．

そこで，第2に，関税改正によるジャワ糖の競争力の低下が図られた．1911年に関税自主権を完全回復した日本は，砂糖の輸入関税を引き上げた（表1（D））．まず，精製糖の輸入関税が引き上げられ，日本精製糖は輸入原料糖戻税制度がなくても香港精製糖と対抗できるようになった．次に，日本国内で消費される精製糖（以下，国内精製糖）に用いる原料糖には，輸入原料糖戻税制度の適用対象外として関税を賦課し，ジャワ原料糖の価格を引き上げた．その結果，台湾原料糖は補助金なしでもジャワ原料糖と同価格で販売できるようになった．なお，輸出向けの精製糖（以下，輸出精製糖）に用いる原料糖には，国際競争力の観点から，輸入原料糖戻税制度が継続して適用されたため，後述する第一次世界大戦期の特殊な環境下を除けば，輸出精製糖の生産にはジャワ原料糖が用いられた．

ただし，関税改正だけでは，台湾糖の原料糖としての利用は進まなかった．なぜなら，原料糖は直消糖よりも安価に取引されたからである．たとえば，1915年度の直消糖の卸売価格が11–13円であったのに対し，原料糖は10.5円で精製糖会社に販売されていた[8]．したがって，台湾の製糖会社は，たとえ直消糖市場が供給過剰状態となったとしても，理論上では直消糖の価格が10.5円に下がるまで，余剰な粗糖を直消糖として市場に販売し続けることになる．

この問題を解決したのが，第3に，台湾の製糖会社によって1910年に設立された糖業連合会（以下，連合会）による販売カルテルの実施である．連合会の主要な活動は，「産糖処分協定」と「原料糖売買協定」を通じて，台湾糖の流通を操作することであった．産糖処分協定とは，当該年に生産された台湾糖のうち，どれだけを直消糖および原料糖に配分するのかについて，台湾の製糖会社の間で交渉することである．原料糖売買協定とは，産糖処分協定を通じて決定された原料糖の供給量と価格について，台湾の製糖会社と日本の精製糖会社との間で交渉することである．日本の精製糖会社はジャワ原料糖を用いてもよかったため，原料糖売買協定はしばしば難航したが，精製糖会社が常に敵対的であったわけではなかった．なぜなら，精製糖の標準価格は「直消糖価格＋精製加工

8）直消糖価格は，山下久四郎編『砂糖年鑑』（昭和6年版，日本砂糖協会，1931年）82–83頁に掲載の分蜜粗糖価格から消費税5円を差し引いたものであり，原料糖価格は，糖業協会編『近代日本糖業史』（下巻）（勁草書房，1997年）70頁記載の協定価格．

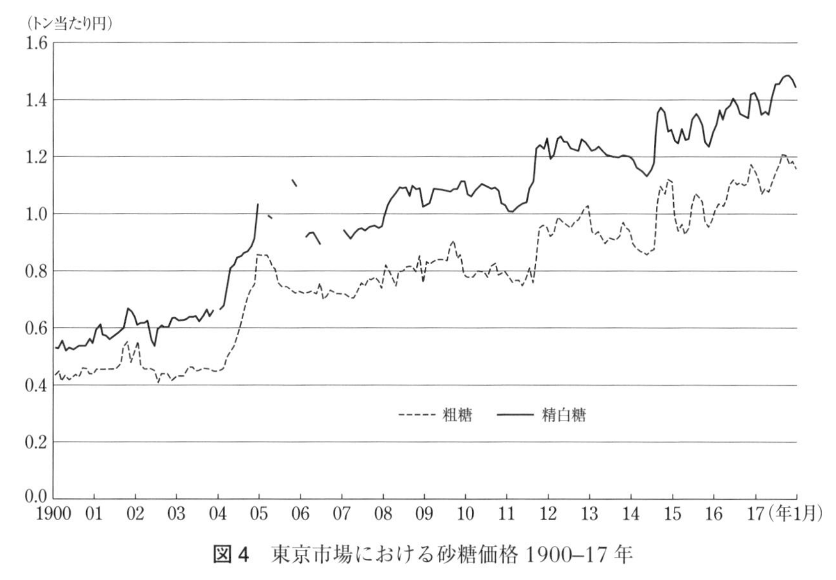

図4　東京市場における砂糖価格 1900–17 年

出典)　山下久四郎編『砂糖年鑑』(昭和6年版) 日本砂糖協会，1931 年，82–85 頁.

費＋消費税差」として決定されており[9)]，台湾原料糖の購入を通じて台湾直消糖の供給量を抑え，直消糖の価格を引き上げることは，精製糖価格の引き上げにつながるからである．東京市場における砂糖価格を示した図4からも，粗糖価格と精製糖価格が連動していることが読み取れよう．したがって，日本の精製糖会社は，国内精製糖用の原料として，まず台湾原料糖を用い，不足分をジャワ原料糖で補うことを「基本的な経営方針」とした[10)]．

第4に，この「基本的な経営方針」が，台湾の製糖会社による日本精製糖業への進出を通じて強化された．台湾製糖(株) は，1911 年に神戸精糖(株) を買収し，1915 年には神戸に第2工場を建設した[11)]．また，明治製糖(株) は 1912 年に横浜精糖(株) を買収して 1913 年に工場を拡張したほか，1915 年には戸畑

9)　後述する，台湾の製糖会社の日本精製糖業への進出 (精粗兼営化) によって，粗糖価格と精製糖価格の連動性は強まった．なぜなら，直消糖価格が精製糖価格よりも有利な場合には，自社で生産した粗糖を直消糖として販売し，精製糖価格が直消糖価格よりも有利な場合は，生産した粗糖を原料糖として精製糖に加工し，販売すればよいからである．

10)　西原雄次郎編『日糖最近二十五年史』大日本製糖株式会社，1934 年，68 頁.

11)　伊藤重郎編『台湾製糖株式会社史』台湾製糖株式会社，1939 年，172–174 頁.

①流通が統制されている状態

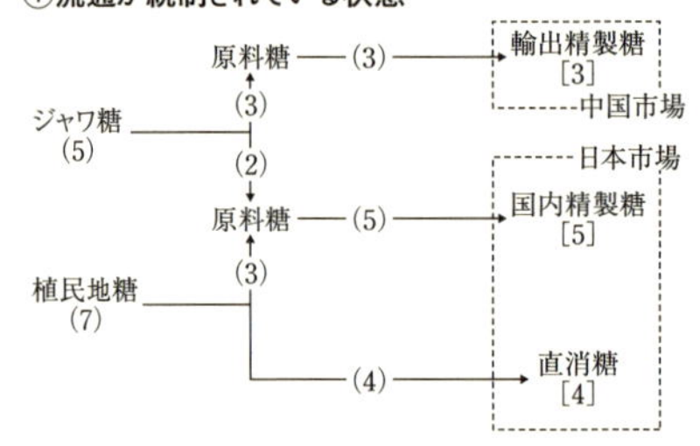

②「ジャワ糖問題」が発生している状態

[Case1]直消糖の供給過剰

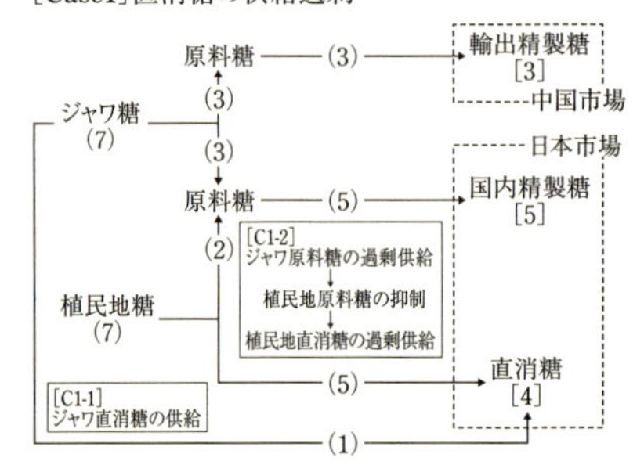

[Case2]国内精製糖(原料糖)の供給過剰

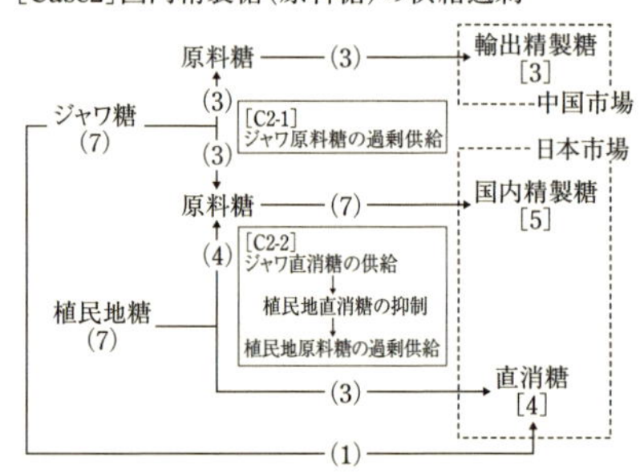

③「ジャワ糖問題」の解決方法

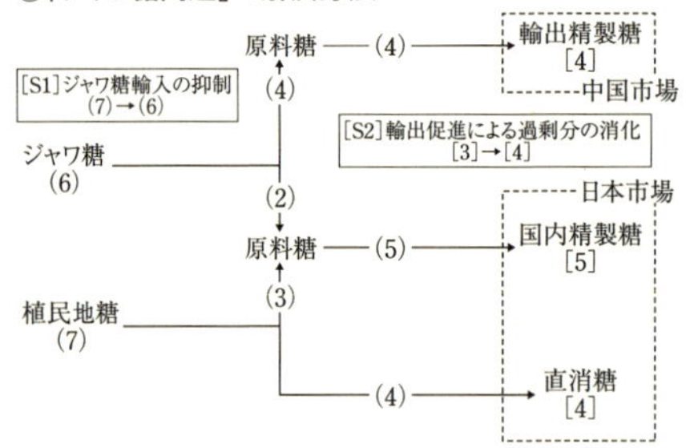

図5　帝国内砂糖貿易における流通統制

出典)　著者作成.

に工場を建設した[12]．さらに，1916年に帝国製糖(株)と新高製糖(株)も日本精製糖業に参入した[13]．当時，これは「精粗兼営化」と呼ばれた．有力企業による精粗兼営化の結果，台湾原料糖の多くは各社の内部で精製糖に加工される

---

12)　上野雄次郎編『明治製糖株式会社三十年史』明治製糖株式会社，1936年，14–19頁.

13)　糖業協会『近代日本糖業史』(下巻) 76頁.

ようになり，原料糖売買協定の対象となる原料糖の量は減少していった．

以上のように，「ジャワ糖問題」を解消するために，帝国内砂糖貿易では，総督府の補助金・日本の関税改正・連合会の活動・製糖会社の精粗兼営化などを通じて，砂糖の流通統制を図る枠組みが築かれていった．図5を用いて，その成果を視覚的に確認しておこう．ここでは，日本の砂糖需要が9単位，そのうち直消糖需要が4単位，精製糖需要が5単位であることを想定している[14]．それに対して，植民地糖業は粗糖を7単位生産していると想定している．また，日本精製糖業の存立のためには精製糖を8単位生産する必要があり，国内精製糖5単位（需要が5単位のため）と輸出精製糖3単位を生産すると想定している．

図5–① は，流通統制が機能している状態を示している．まず，植民地糖（当該期は台湾糖と同義）7単位は，産糖処分協定を通じて日本の直消糖需要に見合う形で直消糖に4単位が配分され，残り3単位が原料糖売買協定を通じて日本精製糖業に販売される（精粗兼営化後は，原料糖の多くは自社内で精製糖へ加工される）．次に，日本精製糖業の存立のためには8単位が必要であるから，植民地原料糖3単位を除いた5単位分をジャワ糖の輸入で調達し，このうち国内精製糖の原料糖として2単位，輸出精製糖の原料糖として3単位が用いられ，輸出精製糖は中国へダンピング輸出される．こうして植民地糖は確実に販売され，日本の精製糖業も存立可能な状況が達成される．「ジャワ糖問題」を回避するために帝国内砂糖貿易に築かれた流通統制とは，このようなものであったのである．

砂糖の流通統制が何らかの理由で崩壊し，「ジャワ糖問題」が発生した状態を示したものが図5–② である．ここでは，ジャワ糖が7単位輸入されている（つまり2単位分だけ過剰に輸入されている）ことを想定している．［Case 1］は，過剰に輸入されたジャワ糖によって，直消糖市場において供給過剰が発生したケースを示している．その経路は2つある．第1は，単純にジャワ直消糖が供給される場合である（Case 1–1）．第2は，ジャワ原料糖が過剰供給された場合であり，その分だけ利用が困難となった植民地原料糖が植民地直消糖に振り替えられることで，直消糖市場で供給過剰が発生する（Case 1–2）．次に，［Case 2］は，過剰に輸入されたジャワ糖によって，精製糖市場で供給過剰が発生したケー

14）　本来は，白糖も加えるべきだが，議論を簡潔にするために省略した．

スを示している．その経路も 2 つある．第 1 は，単純にジャワ原料糖が過剰供給される場合である（Case 2–1）．第 2 は，ジャワ直消糖が供給された場合であり，その分だけ販売が困難となった植民地直消糖が原料糖として振り替えられることで，精製糖市場で供給過剰が発生する（Case 2–2）．ジャワ糖によって国内市場の需給が崩壊し，植民地糖の販売が阻害される「ジャワ糖問題」とは，こうした状況を指す．

2-2. 「ジャワ糖問題」のチェック

以上を踏まえて，当該期の日本市場で実際に「ジャワ糖問題」が発生したのかどうかをチェックしよう．表 2–① は直消糖，表 2–② は国内精製糖の需給量を示している．ところで，砂糖の消費量を把握することは難しい．多くの統計では，生産量・移入量・輸入量を合計した供給量から，輸出量と移出量を差し引いたものが消費量とされており，そこでは供給過剰という状態は存在しない．そこで，本書では，連合会が調査した「引取量」を消費量としたが，1914 年以前の台湾糖の引取量は不明である．また，項目によって年次と年度の違いがあるし，栽培工程の開始から製糖工程の終了するまでには 1 年半を要するため（序章図 5 参照），市場の動向に対して即座に砂糖の供給量を合わせられるものでもない．したがって，ここでは厳密な議論は避け，あくまで趨勢を議論することにしたい．

表 2–① を用いて，図 5 の［Case 1］（直消糖市場における「ジャワ糖問題」）について考察しよう．上述したように，当該期のほとんどについて砂糖の消費量が不明である．したがって，ここではまず，ジャワ直消糖が供給された時期があったかを確認し，供給された時期があった場合には，そのジャワ直消糖が台湾直消糖の販売を阻害したと言えるか否かを考察する，という手順を踏むこととする．表を見ると，ジャワ直消糖が供給された時期は，1908 年（4.1 万トン）と 1912–14 年（1.3–3.7 万トン）であったことがわかる．では，これら 2 つの期間では，台湾直消糖の販売は阻害されていたと言えるだろうか．1908 年にジャワ直消糖が供給された要因は，台湾直消糖の供給不足にあった．製糖場取締規則の施行を受けて製糖会社の設立ブームが発生したが，1908 年段階では多くの工場はまだ稼働していなかったため，台湾直消糖の供給量は 5.9 万トンに過

表2　日本の砂糖需給量 1908–17 年

① 直消糖 1908–17 年

（単位：1,000 トン）

	植民地糖							輸入糖
	生産量			原料糖	直消糖			直消糖
	合計 (A)	台湾	その他	(B)	供給可能量 (A)–(B)	消費量	過不足	消費量
1908	59	59		0	59			41
1909	124	124		0	124			2
1910	111	111		17	94			0
1911	166	166		84	82			0
1912	124	124	0	57	67			20
1913	57	57	0	16	41			37
1914	121	121	0	39	82			13
1915	178	177	0	99	78	93	−15	3
1916	203	203	0	160	42	90	−48	4
1917	270	258	12	185	85	100	−15	3

出典）台湾総督府『台湾糖業統計』（第 24）1936 年，110，154–156 頁；農商務省編『糖業概覧』1919 年，35 頁；日本糖業連合会編『（再版）内地直接消費糖引取高月別表』1935 年より作成．

注）粗糖は，オランダ標本色相 15 号未満，18 号未満，21 号未満の砂糖を指し，日本（沖縄・内地）は生産量，台湾は移出量である．

② 精白糖 1912–17 年

（単位：1,000 トン）

	国内精製糖生産量			精白糖市場			
	ジャワ原料糖	台湾原料糖	合計	供給可能量		消費量	過不足
				日本精製糖	台湾白糖		
1912	29	43	73	61	2	59	4
1913	74	8	82	66	0	68	−1
1914	27	51	78	64	7	72	−1
1915	0	74	75	64	12	71	4
1916	2	90	92	80	12	88	5
1917	6	94	100	87	18	97	8

出典）日本糖業連合会編『内地精製糖製造高及引取高表』1935 年；日本糖業連合会編『（再版）内地直接消費糖引取高月別表』1935 年；台湾総督府『台湾糖業統計』（第 20）1932 年，109 頁より作成．

注 1）精白糖は，オランダ標本色相 21 号以上の砂糖を指す．

注 2）日本精製糖の供給量は，国内精製糖の生産量から台湾への移出量（台湾総督府『台湾糖業統計』（第 20）113 頁に記載の，標本色相 21 号以上の移出量）を差し引いた数値である．

ぎず，台湾糖だけで直消糖市場を独占できる段階になかったのである．

また，1912–14 年にジャワ直消糖が供給された要因も，台湾直消糖の供給不足にあった．1911 年 8 月と 1912 年 9 月に台湾を襲った巨大暴風雨によって，甘蔗栽培が壊滅的な打撃を受けた結果（第 5 章詳述），1911 年に 16.6 万トンに達した台湾糖の生産量は 1912–14 年にかけて減少し，とくに 1913 年には 5.7 万トンに過ぎなかった．生産量の減少に加え，精粗兼営化を背景に一定の台湾原料糖が使用されたため，台湾直消糖の供給量は不十分なものとならざるを得なかったのである．他方，台湾糖の生産量が増大した 1909–11 年や 1915–17 年には，それに合わせるかのようにジャワ直消糖の供給量が抑制されていた．特異な年を除けば，直消糖市場では「ジャワ糖問題」は発生していなかったと言えよう．

次に，表 2–② を用いて，図 5 の［Case 2］(精製糖市場における「ジャワ糖問題」) について考察しよう．精白糖に対する需要量は 1910 年代に増大して，1917 年には 9.7 万トンに達した．需給関係を見ると，1912–14 年はほぼ均衡していたが，1915–17 年には供給過剰が徐々に進行していたことがわかる．ただし，それはジャワ原料糖に起因するものではない．当該期の国内精製糖の 94–100% が台湾原料糖を加工したものであり，その背景には，台湾糖の増産と第一次世界大戦によるジャワ糖の輸入難があった．国内精製糖でも「ジャワ糖問題」は発生していなかったのである．

なぜ，当該期の日本市場では「ジャワ糖問題」を抑制できたのだろうか．もちろん，上述した 4 つの対応策が機能したからであるという，帝国内砂糖貿易の論理で説明することは可能であろう．しかし，日本市場が東アジア間砂糖貿易とつながっている以上，東アジア間砂糖貿易の論理も考察する必要がある．東アジア間砂糖貿易の視点から「ジャワ糖問題」の解決方法を示したものが，図 5–③ である．「ジャワ糖問題」を解決するには，第 1 に，ジャワ糖の過剰輸入そのものを抑制する必要がある (S1)．ただし，過剰輸入を完全に抑制できるかどうかはわからない．図 5–③ では，1 単位だけ抑制でき (7 単位→6 単位)，1 単位分が依然として過剰である状態を想定している．このような場合は，「ジャワ糖問題」を抑制する第 2 の手段として，過剰分を輸出精製糖に加工して中国へ輸出することが必要になる (S2)．言い換えれば，ジャワ糖の対日本輸入がいくら過剰であったとしても，日本精製糖への加工と対中国輸出を通じてそれを消化できる限り，「ジャワ糖問題」は発生しないということである．そこで以下では，S1 を可能にした要因 (第 3 節) と，S2 を可能にした要因 (第 4 節) について考察する．

3.　ジャワ糖の対日本輸入

3-1.　ジャワ糖業の沿革

ジャワ糖業は，17世紀にバタビア近郊で開始された[15]．オランダ東インド会社が財政悪化を理由にバタビア郊外の土地を売却し始めた結果，バタビア郊外にはヨーロッパ人を地主とするプランテーションが形成されるようになった．プランテーションの主要な栽培品目は甘蔗であり，地主からプランテーションを貸与された経営者(多くは中国人)は，中国の栽培技術と製糖技術を導入し，中国人移民や現地人を労働者として甘蔗や砂糖を生産した．バタビアで開始された砂糖生産は18世紀末にはジャワ各地へ伝播し，ジャワ糖はオランダ本国のほか，日本や南アジアへ輸出された．しかし，19世紀初頭にジャワ糖業は，資本と技術の不足に加え，森林崩壊や土壌流失にも直面していた．蘭印政庁は1830年に「強制栽培制度(Cultuurstelsel)」を導入し，ジャワの甘蔗適作地方の農民に対して，水田の一部を甘蔗の栽培に充てることを強制した．甘蔗栽培地域は，地力の低下が著しいバタビア近郊から，肥沃な土壌が広がるジャワ島の北東部へと広がり，甘蔗生産量は増大していった．また，蘭印政庁は，契約を結んだ製糖工場(華僑やヨーロッパ人が経営)に対して，近代製糖設備を導入するための資金を前貸しするとともに，ジャワ農民から搾取した甘蔗・燃料・労働力を提供して砂糖を生産させ，それを蘭印政庁に納入させた．ジャワの砂糖生産量は1840年に4.7万トンであったが，1870年には15.2万トンに増大し，この間の年平均成長率は約4%であった[16]．

1870年に「農地法」「農地令」「砂糖法」が制定され植民地の統治方針が「自由主義」へ移行すると，甘蔗栽培から砂糖生産に至る製糖業全般にわたって民間企業の自由な参入が可能となり，「強制栽培制度」は終結した．製糖会社の多くは，金融上の理由で農業銀行(Cultuur Banken)によって所有・管理され，第

---

15)　本パラグラフの叙述は，以下の文献による(島田竜登「近世ジャワ砂糖生産の世界史的位相」秋田茂編『アジアから見たグローバルヒストリー』ミネルヴァ書房，2013年；Galloway, J. H., *The Sugar Cane Industry: An Historical Geography from its Origins to 1914*, Cambridge: Cambridge University Press, 1989, pp. 210–211)．

16)　熱帯産業調査会編『糖業に関する調査書』台湾総督府，1935年，373–374頁．

一次世界大戦期には全工場の半数を農業銀行が所有・管理し，残りを欧州商や蘭印華商が所有・管理していた[17)]．これらの製糖会社は「法制上最高の土地所有者であった植民地政府の規制のもとに，長期（最高22.5年）の土地賃借契約にもとづいて農民（形式上は村落）の保有地の一定部分を借り上げ」て，甘蔗・稲・商品作物で構成される三年輪作制を採用しながら，「会社の直接経営にもとづく甘蔗作を実行」することができた[18)]．これは，いわゆるプランテーションとは異なるが，会社の直接経営によって栽培方法を完全にコントロールできた点で大差なく，労働力が豊富なジャワの要素賦存に適合した甘蔗栽培法であるレイノソ法は急速に普及した．また，三年輪作制によって連作や「株出法」（収穫後の株から発芽させて育てる方法であり，生産力が年々低下していくため，数年で新株への植え替えを要する）を自動的に防ぐことができたことは，このシステムの優れた点であった．

さらに，栽培技術の高さもジャワ糖業の強みであった．民間資本の参入が相次いだ1870年代以降，砂糖生産量は年平均成長率6%のスピードで成長し，1870年の15.2万トンから1884年には39.4万トンまで増大したが，1882年に発生した甘蔗萎縮病（セレー病）の拡大によって1889年に33万トンまで減少した．ジャワ東部のパスルアンに設立された糖業試験場では，耐病性と生産性の双方に優れた品種を開発してセレー病を克服し，高収量品種を開発し続けていったほか，製糖会社は硫安などの化学肥料を大量に用いて高収量品種の能力を最大限に発揮した[19)]．1890年代以降に再び増大を開始した砂糖生産量は，1917年には180万トンとなった．ジャワ糖の特徴は特定の市場を持たないことであり，主要輸出先は19世紀までは欧米市場であったが，1900年代後半にアジア市場が過半を占めるようになり，その主要な輸出先は英領インド，中国，日本などであった[20)]．

17）三井物産『爪哇糖提要』1919年，67頁．

18）加納啓良「オランダ植民地支配下のジャワ糖業：1920年代を中心に」『社会経済史学』第51巻6号，1986年2月，145頁．

19）Knight, G. Roger, “a precocious appetite: industrial agriculture and the fertiliser revolution in Java’s colonial cane fields, c. 1880–1914,” *Journal of Southeast Asian Studies*, 37–1, Feb, 2006.

20）加納啓良「ジャワ糖業史研究序論」『アジア経済』第22巻5号，1981年5月，77頁．

表3　ジャワ糖の主要取扱商

商社名	国　籍
Maclaine Watson & Co. (Fraser Eaton & Co.)	イギリス
Erdmann & Sielcken	ドイツ
建源 (Handels Maatschappij Kiang Gawan)	華　商
Wellenstein Krause	ドイツ
Herm Rosenthal	オランダ
The Ing Tjang	華　商
Kong Seng Chay	華　商
福美号 (Ong Tjing Hang)	華　商
Volkert & Bros.	オランダ
Holland-China Handels mij	オランダ
Java-China Export mij	オランダ

出典）眞室幸教『爪哇之糖業』台湾総督府，1912年，278–280頁．

3-2. ジャワ糖取引

ジャワ糖の取引は，大きく2種類に分けられる．第1の方法は，製糖会社と貿易商との間でおこなわれる第一売買 (first cost business) である．砂糖 (粗糖・白糖) の販売は製糖会社によって組織された組合を通じて行われていたから，第一売買に参加できたのは，製糖会社を所有するか，あるいは組合の信用を得た大規模な貿易商に限られた．表3は，1912年における主要な貿易商を示しており，その多くが製糖会社を所有・管理していた．とりわけマクレイン・ワトソン商会[21] (以下，MW商会と略記) と建源[22]の勢力が強く，MW商会は3工場を管理し，建源は5工場を所有していた[23]．ジャワ糖の取引の第2の方法は，

21）1900年代後半のジャワ糖輸出量約84万トンに対し，MW商会だけで約42万トンを輸出していた (三井文庫編『三井物産支店長会議議事録6 (明治40年)』丸善，2004年，411頁)．また，MW商会について，バタビアの領事館報告では「1825年の創立に係り (バタビア) 一般輸出入業の外，船舶，保険，銀行事務を取扱ひ，当方面に於ける外国貿易商中盛大なる物とす．取扱品目中，砂糖貿易は最も重要なるものにして爪哇産糖の約半額は本社の手を経と云ふ．(中略) スーラバヤに於ける Fraser, Eaton & Co. 及スマランに於ける Mc Neill & Co. 何れも異名同身なり」と紹介されており，MW商会の買付比率は第一次大戦以前までは維持されていたようである (『通商公報』第108号，1914年4月23日 (「主なる貿易商」))．

22）建源公司は，1863年に福建人の黄志信によって蘭領東インドに設立された貿易会社であり，二代目 (1893–1924年) の黄仲涵は砂糖を主とする貿易活動のみならず製糖業へも進出し，「ジャワ糖王」と呼ばれた (Yoshihara, Kunio, "Oei Tiong Ham concern: the first business empire of Southeast Asia," *Southeast Asian Studies*, Vol. 27, No. 2, Sep. 1989；蔡仁龍「黄仲涵家族与建源公司」『南洋問題』1983年01期，1983年3月)．

23）三井物産『爪哇糖提要』67頁．

貿易商間でおこなわれる第二売買（second hand business）であり[24)]，信用力に乏しい中小規模の貿易商が主に利用した．

日本商は，ジャワ糖取引への参入によって，東アジアの砂糖市場における活動を開始した．日本商の最大手である三井物産の砂糖取引を示した表4を見ると，1902–03年の取引では，ジャワ糖の対日本輸入を主とする「輸入」のシェアが圧倒的に高かったことがわかる．ただし，日本商は第一売買に参加することはできず，第二売買によってのみジャワ糖を取引できた．なぜなら，「欧商支那商の爪哇市場に扶植したる勢力は，其淵源遠く，牢として抜くべからざるものあり，製糖工場等とも密接なる関係を有」していたので，日本商が「生産者より直接買付をなすに当たりては幾多の不便」があるのみならず，「其信用状態も普く知悉せられざりしかば，多額の取引をなす事頗る不自由」であったからである[25)]．たとえば，日本精製糖(株)や日本精糖(株)からジャワ原料糖の買付を委託された三井物産は，ジャワ糖取引の最大手であったMW商会と代理店契約を結ぶことによって，ジャワ糖の対日本輸入が可能となった．ただし，「他に取引先なき為め「マクレイン」のみを便（ママ）りとし他の相場を知ること能はす」[26)]という問題や，競争相手が見込取引によって取引量を増大させるなかで，MW商会が「保守的」で見込取引を好まないために，三井物産の取引量の増大が緩慢になるという問題もあった[27)]．日本商のジャワ糖取引は，取引相手である外国商の意向に規定されていたのである．

帝国内砂糖貿易の形成は，日本商の砂糖取引の転換点となった．日本商は，台湾の製糖会社の設立や出資を通じて，そこで生産される砂糖の独占販売権を得た．三井物産は台湾製糖(株)，増田屋は明治製糖(株)，安部幸商店は帝国製糖(株)，台南製糖(株)，塩水港製糖(株)，鈴木商店は東洋製糖(株)と塩水港製糖(株)，大倉組は新高製糖(株)の設立にそれぞれ参加し，砂糖の販売権を獲得した．日本商は，ジャワにおける欧州商や蘭印華商と同様の地位を，台湾において

24）眞室幸教『爪哇之糖業』台湾総督府，1912年，283頁．
25）横浜正金銀行編『爪哇砂糖市場に於ける邦商の地位と砂糖トラスト』1925年，2–3頁．
26）三井文庫編『三井物産支店長会議議事録4（明治38年）』丸善，2004年，166頁．
27）三井文庫編『三井物産支店長会議議事録6』413頁．競争相手については，イリス商会，ラスペー商会，増田屋，安宅商会が挙げられている（三井文庫編『三井物産支店長会議議事録6』418頁）．

表4　三井物産の砂糖取引1902–17年

①取引量　（単位：1,000トン）

	輸出		輸入		内国売買		外国売買		合計	
	量	比率	量	比率	量	比率	量	比率	量	比率
1902	0	1%	47	98%	0	1%	0	0%	48	100%
1903	0	0%	55	87%	8	13%	0	0%	63	100%
1911	18	22%	14	16%	39	45%	14	17%	86	100%
1912	25	28%	3	4%	45	51%	14	17%	89	100%
1913	26	18%	69	47%	31	22%	19	13%	146	100%
1914	28	17%	52	31%	40	24%	45	27%	165	100%
1915	13	12%	21	19%	27	24%	52	46%	114	100%
1916	69	27%	29	11%	57	22%	104	40%	260	100%
1917	66	32%	9	4%	65	32%	65	31%	207	100%

②取引額　（単位：1,000円）

	輸出		輸入		内国売買		外国売買		合計	
	額	比率	額	比率	額	比率	額	比率	額	比率
1902	33	1%	4,940	98%	76	2%	4	0%	5,053	100%
1903	0	0%	4,918	71%	1,243	18%	812	12%	6,974	100%
1911	2,593	18%	1,747	12%	7,881	56%	1,975	14%	14,196	100%
1912	3,727	22%	495	3%	10,784	63%	2,106	12%	17,112	100%
1913	3,624	16%	7,829	35%	8,889	39%	2,278	10%	22,619	100%
1914	3,551	18%	562	3%	10,077	52%	5,338	27%	19,528	100%
1915	2,701	12%	2,302	10%	7,703	33%	10,660	46%	23,367	100%
1916	13,483	26%	4,200	8%	15,559	30%	19,210	37%	52,452	100%
1917	14,385	29%	1,623	3%	18,953	38%	15,138	30%	50,099	100%

出典）三井物産「事業報告書」各期.

確立したのである．台湾資本やイギリス資本によっても製糖会社は設立されたが，明治末期から大正初期にかけて，販売権の獲得を目的とする日本商によって，その多くの会社が買収・合併された[28]．台湾糖生産量の増大は，日本商の砂糖取引全体に占める台湾糖の比重を高めた．たとえば，1908年の三井物産支店長会議において「爪哇糖は製糖会社に売込む（原料糖を意味する）のみならす今日にては地売（直消糖を意味する）の高も少からす，併し台湾糖か漸次増加し七八万噸にも発展し来らは（ジャワ糖の）市中売も大に減少すへきに付き是非とも製糖会社を主とせさるへからす」[29]と報告されたように，三井物産は，直消糖の取引はジャワ糖よりも台湾糖が中心になるという認識を持った．これを表4

28）涂『日本帝国主義下の台湾』286–297頁.

29）三井文庫編『三井物産支店長会議議事録7（明治41年）』丸善，2004年，51頁.

で確認すると，三井物産の1911年の砂糖取引において，「輸入」（ジャワ糖の対日輸入）の比率は16%へ急減し，代わって日本市場における植民地糖（台湾糖と同義）や日本精製糖の取引を示す「内国売買」の比率が45%まで高まったことがわかる．日本商は台湾糖の取引を通じて利益をあげるため，「台湾に於ける糖業発達の影響にて（中略）外国品を輸入するの必要を減」[30]らしていた．

第一次世界大戦はジャワ糖取引の勢力図に変化をもたらしたが，ジャワ糖の対日輸入取引が変化したわけではなかった．1916年に連合諸国が砂糖輸入を制限した結果，欧州商は大戦終結までジャワ糖の取引からの撤退を余儀なくされ，蘭印華商も1917年頃から顕著となった船舶不足による在庫の増大と糖価の暴落を受けて，多くが引取り困難に陥り破産した[31]．代わって台頭したのが日本商であったが，ジャワ糖の取扱量が増大しても，対日輸入取引は増大しなかった．再び表4を見ると，ジャワ糖取引が含まれる「輸入」と「外国売買（第三国輸出と産地転売）」のうち，「外国売買」だけが増大していたことが読み取れる．大戦期は，台湾糖の生産量が増大した時期であり，台湾糖の生産量は1910/11年期の約20万トンから1916/17年期には約40万トンへと増大した（図3参照）．日本商は，ジャワ糖取引と台湾糖取引を同時に増大させるため，「ジャワ糖取引＝アジア市場」，「台湾糖取引＝日本市場」として，市場のすみ分けを図っていた[32]．ここに，ジャワ糖の対日本輸入が抑制され日本市場において「ジャワ糖問題」が発生しなかった要因がある．

4.　日本精製糖の対中国輸出

4-1.　中国市場における砂糖流通

本節では，日本精製糖の対中国輸出について考察する．中国の砂糖需要は調味料，保存料，贈答品，菓子原料を主な用途として，18世紀中葉以降に漸増した．砂糖消費の中心は，広東省などの産糖地域，あるいは江蘇省や浙江省といっ

30）大蔵省『外国貿易概覧』（明治43年）1911年，512頁．
31）川島浦次郎『爪哇糖取引事情』鈴木商店大阪支店，1924年，15–16頁．
32）日本経営史研究所「稿本三井物産株式会社100年史上巻」1978年，380頁．また，連合会や糖商協議会（日本の砂糖問屋の組合）も，ジャワ糖の対日輸入を自主的に規制していた（糖業協会『近代日本糖業史』（下巻）73–74頁）．

表5　中国の砂糖輸入量 1902–17年

① 精白糖輸入量　(単位：1,000トン)

	白糖				精製糖				合計
	香港	ジャワ	その他	小計	香港	日本	その他	小計	
1902	39	1	6	45	79	0	3	83	128
1903	34	1	6	41	68	0	1	69	110
1904	44	2	11	57	75	0	1	76	133
1905	59	5	3	67	79	10	2	91	158
1906	73	14	22	109	67	34	4	104	214
1907	72	17	5	94	93	7	2	103	197
1908	39	6	4	49	73	11	4	88	137
1909	54	13	4	71	103	21	7	131	201
1910	45	10	4	59	69	34	6	109	168
1911	34	10	15	59	74	44	3	121	180
1912	45	20	13	78	56	44	3	103	182
1913	63	27	26	116	73	83	3	158	274
1914	59	26	13	98	78	68	3	150	248
1915	31	15	13	60	66	50	3	119	178
1916	31	7	19	57	62	64	3	130	187
1917	36	1	32	69	74	103	2	179	248

出典）China (Imperial) Maritime Customs, *Returns of Trade and Trade Reports*, 1902–17.

② 港別輸入量　(単位：1,000トン)

	天津		上海		漢口		広東	
	精製糖	白糖	精製糖	白糖	精製糖	白糖	精製糖	白糖
1902–09年平均	7	7	50	18	10	3	2	11
1915–17年平均	18	4	61	11	21	2	1	13

注）上海日本商業会議所『上海港輸出入貿易明細表』1920年.

た先進地域であり，その他でも地域差を伴いながら砂糖が消費されるようになった[33]．中国の精白糖輸入量を示したものが，表5–①である．精白糖輸入量は増減を繰り返しながらも増大傾向にあり，そのうち精製糖のシェアは約60–70%であった．精製糖のほとんどは香港精製糖と日本精製糖であり，当初は香港精製糖の独壇場であったが，1900年代後半に日本精製糖のダンピング輸出が始まると，日本精製糖のシェアが上昇していった．一方，白糖のシェアは1900年代に40%であったが，大戦期にかけて約30%にまで下落した．白糖のほとんどはジャワ白糖であり，多くは香港を経由して輸入された．第一次世界大戦

33）周正慶『中国糖業的発展与社会生活研究』上海古籍出版社，2006年.

期までの中国の精白糖市場は，精製糖を中心とする市場だったのである．

ただし，精白糖の消費には地域差が見られた（表 5–②）．輸入糖の多くは，上海を中心とする揚子江流域で取引された．上海は砂糖輸入量の約半分を占めるのみならず，揚子江流域へのディストリビューションセンターとしても機能しており，輸入された砂糖の 60% 以上がこれらの地域へ向けて再移出されていた[34]．揚子江流域で主に需要されたのは精製糖であった．その理由は，多くの中国人が粒の大きい双目（ざらめ）のジャワ白糖を好まなかったことにあるとされる[35]．また，華北（天津）も精製糖に対する需要が強かった．一方，広東を中心とする華南地域では，主に白糖が需要された．この要因として，広東には東南アジアへの移民が多く，その帰郷者が，東南アジアで慣れ親しんだジャワ白糖を帰郷後も嗜好したからであったと指摘される[36]．

中国砂糖市場の中心であった揚子江流域における砂糖流通を解明するため，図 6 を用いて上海の砂糖取引を考察しよう．上海で活動する貿易商は取扱糖ごとに異なっていた．ジャワ白糖を輸入するのは香港商であり，彼らは蘭印華商や上海の砂糖問屋と密に連絡を取り合いながら取引に従事していた[37]．香港精製糖は，ジャーディン・マセソン商会（Jardine, Matheson and Co. 以下，JM 商会と略記）が経営する中華糖局と，スワイア商会（John Swire and Sons Limited）が経営する太古糖房において生産され，中華糖局の製品は JM 商会，太古糖房の製品はスワイア商会の東アジアにおける貿易商社であるバタフィールド・アンド・スワイア商会（Butterfield and Swire. 以下，BS 商会と略記）によって輸出された．日本精製糖は台湾の製糖会社の精粗兼営化によって多くの会社で生産されており，主要会社に限れば，台湾製糖(株) の製品は三井物産と久原商事，大日本製糖(株) の製品は三井物産・鈴木商店・湯浅商店・復和裕，明治製糖(株)

34） 上海商務官事務所編『支那通商報告』（第 3 号）1924 年，34 頁．

35） 木村増太郎によると，中国へ輸入されたジャワ白糖の 8 割は，粒の細かい「幼砂」であったとされる（木村増太郎『支那の砂糖貿易』糖業研究会，1914 年，119 頁）．たしかに，ジャワの幼砂生産量は 1910 年代半ばまでは約 7 万トンと多かったが，1920 年代前半には 2 万トン，1920 年代後半には数千トンしか生産されておらず，年を下るにつれて，中国が輸入するジャワ白糖のほとんどは双目に移って行ったと言える（山下久四郎編『砂糖年鑑昭和六年版』261 頁）．

36） 木村『支那の砂糖貿易』360–362 頁．

37） 上海商業儲蓄銀行『上海之糖與糖業』1932 年，44–45 頁；亀井英之助『砂糖取引事情の大要』拓殖新報社，1914 年，59 頁．ただし，建源はみずからジャワ糖を輸入していた（東亜同文会編『支那経済全書』1908 年，169 頁）．

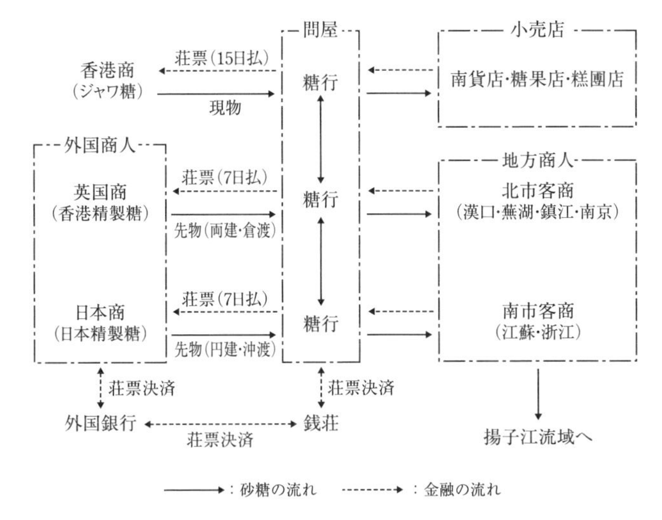

図6　上海における砂糖取引

出典）　木村増太郎『支那の砂糖貿易』糖業研究会，1914年，163–172頁；上海儲蓄銀行『上海之糖與糖業』1932年，43，71頁．

の製品は増田商店によって，それぞれ輸出された[38]．

これらの貿易商は，寧波幫・蘇州幫・鎮江幫によって経営される「糖行」(以下，括弧は略記）と呼ばれる砂糖問屋に砂糖を販売した[39]．ジャワ白糖の取引は小口の現物取引であり，香港商は糖行に販売した砂糖代金を荘票[40]（15日払）で受け取り，銭荘で決済した．一方，精製糖は大口の先物取引であり，香港精製糖は「老規」と呼ばれる両建・倉渡条件，日本精製糖は「新規」と呼ばれる円建・沖渡条件で取引された．精製糖を販売する英国商や日本商は代金を荘票（7日払）で受取り，荘票をめぐるトラブルを避けるため，即座に外国銀行に割引を求めた．

糖行との取引に当たり，精製糖を扱う外国商は「三井物産を除くの他凡て買

38)　台湾総督府編『支那の糖業』1922年，126頁．

39)　上海商業儲蓄銀行『上海之糖與糖業』61，72頁．

40)　荘票とは，銭荘など中国伝統の金融機関が発行する無記名式約束手形の一種であり，一覧払いの「即票」と期日払いの「期票」がある（下中彌三郎編『東洋歴史大辞典』（第5巻）平凡社，1937年，371頁）．

弁を使用し，買弁は絶えず其の使用せる跑街［外廻手代］を市場に放ち市況を探らしめ（中略）其の探知せる市況に基き産地爪哇及日本市況を参照し新相場を発表し」[41] た．他方，糖行も「跑街をして外商は勿論或は公所公会に或は仲間糖行間に出入せしめ市況を調査」[42] し，砂糖相場を入手した．糖行同士の取引に用いられる相場は「劃盤（ワプー）」相場と呼ばれ，貿易商と糖行との砂糖取引は，貿易商が発表する相場と劃盤相場をすり合わせながらおこなわれた．糖行へ販売された各種砂糖は，糖行間で活発に取引された後，客商（地方商人）や上海の小売店に販売された．客商は，揚子江流域から買付に来る北市客商と江南から買付に来る南市客商に分かれ，上海からの再移出の担い手であった．

再移出先の市場では，輸入糖は貿易商によって直接に，また客商によって上海経由でもたらされた．1912 年に漢口にもたらされた輸入糖の 45% は上海から再移入されたものであり，直輸入されたものは残りの 55% に過ぎなかった[43]．漢口へ輸移入された砂糖は，上海と同様に，すべて砂糖問屋に販売され，最終消費地へと輸送されていった[44]．漢口の砂糖問屋は浙寧幇や或寧幇によって経営されており，浙寧幇が経営する砂糖問屋の多くは上海糖行の支店であった[45]．砂糖問屋は購入した砂糖の一部を小売店に販売したほか，漢口へ来る客商（河南幇・湖南幇・裡河幇・中幇など）にも販売した．これら客商によって，輸入糖は最終的に消費市場へ輸送された．

このように，中国市場，とりわけ揚子江流域における砂糖流通は，上海の糖行を頂点とする各地の砂糖問屋・客商の連鎖によっておこなわれていた．中国国内流通とは，上海糖行の販売網でもあったのである．

4-2.　日本商による販売促進策と諸問題

中国へ輸出された日本精製糖は，以上のような流通網の中で取引された．日本商は多くの精製糖を上海で販売する方針をとっており，それは糖行の販売網を利用しながら日本精製糖が販売されたことを意味する．ダンピング輸出され

41）　熱帯産業調査会『糖業に関する調査書』台湾総督府，1935 年，614–615 頁．
42）　熱帯産業調査会『糖業に関する調査書』615 頁．
43）　木村『支那の砂糖貿易』214–215 頁．
44）　『支那貿易通報』第 23 号，1924 年 8 月（「漢口輸入本邦商品の需給状態（一）」）．
45）　木村『支那の砂糖貿易』214 頁．

た日本精製糖は香港精製糖を下回る価格で販売されたのみならず，取引方法が糖行に歓迎されたため，糖行による日本精製糖の取扱量は増大した．その結果，上海で取引される精製糖の標準相場は「一に太古（BS商会），怡和（JM商会）の左右する所」[46] であったが，1900年代末には大日本製糖(株) が発表する「N印」の価格へと移行した．

日本精製糖の販売攻勢に対して，香港精製糖の販売は不振に陥ったため，BS商会は中国東北部で実施していた「地方販売代理店制度」を華北や揚子江流域に拡大させた．地方販売代理店制度とは，「仲買人の利益を節約してこれまで以上に太古糖を直接消費者に販売し，手数料取引にもとづいて太古糖のみを販売する代理店」によって，太古糖房で生産される香港精製糖の販売網を組織する制度であり，中国を14地域に分割し，各地域に置かれた統括代理店が，主要開港場に置かれた支店代理店とさらにその傘下に置かれた合計308（1924年段階）にのぼる地方代理店を統括した[47]．これら代理店は統括代理店の買弁が保証した中国商人によって担われており，一日の販売限度量（0–350袋）や最低基準価格を設定するなど，砂糖取引のイニシアティブを握っていた[48]．香港精製糖の輸入に占める上海のシェアが約25%に過ぎなかったことや[49]，1908–28年におけるBS商会の各統括支店の販売量に占める上海のシェアが18.3%に過ぎなかったことから[50]，地方市場への直接販売方針が実行されていたと言える．その結果，「地方販売代理店との競争不可能により不満を有」[51] するようになった上海の糖行は，取扱糖の重心をますます日本精製糖へとシフトさせるようになり，揚子江流域では「本邦精糖の商標支那人間に周知せられ，今や本邦糖を有せすしては砂糖問屋を営む能はさるの状態」[52] となった．

このように，日本精製糖と香港精製糖との競争は，単なる価格競争にとどまらず，糖行の販売網とBS商会の地方販売代理店制度との販売競争であったと

46）東亜同文会『支那経済全書』482頁．
47）杉山伸也「スワイア商会の販売ネットワーク」杉山伸也，リンダ・グローブ『近代日本の流通ネットワーク』創文社，1999年，166–167頁．
48）杉山「スワイア商会の販売ネットワーク」167頁．
49）上海日本人実業協会『上海港輸出入貿易明細表』1915–16年．
50）杉山「スワイア商会の販売ネットワーク」169頁（表7–4）．
51）熱帯産業調査会『糖業に関する調査書』617頁．
52）東亜同文会編『最近支那貿易』1916年，202頁．

捉えることができる．BS商会は「自らの砂糖の販売に従事すると同時に之れが輸送を兼ぬるを以て随時巧妙の掛引を行ふの便を有せり即ち市場の形成如何によりては現物若くは先物約定に対し任意値引きを行ひ商機を制」[53] するなど，販路拡張を主導することが可能であった．しかし，代理店が308店に限定されており，特定の地域で政治的緊張が高まると当該地域の販売量が激減するなど，この制度はリスクに対して脆弱であった[54]．

一方，日本精製糖は，国内市場に網の目のように広がる上海糖行の販売網によって販売されるという点で優位性を持っていたが，主導的な販売が困難であるというデメリットを有していた．日本商は，早くも第一次世界大戦期にはこの弊害を痛感するようになっていた．たとえば，増田合名会社上海出張所支配人である清水洳水は「上海市場は日本精糖の地盤が出来て居るけれど，其の他の地方に至っては爪哇，香港等の精糖は中々抜目なく売込みの努力をやって居る」[55] と報告しており，湯浅商店漢口支店出張所主任の堀清は「(香港精製糖) は日本精糖に押されて居るのは事実であるが，夫れは上海或は漢口市場に現はれた現象で地方の売込みに就ては，依然として手をゆるめぬのみか，益々堅実に発展して居る．上海或は漢口の如き大市場に現はれずして，消費さるる地方直接に販路の地盤を作ろうと云ふのであるから，此れ位確実な手段はない」[56] と報告している．ここからは，上海を中心とする販売戦略に一応満足を示しつつも，新たな販売方法，とりわけBS商会のように消費市場へ直接販売する方針をとる必要があることが指摘されている．

日本商が，消費市場へ直接販売する方法を模索していなかったわけではない．しかし，こうした試みはいくつかの要因によって頓挫した．第1は，糖行による妨害である．「本邦糖を有せすしては砂糖問屋を営む能はさる」糖行にとって，日本商が独自の販売網を形成することは避けなければならない事態であった．したがって，たとえば漢口において日本商が日本精製糖を販売しようとし

53) 『通商公報』第66号，567頁．JM商会も中国人に対する「貸越し金を利用し若し同債務者にして他店の砂糖を取扱ふ者あらば直ちに貸越しに対する財産差押へを敢てすべく威嚇し」ていたという（佐々木常記『清国に於ける砂糖』出版社不明，1911年，75頁）．

54) 杉山「スワイア商会の販売ネットワーク」171頁．

55) 『糖業』第3年9月号，1916年9月（「注目す可き香港糖」）．

56) 『糖業』第3年9月号，1916年9月（「恐る可き地方的勢力」）．

た際，漢口の砂糖問屋は上海と漢口を往来する客商から日本精製糖を購入できるとして，日本商を「自然弱腰」とさせた[57]．第2に，日本の精製糖会社の中国市場観である．三井物産漢口支店長である野平道男は，1916年に「当地で売頃だと思って製造業者（精製糖会社）に向て注文を発すると，見越高で今売れぬと云ふ様な売止をやられる事があって，如何にも此の需給の調節が取れ難く，如何にも商売がやり難いのである」[58] と報告しており，支店次席も「綿糸と異なり精製糖売込みでは，製糖会社は問屋と提携しておらず，ある仕切値段で渡して終われば，後は野となれ山となれである」[59] と報告している．

このように，日本商による独自の販売網の形成は，糖行からの妨害や精製糖会社の中国市場観によって頓挫したのであり，その結果，日本精製糖の販売は糖行の「利用」よりも，それへの「依存」という性格を強くしていった．ただし，糖行が日本精製糖の代替品を見いだしていない限り，日本精製糖の輸出は拡大することが可能であったのである．

小　括

東アジア間砂糖貿易に組み込まれた日本が砂糖の輸入代替化を図るなかで，植民地台湾に近代製糖業が勃興し，台湾と日本との間で帝国内砂糖貿易が形成された（第1節）．

国際競争力に乏しい植民地糖業を成長させて輸入代替化を図るには，日本市場における「ジャワ糖問題」（ジャワ糖の過剰供給による植民地糖の販売の阻害）が抑制される必要があり，そのために，帝国内砂糖貿易では砂糖の流通統制（総督府の補助金，日本の関税改正，連合会の活動，製糖会社の精粗兼営化）が図られた．日本の砂糖需給量の推移を見ると，第一次世界大戦期（1917年）までは流通統制措置は機能しており，「ジャワ糖問題」は抑制されていた（第2節）．ここからは，植民地糖業は帝国外地域とは無関係に展開していたように映る．

ただし，帝国内砂糖貿易における砂糖の流通抑制は，ジャワ糖の対日本輸入

57）台湾総督府『支那の糖業』177頁．
58）『糖業』第3年9月号，1916年9月（「糖商保護の要」）．
59）『糖業』第3年9月号，1916年9月（「今後の精糖売込みを」）．

が適度に制限されるか，過剰に輸入された場合でもそれが日本精製糖への加工と対中国輸出を通じて処分されるかという，東アジア間砂糖貿易の環境に支えられていたことが重要である．東アジア間砂糖貿易において日本商が後発の担い手であったことは，流通統制措置の維持に寄与していた．たとえば，ジャワ市場におけるジャワ糖取引は先発の欧州商や蘭印華商に支配されており，後発の日本商がジャワ糖を自由に取引することは不可能であった．このような状況下では，取引を独占できる台湾糖の利益を犠牲にしてまで，ジャワ糖の取引量を増大させるインセンティブはなかった（第3節）．また，中国市場では精製糖需要が増大し，JM商会やBS商会によってもたらされる香港精製糖が上海糖行の販売網を通じて中国各地に供給されていが，BS商会が上海糖行を介さない独自の販売網を形成したため，上海糖行にとって後発の日本商がもたらす日本精製糖は必要不可欠な商品となり，これが日本精製糖の輸出促進に寄与した（第4節）．

このように，「ジャワ糖問題」の抑制に作用する当該期の東アジア間砂糖貿易の環境が，植民地糖業の安定的な成長を支えていたのである．

第2章　ジャワ糖問題の発生
――東アジア間砂糖貿易の再興

はじめに

本章の目的は，第一次世界大戦後から砂糖の輸入代替化が達成される1929年までの時期を対象に，東アジアの砂糖市場における商人間の競争・協調関係が，日本市場における植民地糖の販売を阻害する「ジャワ糖問題」に与えた影響を考察し，東アジアの砂糖市場と植民地糖業との関係を解明することにある．

1928年における東アジアの砂糖市場を示した図1を用いて，本章の論点と構成を確認しておこう．1913年に63.8万トン（東アジア間53.3万トン，帝国内10.5万トン）であった東アジアの砂糖貿易量は，1928年には168.8万トン（東アジア間101.5万トン，帝国内67.3万トン）へ急増した．高い成長率を示したのは帝国内砂糖貿易であり，1913–28年の「台湾→日本」の粗糖貿易の年平均成長率は12.6%に達したほか，台湾以外の日本植民地における近代製糖業の勃興によって，新たに「その他→日本」の粗糖貿易が加わった．本章の第1節では，当該期の植民地糖業（台湾＋新興産糖地域）の成長過程を考察していく．

しかし，帝国内砂糖貿易の拡大にもかかわらず，日本市場には依然としてジャワ糖が供給されていた．1928年の状況を例にとれば，「ジャワ→日本」の粗糖貿易量は29.1万トンに達し，「日本→中国」の精製糖貿易（14.5万トン）の原料として処理された分を差し引いても，14万トン程度のジャワ糖が日本市場に供給されていたことになる．このジャワ糖供給量は，日本市場における「ジャワ糖問題」（ジャワ糖の過剰供給による植民地糖の販売の阻害）を引き起こすほどの規模であったのだろうか．第2節では，砂糖需給量の考察を通じて，「ジャワ糖問題」が発生していたのかをチェックする．

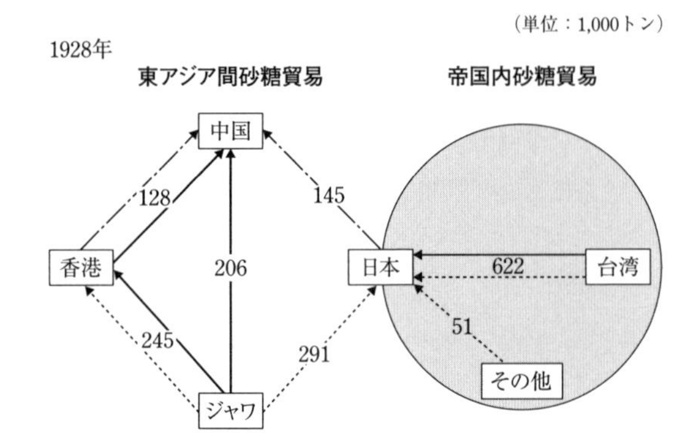

図1　東アジアの砂糖市場1928年（3ヵ年移動平均値）

注1）実線は白糖，破線は粗糖，一点鎖線は精製糖の流通を示す．
注2）「香港→中国」「日本→中国」: China Maritime Customs, Foreign Trade of China, Shanghai: Statistical Department, Inspectorate General of Customs, 1929. に記載の “refined sugar” と “white sugar” の項目を用いた．
注3）「ジャワ→香港」: 熱帯産業調査会『糖業に関する調査書』（台湾総督府，1935年）469–474頁に記載のジャワ糖の対中国（香港含む）輸出量より，注2の資料に記載されている中国のジャワ白糖輸入量を差し引いて算出した．
注4）「台湾→日本」: 台湾総督府編『台湾貿易四十年表』1936年，504–507頁．
注5）「その他→日本」: 沖縄の分蜜糖，北海道の甜菜糖，南洋群島の砂糖の合計値（山下久四郎編『砂糖年鑑』（昭和12年版）日本砂糖協会，1937年，125, 137, 147頁）．

第1章でも指摘したように，「ジャワ糖問題」の発生と抑制は帝国内砂糖貿易の論理だけで決定されず，東アジア間砂糖貿易における日本商の活動によっても左右された．当該期の東アジア間砂糖貿易における特徴は，ジャワ糖輸出量の増大に加え，新たに「ジャワ→中国」の白糖貿易が形成されたことであり，それは1920年代後半に顕著となった．こうした東アジア間砂糖貿易の環境変化は，「ジャワ糖問題」の発生と抑制を左右する日本商の砂糖取引活動にどのように影響したのだろうか．第3節ではジャワ糖の対日本輸入に，第4節では日本精製糖の対中国輸出にそれぞれ焦点を当てて，この点を考察していく．

1．帝国内砂糖貿易の成長

1-1．台湾糖業の成長

第1章で考察したように，第一次世界大戦期までの台湾糖業は，1910年代

表1　植民地糖の生産量 1917/18–1928/29 年期

（単位：1,000 トン）

	台　湾	新興産糖地						合　計
			沖　縄	南洋群島	北海道	朝　鮮	満　洲	
1917/18	298 (97)	9 (3)	8.8				0.6	307
1918/19	262 (94)	16 (6)	14.7				0.8	277
1919/20	211 (93)	16 (7)	14.7				1.4	227
1920/21	241 (92)	22 (8)	17.5		0.2	0.9	3.5	263
1921/22	344 (93)	26 (7)	17.0		4.5	0.9	3.6	370
1922/23	348 (92)	30 (8)	16.3	1.3	6.5	0.6	5.4	378
1923/24	441 (91)	44 (9)	21.8	3.5	13.5	0.4	4.5	485
1924/25	466 (93)	36 (7)	13.9	8.9	10.0	0.4	2.3	502
1925/26	487 (91)	47 (9)	19.8	9.2	11.4	0.6	5.8	534
1926/27	403 (89)	49 (11)	18.9	12.6	17.2	0.3	n.a.	452
1927/28	512 (90)	55 (10)	23.1	10.9	20.6	0.6	0.0	567
1928/29	778 (94)	52 (6)	21.2	9.9	20.6	0.6	0.0	830

出典）山下久四郎編『砂糖年鑑』（昭和6年版）日本砂糖協会，1931年，2–3頁；山下久四郎編『砂糖年鑑』（昭和12年版）日本砂糖協会，1937年，241頁.

注1）台湾，沖縄，南洋群島は「分蜜糖」の項目であり，沖縄には大東島を含む．満洲は満洲製糖（株）のみ．

注2）カッコ内の数字は，合計に占める比率を示す．

初頭の停滞期を除けば一貫して成長し，表1に示されるように，砂糖生産量は1917/18年期には29.8万トンに達した．砂糖生産量は，砂糖原料である甘蔗の生産量とパラレルの関係にあるが，第一次世界大戦期までの甘蔗生産量の増大は外延的拡大（栽培面積の拡大）に支えられていた．1905年に施行された「製糖場取締規則」によって，製糖能力に応じた「原料採取区域」が割り当てられた製糖会社は，自社の原料採取区域に属する農民を甘蔗栽培に勧誘した．第一次世界大戦期までは甘蔗に匹敵する現金収入が得られる商品作物に乏しかったから，多くの台湾農民は製糖会社の勧誘に応じて甘蔗を栽培したのである．その結果，甘蔗の栽培面積は1900年代初頭から1910年代末までに4.5倍に増大した（第5章図1参照）．

しかし，第一次世界大戦後に，台湾では米が甘蔗に匹敵する現金収入をもたらす商品作物となった．20世紀初頭に慢性化した日本の米不足が第一次世界大戦期に深刻化し，「米騒動」に端的に示されるような米価の上昇をもたらしたからである．それまで甘蔗を栽培していた農民の一部が米を栽培するようになったため，外延的拡大を通じた甘蔗生産量の増大は不可能となり，1920年代に栽培面積は停滞あるいは減少していった．

したがって，製糖会社は内包的深化（土地生産性の向上）を通じて甘蔗生産量の増大を図らなければならなくなった．台湾では，1910年代初頭の暴風雨を契機として，官民双方で栽培技術の開発に対する関心が高まり，自然環境への耐性のある高収量品種の導入と開発，効率の良い施肥法の発見が進められていった（第5章で詳述）．これらの栽培技術の成果は1920年代に入って発揮され，台湾糖業の土地生産性は1920年代に約2.5倍に増大した（第5章図1参照）．

また，技術開発は栽培技術だけではなく，製糖技術でも進められた．甘蔗に含まれる糖分をできるだけ多く回収する（製糖歩留の向上）ために，収穫適期を判断するためのハンド・リフレクトメーターの導入，甘蔗の腐敗を防ぐための刈取後24時間以内の圧搾の徹底化，圧搾面積を増大させるためのシュレッダや多重圧搾機列の導入などが進められた（第6章で詳述）．1917/18年期に9.16%であった製糖歩留は，1928/29年には11.70%へと約30%も増大した．蔗作工程における内包的深化と製糖工程における製糖歩留の向上を通じて，台湾糖生産量は1928/29年期に77.8万トンに達した．

さらに，製糖技術の向上は，白糖生産の拡大という形でも見られた．粗糖生産の段階で脱色することで生産される白糖は，生産費が粗糖と同等でありながら販売価格は精製糖と同等であり，利益率が最も高い砂糖であった．白糖の製造には高度な技術を必要としたため，生産に失敗する会社が相次いだが，1911年に塩水港製糖（株）が初めて白糖の生産に成功し，第一次世界大戦期には東洋製糖（株），明治製糖（株），台湾製糖（株）も成功した．砂糖価格が下落する1920年代には，高利益が期待できる白糖の生産が活発化し，1920年代後半には砂糖生産量の約10%に達した．

1-2.　新興産糖地域の形成

当該期の帝国内砂糖貿易の最大の変化は，第一次世界大戦期の砂糖価格の高騰を背景に，台湾以外の日本植民地（沖縄，南洋群島，北海道，朝鮮）で近代製糖業が勃興したことである．表1に示されるように，これら新興産糖地域における砂糖生産量は，1920年代後半には植民地糖全体の約10%を占める規模にまで成長した．ただし，近代製糖業の「成功」の程度には濃淡があった．

相対的に「失敗」した地域は，沖縄，朝鮮，満洲であった．沖縄では在来製糖業による黒糖の生産が盛んであったが，沖縄県が甘蔗栽培の改良と近代製糖業の導入を目的とする糖業改良費の下付を政府に願い出た結果，1906年に「糖業改良事務局官制」が公布された．糖業改良事務局は，甘蔗試験や製糖試験の実施のほか，1908年に竣工した製糖工場において，農民からの委託を受けて粗糖を製造した．その後，沖縄本島では1910年に設立された沖台拓殖製糖会社（設立当初の社名は沖縄製糖会社），および1916年に設立された沖縄製糖会社（両社とも1917年に台南製糖(株)に買収）において，南大東島では1917年に東洋製糖(株)が建設した工場（1927年の東洋製糖(株)の破綻後は大日本製糖(株)へ継承）において，粗糖が生産された．しかし，沖縄における粗糖生産は順調に増大したわけではなかった．なぜなら，沖縄では「原料採取区域制度」が施行されておらず，農民は，黒糖市価と製糖会社が提示する買収価格を見比べ，甘蔗を黒糖に加工するか，製糖会社に販売するかを決定できたからである．日本では黒糖需要が根強かったほか，黒糖生産への補助政策も実施されていたため，沖縄では1920年代に約9万トンの砂糖が生産されていたものの，その約75%は黒糖であり，粗糖の生産量は2万トン前後に過ぎなかった（表1参照）[1]．

朝鮮では，勧業模範場が1906–12年に甜菜栽培を試みたほか，各地の「勧農機関」にも試作をおこなわせ，良好な結果を得ていた[2]．また，1917年には平安南道種苗場に甜菜部が設置され，甜菜研究が進められた[3]．しかし，政府は甜菜の事業化に慎重であった．たとえば，拓殖局は，朝鮮における甜菜糖業が有望であることに理解を示すものの，ヨーロッパにおいても甜菜糖業は政府の多大な補助を必要としたこと，北海道では19世紀に甜菜栽培に失敗した経験があることなどを挙げ，朝鮮糖業の事業化に消極的な姿勢を示した[4]．また，朝鮮総督府も，甜菜糖会社設立の出願に対して「極めて態度慎重で容易に之を許可せず」という方針をとった[5]．実際，朝鮮総督府の説得に成功した大日本製

1）以上，糖業協会編『近代日本糖業史』（上巻）勁草書房，1962年，361–370頁；糖業協会編『近代日本糖業史』（下巻）勁草書房，1997年，268–269頁；沖縄県沖縄史料編集所編『西原叢書及糖業関係資料』（沖縄県史料近代2）沖縄県教育委員会，1979年，616–617頁．

2）朝鮮総督府農事試験場編『朝鮮総督府農事試験場二拾五周年記念誌』（下巻）1931年，213頁；朝鮮興業株式会社編『既往十五年事業概説』1919年，18–19頁．

3）朝鮮総督府農事試験場『朝鮮総督府農事試験場二拾五周年記念誌』（下巻）213頁．

4）拓殖局『甜菜糖業と朝鮮』拓殖局，1910年，93頁．

5）日糖興業株式会社編『日糖略史』慶應出版社，1944年，76頁．

糖(株)が，1917年に朝鮮製糖(株)を設立して甜菜糖業を開始したが，事業開始当初から褐斑病の蔓延に直面した．大日本製糖(株)と勧農模範場は試験研究を重ねたものの，褐斑病を克服することはできなかった[6]．朝鮮糖の生産量は，第一年目(1920/21年期)の938トンをピークに減少し，1928/29年期には665トンに過ぎなくなった(表1参照)．

満洲では，1909年に，ポーランド人によって哈爾浜に阿什河製糖廠が設立され，中国資本によって哈爾浜近郊の呼蘭に呼蘭製糖廠が設立されていたが，所有権の移転や技術者の出入りが激しかったために，経営は安定しなかった．他方，南満洲鉄道(株)は，1913年に産業試験場を設置して甜菜栽培試験をおこなった結果，南満における甜菜栽培について良好な結果を得たため，1916年に南満洲製糖(株)奉天工場を設立し，1922年には鉄嶺工場を建設して，甜菜糖を生産した．同社の成績は当初は良好であり，1922/23年期には約5千トンの生産量を挙げたが(表1参照)，民族運動の高まりを受けて多くの農民が甜菜栽培の契約に応じなくなると不振に陥り，1926年上期に閉鎖された[7]．

他方，相対的に「成功」したのは，南洋群島と北海道であった．両地域については，第3章で詳述するので，ここではその概要にとどめる．南洋群島では，臨時南洋群島防備隊の民政部長であった手塚敏郎が，南洋糖業の可能性を感じていた松江春次(元，新高製糖(株)社員)と東洋拓殖(株)の石塚英蔵総裁に働きかけたところ，1922年に南洋興発(株)が設立され，粗糖生産が開始された．南洋庁は同年，「原料採取区域制度」を定めた「糖業規則」，および糖業に対する各種奨励金を定めた「糖業奨励規則」を発布して，南洋興発(株)による粗糖生産を後押しした．また，南洋庁産業試験場や南洋興発(株)は，調査試験を通じて生産性の向上に努めた．その結果，1922/23年期に1,300トンであった南洋糖の生産量は，1920年代末には約1万トンにまで増大した(表1参照)．

北海道糖業は19世紀後半に一度失敗していたが，第一次世界大戦期の砂糖価格の上昇を背景として，1919年に帯広に北海道製糖(株)が設立されたほか，1920年には清水に日本甜菜製糖(株)が設立された(1923年に明治製糖(株)に吸

6)　日糖興業株式会社『日糖略史』78頁；朝鮮総督府農事試験場『朝鮮総督府農事試験場二拾五周年記念誌』(下巻)213頁．
7)　以上，満洲糖業については，糖業協会『近代日本糖業史』(下巻)285–287頁．

収）．北海道庁は，北海道農業を有畜・深耕・輪作を特徴とする集約農業へ移行させるために甜菜に着目し，1922年に農事試験場本場に糖業部を新設して試験調査を推進したほか，1923年には道庁産業部に糖務課を設け，甜菜栽培の保護奨励に努めた．北海道では「原料採取区域制度」は施行されなかったが，道庁は北海道製糖（株）と明治製糖（株）の間で紳士協定を締結させて，事実上の「原料採取区域制度」を設定した．両社は，耕作資金の融通や割増金・各種奨励金の交付を通じて，区域内農民の甜菜栽培への勧誘と栽培技術の改善に努めた．北海道糖の生産量は，1920年代末には2万トンにまで増大した（表1参照）．

2. 「ジャワ糖問題」の発生

台湾や新興産糖地域で生産された植民地糖は日本市場で販売された．図2に示されるように，1920年代の砂糖価格は下落基調にあり，これが日本における砂糖需要の増大を支えていた．では，当該期に日本市場では「ジャワ糖問題」（ジャワ糖の供給過剰による植民地糖の販売の阻害）は発生していなかったのであろうか．次の記事は，1920年代の日本砂糖市場の状況を端的に示している．

> 糖価は依然として低迷し（中略）その理由は内地需給状態には著しき過剰懸念があり．（中略）原因は，消費の増率を超えて供給数量の激増せる為であって，その誘引は主に外糖の思惑輸入に在る．糖業者並に輸入業者の（中略）外糖の買付増加に依って，自然輸入の増加が促され，延て供給量を激増せしめてをる[8)]

1920年代の日本市場では供給過剰が発生しており，その要因は製糖会社や貿易商がジャワ糖の買付を増大させたからであったという．すなわち，日本市場において「ジャワ糖問題」が発生したのである．

表2は1918–27年の日本の砂糖需給量を示しており，当該期間中の年平均の砂糖需要量は53万トン（直消糖21.2万トン，国内精製糖21.5万トン，輸出精製

8）『東洋経済新報』第1024号，1922年11月（「供給過剰の砂糖市場」）．

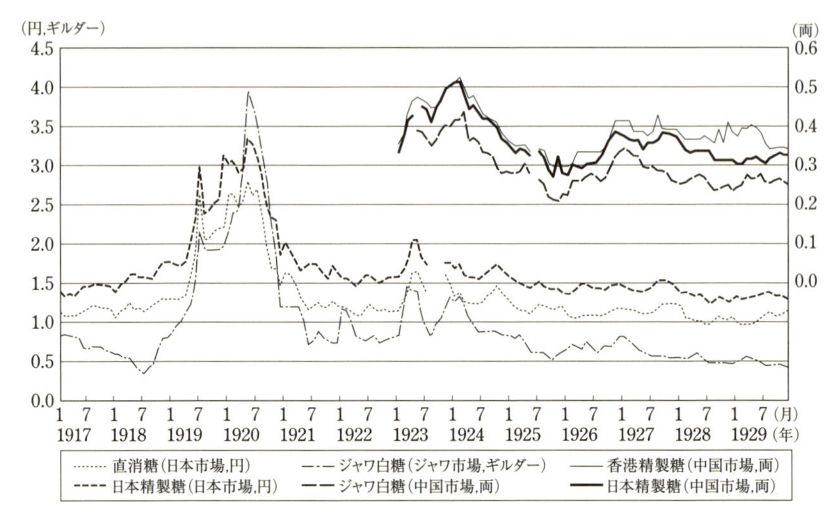

図 2　砂糖価格 1917–29 年

出典）山下久四郎編『砂糖年鑑』(昭和 6 年版) 日本砂糖協会，1931 年，82–85，272 頁；上海商業儲蓄銀行『上海之糖與糖業』1932 年 (附表).

糖 10.3 万トン) であったのに対して，植民地糖供給量は 29.5 万トンであった．これらの数値を基に，砂糖の流通統制が機能し，「ジャワ糖問題」が抑制されている状況を示したものが図 3–① である．まず，糖業連合会 (以下連合会) の産糖処分協定によって，植民地糖 29.5 万トンは，直消糖市場を独占するために 21.2 万トンが直消糖として，残り 8.3 万トンが国内精製糖用の原料糖に配分される．次に，日本精製糖業はジャワ糖を，国内精製糖用の原料糖として 13.2 万トン (21.5 万－8.3 万トン)，輸出精製糖用の原料糖として 10.3 万トン，合計 23.5 万トンを輸入するのである．

しかし，実際にはこのように配分されなかった．表 2 を忠実に図示したものが図 3–② であり，図 3–① との違いは以下 2 点である．第 1 に，直消糖市場は需給均衡を達成しているものの，植民地糖で供給を独占できておらず，ジャワ直消糖 1 万トンが流入し，その分の植民地直消糖は原料糖に振り替えられねばならなかった．第 2 に，国内精製糖市場は供給過剰な状態にあった．すなわち，国内精製糖の需要量 21.5 万トンに対して，植民地原料糖は直消糖として供給できなかった 1 万トンを加えた 9.2 万トンが供給されていたから，本来で

表2　日本の砂糖需給量 1918–27年

① 直消糖

（単位：1,000トン）

	植民地糖							輸入糖
	生産量			原料糖	直消糖			直消糖
	合計 (A)	台湾	その他	(B)	供給可能量 (A)−(B)	消費量	過不足	需要量
1918	217	208	9	59	158	130	29	7
1919	220	205	15	21	199	154	44	11
1920	192	179	13	102	90	135	−45	12
1921	238	221	17	88	150	183	−34	18
1922	312	291	21	100	213	222	−9	2
1923	341	318	23	122	220	211	9	14
1924	397	362	35	179	218	234	−16	9
1925	391	353	38	146	245	245	0	9
1926	395	357	38	100	296	268	28	6
1927	368	319	49	122	246	242	4	12

出典）台湾総督府『台湾糖業統計』（第24）1936年，110，154–155，175頁；日本糖業連合会編『（再版）内地直接消費糖引取高月別表』1935年．

注）植民地糖供給量は，オランダ標本色相15号未満，18号未満，21号未満の合計値であり，日本（沖縄・北海道・内地）と南洋群島は生産量，台湾は移出量である．

② 精白糖

（単位：1,000トン）

	日本精製糖生産量			精白糖市場			
	ジャワ原料糖	台湾原料糖	合計	供給可能量		消費量	過不足
				日本精製糖	台湾白糖		
1918	73	50	123	120	14	126	8
1919	116	19	135	132	41	148	25
1920	69	94	163	158	13	155	16
1921	169	87	256	250	29	249	29
1922	165	92	256	255	51	287	19
1923	155	113	268	266	42	282	26
1924	129	159	288	286	45	307	25
1925	179	133	313	311	50	334	28
1926	191	91	282	280	70	357	−6
1927	172	111	282	281	71	338	15

注1）日本精製糖生産量：日本糖業連合会編『内地精製糖製造高及引取高表』1935年．ただし，朝鮮以外の日本植民地への移出分も含む．

注2）供給可能量：日本精製糖は，生産量から対台湾移出量（台湾総督府『台湾糖業統計』（第20，1932年）113頁の「色相21号以上」「色相22号以上」の移出量の合計値）を差し引き，1918–21年は「原料向け」（生産量の約3%）を控除した．台湾白糖は，対日移出量（台湾総督府『台湾糖業統計』（第20）109頁の「色相21号以上」「22号以上」の移出量の合計値）である．

注3）精白糖消費量：日本糖業連合会編『（再版）内地直接消費糖引取高月別表』（1935年）の「第5種糖」の数値．

（単位：1,000トン）

①理想の需給量（流通統制が機能）

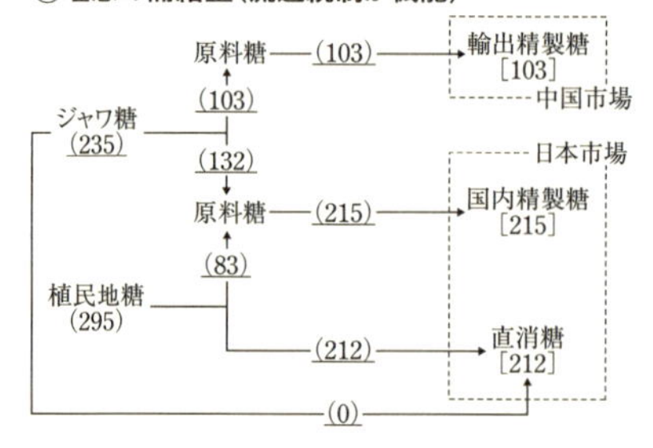

②実際の需給量（「ジャワ糖問題」の発生）

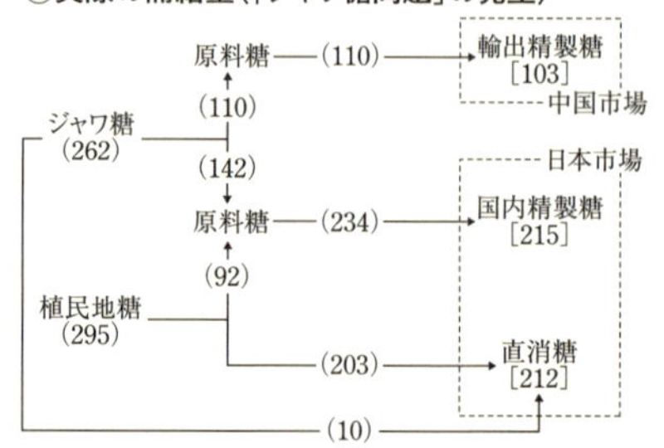

③「直消糖買い上げ」実施前の需給量

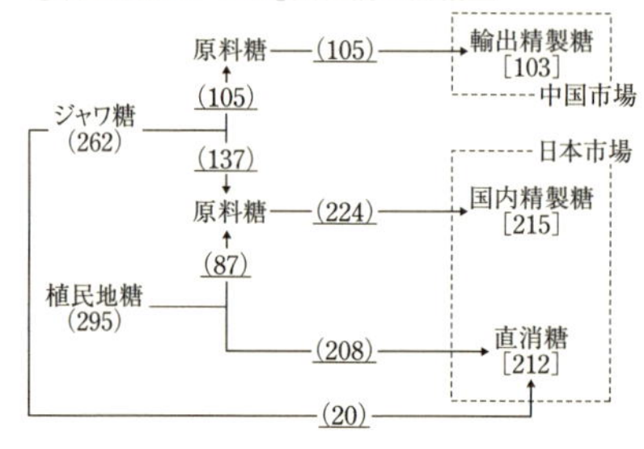

④最適な解決方法

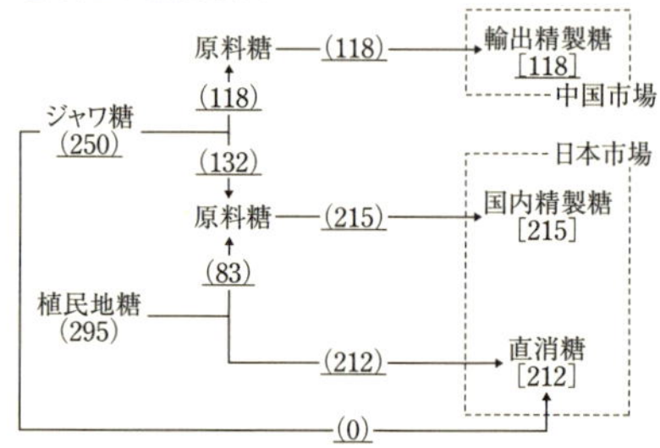

図3　帝国内砂糖貿易における流通統制 1918–27年

出典）表2より作成.
注1）各原料糖の使用量は製造量換算したもの（表2–②の数値）.
注2）植民地糖供給量は，白糖供給量および国内精製糖の対植民地移出量を差し引いた数値.
注3）下線が引かれた数値は想定値であり，その算出方法は本文を参照されたい.

あればジャワ原料糖の供給量は12.3万トン（21.5－9.2万トン）で充分であったが，実際には14.2万トンが供給され，1.9万トンが過剰だったのである.

しかも，図3–② の状況は「作られた」ものであった．というのも，直消糖市場の需給均衡は，一度は市場に出回った直消糖が，製糖会社に原料糖として買い戻され精製糖に加工されるという「買い戻し」の結果だったのである．たとえば，1923年8月に全国糖商有志は連合会に対して次のような請願書を連合会に提出している[9].

9）糖業連合会「第333回協議会議案」1923年8月10日（糖業協会所蔵）.

> 昨年より持越し分蜜糖例年に比し意外に多額なりし為め，本年度直接消費分蜜糖は非常なる供給過多に陥り申候．依って過半精糖会社中有志の方へ御協議申上，精糖原料として50余万担（約3万トン）御買戻し願い候

このような請願書は，1920年代にほぼ毎年，連合会に提出されていた．「買い戻し」がおこなわれた理由は，精製糖価格が直消糖価格を基準として決定されており，「買い戻し」による直消糖供給量の抑制が，精製糖業にとってもメリットがあったからであった．図3–③は，図3–②を基に，植民地直消糖が国内精製糖用の原料糖として，ジャワ直消糖は国内精製糖用および輸出精製糖用の原料糖として，それぞれ0.5万トン（合計1.5万トン）が「買い戻し」されたと想定し，「買い戻し」実施前の状況を示したものである．実際の「買い戻し」量が明らかとなる資料はないし，ここでの目的は「買い戻し」の効果を可視化することにあるから，具体的な数字に意味はない．図3–②と図3–③との違いは，直消糖市場の需給量であり，需要量21.2万トンに対して，供給量は22.8万トン（植民地糖20.8万トン，ジャワ糖2万トン）であったから，1.6万トンの供給過剰の状況にある．全国糖商有志が「買い戻し」を依頼し，製糖会社がそれに応じた背景には，直消糖市場におけるこのような供給過剰が砂糖価格の下落につながることへの懸念があったのである．そして，そもそも供給過剰をもたらしたのは，本項の冒頭で示した記事で指摘された，「外糖の買付増加」であったということである．

1920年代の日本市場では，「ジャワ糖問題」が発生していた．ここで問題となるのは，東アジア間砂糖貿易の状況，すなわち，なぜジャワ糖の過剰な対日本輸入が発生したのか，なぜ過剰に輸入されたジャワ糖を日本精製糖への加工と対中国輸出を通じて処分できなかったのか，ということである．以下では，これらの点について検討しよう．

3.　ジャワ糖の対日本輸入

3–1.　ジャワ糖取引の自由化

第1章で指摘したように，ジャワ糖取引における日本商のプレゼンスの向上

は，第一次世界大戦という特異な状況下で生まれたものであり，大戦が終結すればその低下は免れなかった．しかし，砂糖価格の維持を目的に，唯一のジャワ糖販売機関として1918年に設立された「トラスト」(Vereeningde Java Suiker Producenten，以下VJSP)は，後発の日本商に活動基盤を提供することになった．なぜなら，VJSPはジャワ糖生産量の90%以上を掌握し，「各国商人間殆んど無差別平等に取引をなし，一般的販売条件を発表し之に適合する時は，信用次第にて如何なる商人とも契約の締結を」したため，「新来にして経験浅き邦商と雖も，十分活動の手を展し得る事」となったからである[10]．

VJSPから買い付ける際の「一般的販売条件」とは，値段・品質・荷造など種々あるが，買い手に求められたのは，ジャワ糖の最大の集散地であるスラバヤに店舗を置くことであった．日本商の多くは，大戦を契機にスラバヤに出張所や支店を設置していたため[11]，この条件に「適合」しており，1922年には三井物産，三菱商事，鈴木商店，千田商会，有馬洋行，日蘭貿易商会，湯浅貿易商会，日本砂糖貿易が，VJSPからジャワ糖を購入することができた．VJSPの「信用」を得るには，3つの方法があった[12]．第1に，「信用確実なる大会社商店」に対して与えられた「フリー・リミット(free limit)」と呼ばれるシステムであり，一定の限度額までは保証を必要とせずに買い付けることが出来た．1923年の対象企業は14社で，日本商では三井物産，鈴木商店，三菱商事が対象であった．第2に，スラバヤに店舗を有する銀行からの保証を受けることである．各銀行が保証できる金額は当初は無制限であったが，1923年に銀行別の限度額が設定され，超過額に対してはその2割に相当する担保が必要とされた．スラバヤに進出した日系銀行は横浜正金銀行と台湾銀行であったが，二行がVJSPから認められた保証限度額は，欧州系銀行のそれよりも低かった．欧

10)　横浜正金銀行編『爪哇砂糖市場に於ける邦商の地位と爪哇糖トラスト』1925年，3頁．

11)　三井物産は1917年にスラバヤ出張所を設け，1919年に支店に昇格させている(三井文庫編『三井事業史』(本篇第3巻上)三井文庫，1980年，356頁)．三菱は1921年にスラバヤ出張所を設け，1925年に支店に昇格させている(三菱商事編『三菱商事社史』(上巻)1986年，188頁)．

12)　ジャワ糖買付に関する信用については，川島浦次郎『爪哇糖取引事情』鈴木商店大阪支店，1924年，40–41頁；横浜正金銀行『邦商の爪哇砂糖市場に於ける地位と爪哇糖トラスト』47頁；『糖業』第8年2月号，1921年2月(「ジャワ一九二〇年糖買付事情(下)」)；工藤裕子「蘭領東インドにおけるオランダ系銀行の対華商取引」『社会経済史学』第79巻3号，2013年11月，104–105頁．

州系銀行は日本商の保証依頼に対して「一切之に応じない有様」であったため，正金銀行や台湾銀行以外から保証を得られない日本商は，欧州商に対して不利な立場にあった．それでも，大戦前の状況に比べれば，日本商は商権を拡大できる可能性があった．第3に，現金・預金による保証である．銀行から保証を受けられない貿易商は，契約価格の30–40% に当たる現金や預金証書を担保としなければならず，蘭印華商，インド商，「其他小規模なる糖商」がこれらを利用した[13]．先行研究によれば，欧州商はフリー・リミット，日本商はフリー・リミットと銀行保証，それ以外の貿易商は銀行保証と現金・預金保証を通じて，VJSP からジャワ糖を買い付けたとされる[14]．

各貿易商の取引状況について，表3を用いて考察しよう．最も取引条件が良かった欧州商は，白双(しろざら)と中双(ちゅうざら)を中心に平均で約50万トンを買い付けていた．商社数は，「一流商」がフレーザー・イートン商会（Fraser Eaton），エルドマン・ジールケン商会（Erdmann & Sielcken），ウェレンステイン・クラウセ商会（Wellenstein Krause）の3社，「其他」が10社，合計13社であり，貿易商別の買付量と比較すると「一流商」だけで約80–90% が買い付けられていた．蘭印華商の買付量は，当初は約30万トンで「大手」（「一流商」と同義かは不明）が80–90% を占めていたが，1924年以降に「小口」（「其他」と同義かは不明）の買付量が急増して50–60万トンに達した．華商は主に白双を買い付けており，白双取引の最大手であった．商社数は「一流商」が3社（建源，郭河東，黄注），「其他」が64社，合計67社であった．小規模な貿易商が多い点に蘭印華商の特徴があり，「一流商」は全体の60% を購入したに過ぎなかった．最後に，日本商の買付量は，当初こそ25万トン程度であったが，1920年代に入ると急増して1922年には欧州商を抜いて首位に立った．日本商は黄双(きざら)取引の最大手であったが，白双も買い付けていた．商社数は，「一流商」が3社（鈴木商店，三井物産，三菱商事），「其他」が4社，合計7社であった．

VJSP からの買付が十分でない場合，貿易商は Second Hand 市場（転売市場）でジャワ糖を買付けることができた．VJSP から引き取る前の砂糖を対象に転売取引がおこなわれる場合，VJSP から引取通知を受けている売手側は，

13）横浜正金銀行『爪哇砂糖市場に於ける邦商の地位と爪哇糖トラスト』47頁．
14）工藤「蘭領東インドにおけるオランダ系銀行の対華商取引」105頁．

表3　VJSPからの買付量　1918–29年

① 国籍別買付量 1918–29年

（単位：1,000トン）

	欧州商	日本商	蘭印華商「大手」	蘭印華商「小口」	インド商	アラブ商	合計
1918	413	252	224	50	70	0	1,009
1919	550	268	276	32	46	0	1,172
1920	652	396	237	23	28	0	1,337
1921	517	429	435	36	26	14	1,457
1922	455	600	397	53	46	12	1,563
1923	475	596	323	0	152	0	1,546
1924	533	642	414	142	60	0	1,791
1925	708	710	360	235	28	0	2,076
1926	568	699	315	151	61	0	1,815
1927	586	923	445	145	48	0	2,178
1928	1,544	510	337	158	142	0	2,720
1929	1,460	318	656		196	0	2,630
1924年度糖の買付量内訳							
白双	331	228	387		27	n.a.	n.a.
中双	180	54	111		11	n.a.	n.a.
黄双	3	334	0		20	n.a.	n.a.
商社数							
「一流商」	3	3	3		0	0	9
「其他」	10	4	64		6	5	89

出典）山下久四郎編『砂糖年鑑』（昭和6年版）日本砂糖協会，1931年，270頁；横浜正金銀行編『爪哇砂糖市場に於ける邦商の地位と砂糖トラスト』1925年，6頁；川島浦次郎『爪哇糖取引事情』鈴木商店大阪支店，1924年，60–63頁．

② 貿易商別の買付量 1921–24年

（単位：1,000トン）

買付順位	1921年度糖 商社名	買付量	1922年度糖 商社名	買付量	1923年度糖 商社名	買付量	1924年度糖 商社名	買付量
1	鈴木商店	224	鈴木商店	276	鈴木商店	259	三井物産	220
2	郭河東	168	郭河東	205	Fraser Eaton	204	郭河東	199
3	Fraser Eaton	164	Fraser Eaton	196	三井物産	157	Fraser Eaton	196
4	Erdmann & Sielcken	146	Erdmann & Sielcken	129	Erdmann & Sielcken	145	鈴木商店	171
5	三井物産	82	三井物産	110	建源号	95	建源号	168
6	黄注	73	Wellenstein Krause	74	Wellenstein Krause	92	Wellenstein Krause	140
7	建源号	64	黄注	60	郭河東	85	Erdmann & Sielcken	128
8	Wellenstein Krause	64	日本砂糖貿易	56	Osman Toesuf	77	三菱商事	102
9	London Rangoon Trdg Co.	48	三菱商事	49	三菱商事	50	有馬洋行	63
10	Oversea Handel	32	千田商会	42	有馬洋行	46	日本砂糖貿易	34

出典）横浜正金銀行編『爪哇砂糖市場に於ける邦商の地位と砂糖トラスト』1925年，4–5頁．

VJSPに対して引取権利を買手側に転売した旨を伝える．買手側の信用があれば，VJSPは買手側に引取通知を出し，売手側と買手側との間では差金のみが決済される．買手側の信用がなければ，VJSPは売手側に砂糖を販売し，売手側が買手側に砂糖を販売する．また，VJSPから引き取った後の砂糖を対象に取引がおこなわれる場合，VJSPは当然この取引には関知しない．貿易商間の転売は，「同一物件が最後受渡の時期迄には30回位も転売買せらるるは稀ではない」ほど活発であったという[15)]．

3-2．日本商のジャワ糖取引

日本商は，VJSPや転売市場を通じて大量に買い付けたジャワ糖を，日本へ輸出したほか，外国売買を通じて販売した．外国売買が第一次世界大戦期に開始されたことは第1章で指摘した通りであるが，表4に示されるように，1920年代には三井物産の最も重要な取引となった．さらに，VJSPの設立によって日本商がジャワ糖を容易に購入できるようになった結果，当該期には三井物産や鈴木商店に「倣ふもの」[16)] が続出し，外国売買は，日本商に共通したジャワ糖取引の方法となった．

外国売買は第三国輸出とSecond Hand市場での産地転売に区分できるが，当該期の特徴は，投機目的の産地転売が活発になったことである．転売は，大戦後から1920年代にかけて，砂糖価格の乱高下が激しくなるなかで活発化した．三井物産や鈴木商店などの大手はもちろんのこと，新興の中小貿易商も積極的に自己勘定による転売をおこない，さらには製糖会社も日本商に委託して転売をおこなった．砂糖価格が下落基調であった1920年代には，転売に制限を加える会社もあったが，それは三井物産や三菱商事といった一部の貿易商に限られ[17)]，多くの貿易商は口銭収入の減少を補うために転売を継続した[18)]．た

15）『糖業』第8年2月号，1921年2月（「爪哇一九二〇年糖買付事情（下）」）．
16）横浜正金銀行『爪哇砂糖市場に於ける邦商の地位と爪哇糖トラスト』2–3頁．
17）三井物産は1920年代の転売失敗を受けて自己勘定取引を縮小させた（三井文庫編『三井物産支店長会議議事録14（大正10年）』丸善，2004年，144頁）．三菱商事は1922年に限度額を設定した（三菱商事『立業貿易録』1958年，357頁）．
18）日本の砂糖需要期である6–8月が，ジャワ糖の新糖出回り期と重なったことも，ジャワ糖の思惑輸入が増大した要因であった（日本銀行『砂糖取引状況』1921年，30頁）．

表4　三井物産の砂糖取引 1918–29年

①取引量　　（単位：1,000トン）

	輸出		輸入		内国売買		外国売買		合計	
	量	比率	量	比率	量	比率	量	比率	量	比率
1918	51	17%	54	18%	86	28%	112	37%	303	100%
1921	15	5%	43	16%	80	29%	135	49%	273	100%
1922	25	6%	149	36%	113	28%	122	30%	410	100%
1923	17	4%	82	17%	126	27%	250	52%	476	100%
1924	38	8%	84	17%	140	28%	238	48%	500	100%
1925	41	7%	134	24%	146	26%	241	43%	563	100%
1926	52	10%	100	20%	152	30%	203	40%	507	100%
1927	52	9%	110	19%	132	23%	286	49%	580	100%
1928	85	15%	72	12%	166	28%	261	45%	584	100%
1929	76	17%	50	11%	208	48%	103	24%	437	100%

②取引額　　（単位：1,000円）

	輸出		輸入		内国売買		外国売買		合計	
	額	比率	額	比率	額	比率	額	比率	額	比率
1918	10,123	15%	7,530	11%	25,509	37%	25,725	37%	68,886	100%
1921	5,872	5%	16,184	14%	35,070	31%	57,837	50%	114,963	100%
1922	5,007	5%	23,312	25%	40,797	44%	24,044	26%	93,161	100%
1923	3,690	3%	12,162	10%	52,380	42%	57,799	46%	126,031	100%
1924	11,154	7%	17,033	11%	56,577	37%	68,983	45%	153,747	100%
1925	9,775	6%	29,700	19%	55,216	36%	57,864	38%	152,554	100%
1926	8,533	8%	14,648	14%	51,446	48%	32,531	30%	107,158	100%
1927	9,384	8%	14,896	12%	45,912	38%	49,214	41%	119,406	100%
1928	14,110	12%	10,841	9%	52,536	45%	37,994	33%	115,481	100%
1929	10,813	11%	6,588	7%	62,059	66%	15,078	16%	94,538	100%

出典）三井物産「事業報告書」各期.

だし，三井物産や三菱商事は，ジャワ糖の投機利益を期待する製糖会社や砂糖問屋から，ジャワ糖の買付と転売を委託されていた．三井物産スラバヤ支店のジャワ糖取引によれば，三井物産が委託されたジャワ糖販売のうち，投機が一部含まれる第三国輸出が32%，投機目的の産地転売が27%を占めていた[19]．また，三菱商事が1923–25年に買い付けた粗糖の約3割は，精製糖会社や砂糖問屋の委託を受けて転売された[20]．1920年代のジャワ糖取引は実需よりも投機を目的とするものが強くなっていったのであり，製糖会社の営業成績はジャ

19）三井物産泗水支店「支店長会議報告書」（1926年，45頁（三井文庫所蔵，物産390））および製糖研究会『糖業便覧第一巻』（1937年）164頁を用いて算出.
20）三菱商事『立業貿易録』350頁．委託元は主に明治製糖である.

ワ糖買付の成否によって決まることが少なくなかったとされる[21]．もちろん，こうした投機取引の拡大は，三菱商事が「大正12年8月の大暴落により思惑筋の破綻者続出し［岩崎，神谷等］契約品の受渡不能により，20万盾（ギルダー）の未回収金切棄を余儀なくされ」[22] たように，資力に乏しい砂糖問屋の破綻をもたらし，市場をさらに混乱させる要因ともなった．

ジャワ糖の対日本輸入も，投機取引から無関係ではいられなくなった．当該期は，実需以外に2つのパターンでジャワ糖が輸入されるようになった．第1は，利鞘獲得を目的とした輸入である．このパターンについて，1922年を事例に考察しよう．1922年2月に『東洋経済新報』に掲載された記事には

> 体勢より見れば，内地の砂糖相場は下押しの一途を辿ってをるとは謂へ，而も尚ほ外糖に比すれば下げたらず，依然として割高を支持してをる．従って，この当然の帰結として内地の砂糖業者（中略）これに輸入業者の思惑も手伝って，既に今日迄に，玖馬及爪哇の両糖に対して可なりの買約が出来てをる[23]

とある．こうした輸入は当然，砂糖供給量を増大させることになる．同年末には，

> 糖価は依然として低迷し（中略）その理由は内地需給状態には著しき過剰懸念があり．（中略）原因は，消費の増率を超えて供給数量の激増せる為であって，その誘引は主に外糖の思惑輸入に在る．糖業者並に輸入業者の（中略）外糖の買付増加に依って，自然輸入の増加が促され，延て供給量を激増せしめてをる[24]

という状況に陥り，日本の砂糖価格は下落することになった．

21）鉄道省編『塩，砂糖，醤油，味噌に関する調査』（重要貨物状況第9編）雄松堂出版，1996年（復刻版），38頁．
22）三菱商事『立業貿易録』357頁．
23）『東洋経済新報』第986号，1922年2月18日（「外糖買付数量」）．
24）『東洋経済新報』第1024号，1922年11月（「供給過剰の砂糖市場」）．

第2のパターンは，利鞘獲得を目的としない輸入である．VJSPは砂糖価格の維持を狙って，販売開始の1年から1年半前には買付に応じるという方針を採っていた．そして，従来は植民地糖の生産量に合わせてジャワ糖の買付量をコントロールしていた日本商も，精製糖会社や砂糖問屋の委託と相まって，植民地糖の生産量が発表される前から，積極的にジャワ糖を買い付けるようになった．その結果，たとえば，植民地糖の生産量が前年より約20%も増大した1921年には

> (海外糖) 買付額は17万噸内外に達し，是等買付邦商は本邦市場の惨状を眺めて何れも転売市場に於て処分せんと焦った．併し世界的に過剰を告げつつあるため容易に消化されず，僅に少量の処分を見たのみであったから，余儀なく本邦へ輸送せねばならぬ結果となり[25)]

という状況が生まれた．積極的なジャワ糖買い付けは，ジャワ糖の需要に対する「楽観視」に基づいていた．しかし，表2に示されるように，1920年代の植民地糖の生産量は増大の一途を辿ったから，ジャワ糖に対する実需はその分だけ抑制されることになり，実際に国内精製糖用のジャワ原料糖使用量は1922–24年と1927年に減少した．また，買付時点から引取時点までの為替レートの変動も，ジャワ原料糖に対する実需を減少させる要因であった．たとえば，1924年には

> 精糖原料たる中黄双の転売は注目に値する．この理由は最近に於ける為替相場の急落と内地分蜜の過剰懸念とに職由するものである．(中略) 最近の爪哇為替は2月の128法 (ギルダー) より，117法に下がり，内地輸入の不利益なるに反し，内地市場は台湾糖の増産と相俟って過剰懸念を生み，糖価は最近16円処 (消費税抜) に反落してをる[26)]

爪哇糖の本年度買付原糖は，内地倉入関税々込16円10銭見当であったが，

25)『糖業』第8年7月号，1921年7月 (「爪哇糖買付額」)．
26)『東洋経済新報』第1090号，1924年3月 (「爪哇糖の転売は自然」)．

最近為替の暴落により17円10銭以上と見ねばならぬ．分蜜糖（植民地糖を指す）は糖度其他爪哇黄双に比し1円以上の上位にあるから，約18円10銭以上の分蜜を使用すると同一であるが故に，斯の如き原糖を以て内地分蜜の16円30銭に対抗できないは明らか[27)]

という状況の下で，ジャワ原料糖への需要が減少していた．日本商や精製糖会社は，例年以上にジャワ糖の産地転売に努めたが，売れ残った場合には「余儀なく」日本へ輸入しなければならなかったのである．

以上のように，日本商のジャワ糖取引における地位は向上していったが，それは日本商の砂糖取引の利益が，植民地糖や日本精製糖からジャワ糖へと移行していくことにつながった．その結果，実需を超えたジャワ糖の対日本輸入が広くみられるようになり，「ジャワ糖問題」の発生につながったのである．

4.　日本精製糖の対中国輸出

4-1.　1920年代の中国砂糖市場

過剰に輸入されたジャワ糖を，日本精製糖への加工と対中国輸出を通じて処分することができれば，「ジャワ糖問題」は発生しない．1920年代の日本砂糖市場の状況は，精製糖輸出を促進するものであった．従来，日本精製糖はダンピング輸出されていたが，1924年10月をボトムとして為替相場が円安に向かったほか，「ジャワ糖問題」の発生によって砂糖卸売価格が輸出約定価格を下回るようになったからである．管見の限り，輸出約定価格を時系列で知ることは出来ないが，精製糖輸出が増大した1924–25年については，業界雑誌である『糖業』の記事から把握できた．表5からは，そのほとんどの時点で，輸出約定価格が日本の精製糖価格を上回っていたことがわかる．製糖会社は，「採算は不引合を免れないが，これを内地売り精製糖値段とくらぶれば依然割が好いので」[28)]，輸出約定価格が中国の精製糖価格より低位にあったとしても，日本の精製糖価格より高ければ輸出し，損失を出来るだけ圧縮する方法をとったので

27）『糖業』第11年4月号，1924年4月（「為替不利と輸入糖」）．
28）『糖業』第11年12月号，1924年12月（「対支輸出糖新記録」）．

表5　日本精製糖の輸出約定価格と東京卸売価格 1924–25年

（トン当り円）

		輸出約定価格			東京卸売価格
		最低	最高	平均	
1924年	4月	0.87	1.04	0.95	0.85
	10月	0.96	1.01	0.98	1.01
1925年	2月	0.92	0.95	0.94	0.81
	3月	0.92	0.95	0.94	0.77
	10月	0.70	0.70	0.70	0.69
	11月	0.70	0.70	0.70	0.70

注1）輸出約定価格は，『糖業』第11年1月号，1924年1月（「精製糖支那輸出」）；『糖業』第11年10月号，1924年10月（「対支輸出協定」）；『糖業』第11年12月号，1924年12月（「対支輸出糖新記録」）；『糖業』第12年11月号，1925年11月（「上海の破産者続出」）より作成．

注2）東京卸売価格は，山下久四郎編『砂糖年鑑昭和六年版』（日本砂糖協会，1931年）84–85頁に記載の精製糖現物納税相場から消費税と国内原料糖輸入関税を差し引いて算出．

ある．

輸出に有利な国内条件にもかかわらず，日本精製糖の対中国輸出が「ジャワ糖問題」を解消するほど増大しなかった要因は，中国の砂糖需要にある．表6–①に示されるように，1920年代初頭には30万トン前後で推移した中国の精白糖輸入量は，1920年代後半に持続的に増大して1929年に65万トンに達した．しかし，これを種類別にみると，精製糖の輸入量は1926年の31万トンをピークとして，1920年代末には20万トン前後にまで減少する一方で，白糖輸入量が約10万トンから約40万トンへと急増した．当該期の中国の砂糖需要量の増大は，ジャワ白糖によってもたらされていたのである．また，ジャワ白糖に対する需要は全国へ拡大していった．それは，ジャワ白糖が，ディストリビューション・センターとして機能していた上海へ輸入されるようになったことに示されている（表6–②）．ジャワ白糖の多くは双目であり，清涼飲料水などの長期保存を要するものには適さないが，中国の砂糖需要の多くは短期間で消費される菓子の原料であり，菓子原料に対しては「爪哇糖で充分である」という評価が広がっていたとされる[29]．日本精製糖の輸入量は，1925年に香港精製糖のそれを凌駕したが，精白糖全体の需要から見ればシェアの拡大はほとん

29）上海商務参事官事務所「上海に於ける最近の砂糖事情」1928年，62頁；『糖業』第13年8月号，1926年8月（「支那の糖況：上海の日本糖」）．

表6　中国の砂糖輸入量 1918–29 年

① 精白糖輸入量　　(単位：1,000 トン)

	白糖				精製糖				合計
	香港	ジャワ	その他	計	香　港	日本	その他	計	
1918	73	15	29	117	130	115	3	248	365
1919	39	8	12	59	99	68	13	181	240
1920	51	4	5	60	81	35	1	116	176
1921	78	26	10	113	166	46	3	215	328
1922	58	35	13	106	137	92	6	235	340
1923	61	20	9	90	129	68	5	202	292
1924	73	61	20	155	130	124	10	264	419
1925	57	194	32	283	104	151	20	274	557
1926	28	142	76	246	110	173	30	312	558
1927	68	132	72	272	44	135	21	200	472
1928	102	223	45	370	32	180	35	247	617
1929	100	263	105	468	38	121	23	182	650

出典）China Maritime Customs, *Foreign Trade of China*, 1918–29.

② 港別輸入量　　(単位：1,000 トン)

	天津		上海		漢口		広東	
	精製糖	白糖	精製糖	白糖	精製糖	白糖	精製糖	白糖
1918–24 年平均	21	5	84	32	31	4	2	21
1925–29 年平均	33	27	76	192	39	17	1	38

注）1918–25 年は，上海日本商業会議所『上海港輸出入貿易明細表』各年；1927–30 年は，日本商工会議所『上海港輸出入貿易明細表』各年.

ど見られなかった．日本精製糖の対中国輸出の焦点は，香港精製糖との競争からジャワ白糖との競争に移行していったのである．

中国市場におけるジャワ白糖への需要の増大は，様々なタイプの貿易商の参入をうながし，上海商務参事官はこのような状況を「一驚に値す」と報告している[30]．まず，欧州商の参入が見られた．『工商半月刊』には，多くの糖行が欧州商からジャワ白糖を購入していたことが指摘されており[31]，上海商業儲蓄銀行の調査によると，天祥 (Dodwel & Co.)，立基 (Kuipschildt)，捷成 (Jebson & Co.)，順全隆 (Meyerink & Co.) などの欧州商が活動していた[32]．なお，1924 年に上海で開業された Netherlands Intermediary Office というブローカー

30）上海商務参事官事務所「上海に於ける最近の砂糖事情」35–37 頁.

31）『工商半月刊』第 1 巻 5 号，1929 年 3 月 (「上海糖業調査」).

32）上海商業儲蓄銀行「上海商業儲蓄銀行有関糖業調査資料」(上海市檔案館所蔵，Q275-1-1990).

がドイツ商のジャワ白糖輸入を仲介するようになったとされており[33)]，このようなブローカーの存在も，欧州商の活動を支えたと考えられる．また，蘭印華商もジャワ白糖輸入の重要な担い手であった．表3に示したように，当該期にVJSPからのジャワ糖買付量を最も増大させていたのは，経営規模が比較的小さい蘭印華商であった．当時の史料によれば，さまざまな蘭印華商がジャワ白糖を輸入していたとされ[34)]，郭春秧が経営する商社（本社スラバヤ）の上海支店として錦茂号が設立されるなど，上海への直接進出も見られた[35)]．

4-2.　模造精製糖の生産

ジャワ白糖に対する需要の増大は，日本精製糖を取扱っていた糖行によって「創り出された」現象であった．そもそも，糖行がジャワ白糖の取引に目を付けたのは，ジャワ白糖が「1カ年も先きの先物契約可能なる為支那人の思惑心を刺激し」たからであり，多くの糖行が投機取引を通じてジャワ白糖を取引するようになった[36)]．1920年代末に実施された上海糖行の取扱糖に関する調査を見てみると（表7–①），全41軒のうち，40軒が日本精製糖を取り扱う一方，ジャワ白糖も37軒が取り扱っており，糖行にとって日本精製糖と同様にジャワ白糖の取り扱いが重要になっていたことが読み取れる．1930年代に実施された調査からは糖行の設立年別での取扱糖が判明し（表7–②），19世紀に設立された糖行の半数，1910年代に設立された糖行の約40%が依然として日本精製糖を取り扱っていたが，1920年代に設立された糖行は約20%しか日本精製糖を取り扱っていなかった．第4章で考察するように，1930年代は中国が砂糖の輸入代替化を開始し，精製糖に不利な市場環境が形成されていた点は考慮する必要があるが，糖行のなかでジャワ白糖の重要性が高まっていたことが示唆されるのである．

ジャワ白糖の取引に利益を見出していった糖行が直面した問題は，手持ちの

33）上海商務参事官事務所「上海に於ける最近の砂糖事情」60頁．

34）上海商務参事官事務所「上海に於ける最近の砂糖事情」35–37頁；上海商業儲蓄銀行「上海商業儲蓄銀行有関糖業調査資料」．

35）上海商業儲蓄銀行「上海商業儲蓄銀行有関糖業調査資料」．

36）上海商務参事官事務所「上海に於ける最近の砂糖事情」60頁；上海日本商業会議所『上海日本商業会議所年報』（第10）1927年，11頁．

表7　上海糖行の取扱糖

①各糖行の取扱糖

糖行名	取扱糖			糖行名	取扱糖		
	日本	香港	ジャワ		日本	香港	ジャワ
元裕	○		○	李庚記	○		○
方華和普記	○		○	協源	○		○
鼎泰	○		○	和興	○		○
元泰恒	○	○	○	会和	○		○
公大	○	○	○	義成	○		○
裕益	○	○	○	元和	○		
宏裕	○			鎮和	○		○
恭和	○	○	○	佐新	○		○
坤元	○		○	鴻大	○	○	○
懋和	○		○	禎祥	○		○
葆和協記	○		○	祥豊和記	○	○	○
方恵和	○		○	徳和	○		○
元生久記	○		○	泰記	○	○	○
承済新	○	○	○	祥記和	○		○
元益	○		○	慎祥	○	○	
協生元記	○	○	○	済記	○	○	○
裕大恒	○	○	○	広源承記	○		○
志和	○	○	○	元昌	○		○
景和	○	○		徳豊			○
元済恒	○		○	怡大栄記	○	○	○
春和	○	○	○	合計	40	16	37

注）国民政府工商部工商訪問局『工商半月刊』（第1巻5号，1929年，「上海糖業調査」）10–11頁．

②設立時期別の各糖行の取扱糖

糖行名	取扱糖			糖行名	取扱糖		
	日本	香港	ジャワ		日本	香港	ジャワ
19世紀設立				1910年代設立			
張恒豊			○	協生元記			○
元生			○	黄万鼎			
震和泰記	○	○	○	怡益		○	○
方萃和晋記			○	厚記	○		
豊泰仁号	○	○		1920年代設立			
裕大恒	○		○	錦茂			○
泰記			○	忠和合記	○		○
葆和		○	○	恒興			○
広源昌記	○	○	○	元益	○		○
1910年代設立				恒生		○	○
方萃和			○	慎和			○
会和			○	瑞和			○
徳和永号		○		福記		○	○
志和生記	○		○	余元昌		○	○
元和	○	○	○	懋和			
広和			○	義和興記	○		○
元泰恒	○		○	恒興源記			○
聚和	○	○	○	合計	12	11	28

注）上海商業儲蓄銀行「上海商業儲蓄銀行有関糖業調査資料」（上海市檔案館所蔵，Q275-1-1990）より，作成．

ジャワ白糖と精製糖に対する需要とを如何に結びつけるかという点にあった．その解決策は，ジャワ白糖の加工や日本精製糖との混和によって，「模造精製糖」を「生産」することであった．たとえば，連合会の委嘱を受けて上海に駐在した河野信治が1921年に提出した報告書によれば，「爪哇双目の安く取引せらるる結果支那糖商は多大の双目を買付け之を車糖（精製糖を指す）となして奥地に輸送しつつあり．其の製品は爪哇白双を砕き之に車糖の同量を混和し足を付けて製造するものにして彼等は之を日本製品なりと称して販売しマークの如きも日本の製品と同様のマークを附し」[37] ていたことを指摘している．

また，日貨排斥もジャワ白糖の消費を推進した．上海商務参事官は，糖行が「爪哇白双を電動力ローラーを使用し磨機にて精糖の代用品を造り之を「磨糖」と名付けて盛んに売出せり，排日の終息したる時は日本糖の商標さへも濫用して顧客を瞞着し販売」[38] していたとする．増幸洋行の上海店の報告は，ジャワ白糖の投機取引，精製糖に対する需要，日貨排斥の間の相互連関を次のように説明する[39]．1927年の日貨排斥による日本精製糖の売り止めを背景に砂糖価格が騰貴するなかで，一部の糖行が「調子に乗って」ジャワ糖の投機取引を盛んにおこなっていたところ，日貨排斥が収束した．その結果，売り止めされていた日本精製糖36万俵と糖行が既に買い付けていたジャワ白糖の100万俵が一度に市場に出回ることになり，砂糖価格が暴落するという「重大問題」が引き起こされた．この問題を処理するため，上海糖行の組合である糖業公会が「邦糖公売処」を設立し，「今後邦糖の取引は滞貨処分を終るまで其の売買一切公売処に一任する」こととしたため，日本精製糖の価格が吊り上がり，相対的に安価となったジャワ白糖100万俵を抱えていた糖行が，「爪哇白双を粉末機を以て挽き潰して精糖の模造品を作り之れに邦糖の商標を濫用して市場に売出」すという「奸手段」を取るようになったという．図2を見ると，1927年6月以降，ジャワ白糖が下落する中で精製糖価格が上昇していることが読み取れ，精製糖・ジャワ白糖間の価格差がある程度拡大した際に，こうした行動が採られたと考えられる．「模造精製糖」がどの程度供給されたのかを知る手掛かりはな

37）糖業連合会「第306回協議会議案」1921年11月15日（糖業協会所蔵）．
38）上海商務参事官事務所「上海に於ける最近の砂糖事情」61頁．
39）上海日本商業会議所『上海日本商業会議所年報』（第10）11–12頁．

いが，中国の砂糖需要が短期間のうちに精製糖から白糖へと移行したとは考えにくく，その供給量は相当多額にのぼったのではないかと考えられる．

4–3.　日本商の対応

日本精製糖が中国における砂糖需要の増大を捉えるためには，日本商が糖行への依存から脱却して独自の販売網を形成し，糖行の「奸手段」を阻止するしかない．しかし，糖行の「奸手段」に対して，管見の限り，日本商が何らかの対応を試みた形跡は見当たらない．第一次世界大戦期までと同様に，日本の精製糖会社の短期的な視野が，上海における日本精製糖の販売に不利に働いていたことは間違いないようである．たとえば，上海駐在商務官は，日本の精製糖会社の多くが「支那市場を以て好個の投売市場の如く思惟し永続的に支那市場の販路拡張者比較的少く外糖と比較研究し之と対抗策を講ずる者少」ないだけでなく，「自己の生産能力を無視して契約を為」したため，「契約の積期を遅延し輸入者に不意の損失を招かしむる事往々あり」と指摘している[40)]．

日本精製糖の取引において，糖行の主導権は強化されていった．中国各地には糖商が組織する組合が存在し，上海にも光緒年間に糖行が組織した糖業公会があった．当初は「組合員の利害に関することは大小となく組合に諮議し，商略を画策するに於ても需給の趨勢に鑑み一たび商機を決するや組合員は殆ど之に背くものある無く（中略）売買の価格亦た一定し其間毫厘の差」[41)] もなかったが，砂糖取引の拡大につれて糖行の数が増大するとともに，規約を順守しない糖行が相次いだため[42)]，「上海にては天津の如く四家と云ふが如き団体的契約をなさず」[43)] という状態になった．しかし，1925年に糖業公会は64名の会員に対して規約の徹底を図るように通知し，「上海に於ける唯一の砂糖取引所たる點春堂糖業公所（糖業公会を指す）は，同業連絡の必要を高調し，遂に新しく同

40）上海商務官事務所編『支那通商報告』（第3号）1924年，37頁．

41）木村増太郎『支那の砂糖貿易』糖業研究会，1914年，149–150頁．

42）上海出版協会編『支那の同業組合と商慣習』上海出版協会，1925年，208頁．

43）台湾総督府編『支那の糖業』1922年，126頁．天津には恒泰昌・徳和永・徳記・厚記の糖商で組織される四家団体と呼ばれる組合があり，「支那人側の糖商が一致協力し，協同計算で取引をして居るから，要するに我々日本糖商五軒で此の一団体に当って居るのである．従て彼等は安い所へ買ひに行くと云った調子で，此の間懸引きも策略も用ふる余地が無い」と指摘されている（『糖業』第3年9月号，1916年9月（「支那商の共同計算」））．

業組合を盛り立つるに至」っただけでなく「糖業公所所属市場に於て，直接売買の衝に当る仲買人を各方面に通知し，更に仲買人組合を強固にして，完全なる仲買人の共同機関とし，日常の売買取引の統制を有効に計り得る制度」を構築した[44]．その結果，上海の砂糖取引は「洋行及地方客の取引条件交渉等凡點春堂に於て決議し問屋個人としては涼しい顔付にて點春堂の名を以て交渉す．殊に対洋行の交渉の如きは十中八九は自己の主張を押通す」[45]こととなった．

糖行のバーゲニングパワーが増していくなかで，上海市場の砂糖価格の決定権も移行した．第1章で指摘したように，上海の砂糖価格は日本の精製糖会社が発表する日本精製糖の販売価格に支配されていた．しかし，1924年に糖行からの安値での買付注文を日本側が拒否したところ，日本精製糖は「殆んど市場より忘却されたるかの観」を呈するほど取引されなくなり，しびれを切らした一部の会社の投げ売りを契機として「各社共競って値下げを断行」したという．その結果，従来は日本精製糖の販売価格が支配していた上海市場の砂糖価格は「今や一般商品に於けると同様海外の材料を加味せる需給関係に左右せらるに至」り，「わが精糖会社並に之れが取扱業者は支那に於ける日本独占の市価を固持し能はず大勢の向ふ所によりて進退するの余儀なきに立ち到った」のである[46]．また，日本商は糖商会という同業会を組織したが，「利害関係，感情問題等にて取引上些して有効なる働きを為し得ず一個の社交機関に過ぎず益々以て點春堂より見縊られ居るの現状」[47]であった．こうした変化に加えて，日貨排斥によって日本精製糖の取引はしばしば不調となったため，1926年に日本精製糖の先物取引は停止され，「劃盤價格（糖行間の取引で用いられる価格）は上海糖価の標準となり，輸入商・客幫に関係なく，皆これを糖価上下の基準とし，かつこれによって糖価は上下したため，劃盤價格を決定する糖行間取引は糖価方面において大変重要となった」[48]．日本精製糖の販売競争，糖業公会の改革，日貨排斥等が重なり合うことで，上海の砂糖価格の決定権は日本側（日本精製糖

44）上海出版協会『支那の同業組合と商慣習』209頁．
45）上海商務参事官事務所「上海に於ける最近の砂糖事情」45頁．
46）『支那貿易通報』第20号，1924年5月，53頁．
47）上海商務参事官事務所「上海に於ける最近の砂糖事情」26頁．
48）財政部食糖運銷管理委員會「糖鑑」（「上海商業儲蓄銀行編輯商品述要：紙・糖・煙・蛋・猪鬃・火柴・桐油・粕油等資料」上海市檔案館所蔵，Q275–1–2210）126頁．

の販売価格）から糖行（劃盤價格）へ移行し，それがジャワ白糖取引を加速させたのである．

日本商は，むしろジャワ白糖の対中国輸出を積極化していった．日本商は「支那商の思惑輸入と品質の苦情を恐れて手を染め」ていなかったが，「大正14年糖価の暴落に刺激されて割安の爪哇糖に対する思惑買付盛んとなり三井及鈴木が初めて其取扱を試み邦商の爪哇糖を取扱ふ者三井，鈴木，高津の3店」[49]となった．とりわけ，三井物産の取扱高は多く，三井物産スラバヤ支店は1925年に約3万トンのジャワ糖を中国へ輸出しており[50]，これは同年の中国の白糖輸入量の約10%に相当した．上述したように，当該期の日本商の砂糖取引において，ジャワ糖は重要な地位を占めていた．それは，日本市場においてはジャワ粗糖の実需以上の流入に結びついたが，中国市場では日本精製糖と競合するジャワ白糖の輸入となって現れた．日本精製糖の輸出が十分に増大し得なかった一つの要因は，日本商のこうした活動にあったのである．

小　括

第一次世界大戦期まで台湾に限定されていた植民地糖業であったが，大戦期から大戦後にかけて新興産糖地域を加えながらさらに成長し，日本の砂糖輸入代替化に寄与していった（第1節）．しかし，植民地糖業は第一次世界大戦後から1920年代にかけて，「ジャワ糖問題」に直面した．すなわち，直消糖市場における需給はある程度コントロールされていたものの，ジャワ直消糖の一定の流入が見られたほか，精白糖市場（原料糖需給）ではジャワ糖の過剰な流入が見られるようになった（第2節）．

こうした変化をもたらした契機となったのは，1918年にジャワ糖の独占的な販売機関として設立されたVJSPである．VJSPの販売方針によって，一部の欧州商や蘭印華商に購入が限定されていたジャワ糖は，基本的には誰もが購入できる「自由」な砂糖となった．その恩恵を受けたのは日本商と蘭印華商であり，彼らはジャワ糖取引を急速に拡大させていった．日本商のジャワ粗糖取

49）　上海商務参事官事務所「上海に於ける最近の砂糖事情」35–37頁．
50）　三井物産泗水支店「支店長会議報告書」45頁．

引の増大は，実需以上のジャワ糖の対日本輸入をもたらし，「ジャワ糖問題」の一因となった（第3節）．過剰なジャワ糖の処分は，それを加工した日本精製糖の対中国輸出に託されたが，蘭印華商のジャワ白糖取引の増大が，中国の砂糖需要の重心を精製糖から白糖へシフトさせたため，精製糖の輸出量は十分には増大しなかった（第4節）．「ジャワ糖問題」は，VJSPの設立による東アジア間砂糖貿易の「自由化」の進展が，帝国内砂糖貿易の流通統制を突き崩すことによって発生したのであった．

第3章　過剰糖問題の時代
――帝国内砂糖貿易における相剋

はじめに

本章の目的は，1930年代の日本市場で発生した「過剰糖問題」への植民地糖業の対応を考察することで，「日本・植民地間関係」とともに帝国内諸地域の地域間関係を構成する，「植民地相互の関係」のあり方を解明することにある．

帝国日本における植民地相互の関係を考察した研究として，堀和生の帝国内分業論が挙げられる．堀は，外貨問題に直面した帝国日本の重要な機能は「帝国としての輸入代替」であり，「植民地生産による代替機能を実に効率的に実現」することで拡大していく帝国内分業は，日本・植民地間関係を主軸にしながら植民地相互の関係を副次的に形成し，植民地相互の関係は「帝国内分業の性格をより鮮明に示す」とした[1)]．1930年代の帝国内貿易において，植民地相互の貿易が増大していったことは事実であるが，その規模は依然として，日本・植民地間の貿易の規模に比べれば「取るに足らない」ものであった（序章参照）．植民地相互の関係は，植民地間でどのような貿易が展開したかという点からではなく，日本市場において各植民地から移出された商品がどのような関係を築いたのかという点から特徴づけられるべきである．

その際に，「過剰糖問題」をめぐる植民地糖業の対応は，格好の考察対象となる．「過剰糖問題」とは，1929年の砂糖輸入代替化の達成を契機として発生した，供給過剰となった植民地糖の処分方法をめぐる問題である．そして，植民地糖が国際競争力に欠ける以上，現実的な処分方法は輸出ではなく生産制限と

1)　堀和生『東アジア資本主義史論Ⅰ』ミネルヴァ書房，2009年，227，231頁．

いうことになるが，ここで問題となったのは，生産制限をどの地域がどれだけ負担するのかという点であった.「過剰糖問題」への各植民地の対応を考察することは，植民地相互の関係を特徴づけることにつながるのである.

植民地糖業は,「過剰糖問題」をどのように処理しようとしたのだろうか. 本章の第1節では，過剰糖が形成される過程と，植民地糖業の中心であった台湾の対応を取り上げる. 第2節では，製糖業が順調に成長した北海道と南洋群島を取り上げて，それぞれの地域が,「過剰糖問題」にどのように対応しようとしたのかを考察する. 第3節では,「満洲国」の形成という帝国の拡大が，過剰糖の処分に寄与したのか否かを考察する.

1. 「過剰糖問題」と台湾

1-1. 過剰糖の発生

台湾における砂糖生産量の増大と新興産糖地域の形成によって，砂糖の「帝国としての輸入代替」は1929年に達成された. その結果，輸出精製糖に使用する原料糖としての用途を除けば，ジャワ糖に対する実需はなくなり，糖業連合会(以下，連合会)における1929年の原料糖売買協定では「(国内精製糖用の)原料糖には外糖を使用せざること」[2] が取り決められた. 1920年代の「ジャワ糖問題」を発生させたジャワ糖の投機取引も，製糖会社の業績悪化と思惑取引の廃止，鈴木商店など一部の貿易商の破綻によって減少した[3]. 帝国内砂糖貿易の不安定要因であった「ジャワ糖問題」は，ようやく解消されたのである.

しかし，1930年代には,「ジャワ糖問題」に代わる新たな不安定要因が登場した. 表1は，1930年より調査が開始された帝国内における砂糖の需給状況を示している. 1929/30年期に台湾糖の供給量は81万トン，新興産糖地域の供給量は合計12万トン(うち，府県(主に沖縄)7.3万トン，北海道2.5万トン，南洋群島2.1万トン，朝鮮0.1万トン)に達した. 一方，日本の砂糖需要量はそれに満たなかったため，従来は5万トン前後で推移した次期繰越量は急増し，1931/32年期には28.7万トンに至った. 増大する在庫は「過剰糖」と呼ばれ,

2) 糖業連合会「第436回協議会議案決議」1929年1月11日(糖業協会所蔵).
3) 三井文庫編『三井物産支店長会議議事録16(昭和6年)』丸善，2005年，303頁.

表1　植民地糖の需給量 1928/29–1935/36 年期

（単位：1,000トン）

	前期繰越量 ①	供給量 ②	府　県	北海道	台　湾	南洋群島	朝　鮮
1928/29							
1929/30	51	931	73	25	810	21	1
1930/31	118	935	76	22	797	39	1
1931/32	173	1,156	99	24	989	42	2
1932/33	287	804	102	24	634	44	
1933/34	174	808	93	23	647	45	
1934/35	48	1,172	103	35	966	68	
1935/36	76	1,099	117	31	902	49	

	需要量 ③	「過剰糖」 ④＝①＋②−③	輸　出 ⑤	日・朝ヨリ	台湾ヨリ	南洋ヨリ	次期繰越量 ④−⑤
1928/29							51
1929/30	864	118	0	0	0	0	118
1930/31	863	189	17	3	14	0	173
1931/32	905	424	137	93	44	0	287
1932/33	894	197	23	15	6	2	174
1933/34	906	82	34	24	1	10	48
1934/35	1,025	189	113	49	51	12	76
1935/36	1,067	108	50	21	29	1	58

出典）山下久四郎編『砂糖年鑑』（昭和12年版）日本砂糖協会，1937年，32頁．
注1）本表には輸入糖は含まれない．
注2）調査方法の問題から含蜜糖を含むが，全体に占める比率は極めて低い．

帝国内砂糖貿易の流通統制を乱す新たな要因として認識されるようになった．この状況を図示したものが図1であり，国内需要9単位に対して植民地糖が11単位生産され，その差2単位が過剰糖として砂糖価格の下落圧力となったのである．植民地糖業をめぐる「帝国利害」は，「如何にして植民地糖を増産するか」という輸入代替から，「如何にして植民地糖の過剰生産を阻止するか」という生産制限へと移行した．

いわゆる総力戦体制が実施されるまでは，各植民地の「地域利害」の追求を許す「植民地政府主導型の植民地政策」[4] が実施されており，植民地糖の生産量をコントロールできる主体は，帝国内には存在しなかった．ただし，帝国全体で統一された政策を発動できないことの弊害は，1920年代の段階で認識さ

4）山本有造『日本植民地経済史研究』名古屋大学出版会，1992年，152頁．

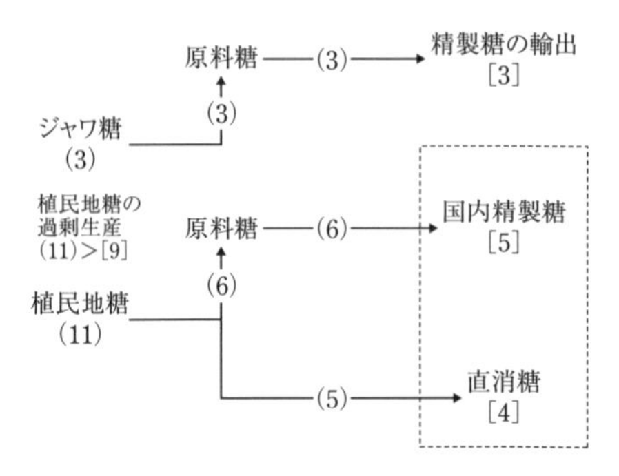

図1　帝国内砂糖貿易における流通統制 1930年代

出典）著者作成.

れており，加藤高明内閣期に構想された拓殖省が，そうした主体になり得たかもしれない．1924年9月に「拓殖省設置に関する件」と題する意見書が提出され，そこでは拓殖省の設置が必要な理由として，「我国の植民地は比較的本土に隣接し」ているため「各般の政策の樹立及其の遂行に際しては内地及殖民地の間に充分の連絡及統一が必要」であるにもかかわらず，「各殖民地に於ける各般の政策は多くは各殖民地総督又は長官の専行に委するか為往々にして当該殖民地のみの利害に局限せられ帝国全般の利害に適切ならさる嫌」いがあることが指摘された[5)]．しかし，行財政の整理緊縮が加藤内閣の方針であったため，その方針に逆行する拓殖省設置の実現は困難であった[6)]．拓殖省設置の計画は，田中義一内閣期の1929年に拓務省の設置として実現するが，田中内閣は満蒙問題の根本的な解決を目指していたため，拓務省は満蒙行政機関統一問題を解決する機関として期待され，帝国内諸地域の調整機関としての役割は与えられなかった[7)]．

1-2. 糖業連合会の対応

生産制限は，連合会によって，植民地糖の80%を占める台湾糖を対象に実施された．連合会の本来の機能は，産糖処分協定を通じて砂糖の流通統制を図ることである．しかし，1930年8月に台湾総督府（以下，総督府）が1930/31年期の予想生産量を発表すると，連合会では流通統制から一歩踏み込んで，生産制限の気運が高まった．連合会は「砂糖生産に関する委員会」を設けて，甘蔗

5）「各種調査会委員会文書・行政調査会書類・十九幹事会会議録第五号」JACAR（アジア歴史資料センター），Ref. A05021079300（国立公文書館）.

6）加藤聖文「政党内閣確立期における植民地支配体制の模索」『東アジア近代史』創刊号，1998年3月，46頁.

7）加藤「政党内閣確立期における植民地支配体制の模索」46頁.

栽培が始まっていない 1932/33 年期糖（1931 年 7 月以降に甘蔗の植付開始）と 1933/34 年期糖（同，1932 年 7 月以降）を対象に，生産制限の具体的方法を検討することとなった[8]．委員会は，台湾の農民に甘蔗以外の作物を栽培させるため，加盟各社に対して例年よりも安価な甘蔗買収価格を農民に提示することを指示した．台湾製糖(株) の場合，甘蔗買収価格は 1930/31 年期と 1931/32 年期には 4.0–4.8 円であったが，1932/33 年期と 1933/34 年期には 3.0–3.2 円へ引き下げられた（表 2 参照）．その結果，多くの農民が甘蔗以外の作物を栽培するようになったほか，甘蔗を選択した農民も地味の悪い土地で肥料を節約しながら栽培したため，1931/32 年期に約 100 万トンであった台湾糖の生産量は 1932/33，1933/34 年期には 64 万トンに急減した（表 1 参照）[9]．

しかし，生産制限は，1933 年に施行された「米穀統制法」によって挫折した．「米穀統制法」は日本の米価を維持するために施行された．日本政府に協力した総督府は，台湾米の対日移出量の低下を目的に，1933 年には米作奨励のための公共事業を停止し，1934 年には甘藷・黄麻・苧麻などを水稲の代作物として奨励したほか，水田における甘蔗栽培を推奨した[10]．連合会による生産制限は，1933/34 年期を最後に実施されることはなくなり，1934/35 年期以降，台湾糖の生産量は耕作面積の拡大を通じて増大していった（第 5 章図 1）．

連合会は，新興産糖地域への批判を通じて生産制限を推進することも企図した．1933 年 9 月，連合会は台湾製糖(株)，明治製糖(株)，大日本製糖(株)，塩水港製糖(株)，新興製糖(株) の 5 社の代表者で構成される「糖業政策に関する委員会」を設置し，11 月には「糖業政策に関する陳情書」を作成した[11]．そのなかで連合会は，台湾糖業の現状について，植民地化後の 30 年間で「産糖高に於て実に八倍の高位に達するに至」った結果，「昭和四五年期に於て始めて自給自足を実現」できたと自賛する一方，台湾糖業は「自給自足の領域を脱し，農事方面の改善時期と輸出市場の開拓時代に進まんとする過渡時代に」あるとする．そして，そのためには「一貫せる糖業政策を樹立し確固たる統制の下に」

8）糖業協会編『近代日本糖業史』（下巻）勁草書房，1997 年，223–224 頁.

9）『砂糖経済』第 3 巻 6 号，1933 年 6 月（「台湾今期分蜜糖実績千二十七万九千担」）.

10）拓務省『昭和十二年版拓務要覧』1938 年，199 頁.

11）以下，陳情書の引用部分については，糖業連合会「糖業政策に関する陳情書」1933 年 11 月 25 日（糖業協会所蔵）.

表2　台湾製糖(株)の甘蔗買収価格 1930/31–1935/36 年期

(甘蔗 1,000 斤 (=600 kg) 当り円)

		7月植	8月植	9月植	10月植	11月植	12月植
1930/31 年期糖	植付奨励金	0.8	0.8	0.6	0.5	0.4	0
	原料代	3.0	3.0	3.0	3.0	3.0	3.0
	割増金	1.0	1.0	1.0	1.0	1.0	1.0
	合計	4.8	4.8	4.6	4.5	4.4	4.0
1931/32 年期糖	植付奨励金	0.7	0.7	0.5	0.4	0.3	0
	原料代	3.0	3.0	3.0	3.0	3.0	3.0
	割増金	1.0	1.0	1.0	1.0	1.0	1.0
	合計	4.7	4.7	4.5	4.4	4.3	4.0
1932/33 年期糖	植付奨励金	0	0	0	0		
	原料代	2.7	2.7	2.7	2.7		
	割増金	0.5	0.4	0.3	0.3		
	合計	3.2	3.1	3.0	3.0		
1933/34 年期糖	植付奨励金	0	0	0	0		
	原料代	2.7	2.7	2.7	2.7		
	割増金	0.5	0.4	0.3	0.3		
	合計	3.2	3.1	3.0	3.0		
1934/35 年期糖	植付奨励金	0.5	0.5	0.5	0.5	0.5	0.5
	原料代	2.7	2.7	2.7	2.7	2.7	2.7
	割増金	0.5	0.4	0.3	0.3	0	0
	合計	3.7	3.6	3.5	3.5	3.2	3.2
1935/36 年期糖	植付奨励金	0.5	0.5	0.5	0.5	0.5	0.5
	原料代	2.7	2.7	2.7	2.7	2.7	2.7
	割増金	0.5	0.4	0.3	0.3	0	0
	合計	3.7	3.6	3.5	3.5	3.2	3.2

出典）『糖業（臨時増刊蔗作奨励号）』第 181 号，1929 年 9 月，2 頁；『糖業（臨時増刊蔗作奨励号）』第 193 号，1930 年 8 月，2 頁；『糖業（臨時増刊蔗作奨励号）』第 207 号，1931 年 9 月，1 頁；『糖業（臨時増刊蔗作奨励号）』第 221 号，1932 年 9 月，2 頁；『糖業（臨時増刊蔗作奨励号）』第 246 号，1933 年 9 月，2 頁.

製糖業を置かねばならず，「日本の糖業地域として台湾に重きを置くべきこと」を採るべき政策の柱として挙げ，現状がそれとはほど遠い状態にあることを批判する．すなわち，「大正九十年の頃南洋庁下に甘蔗糖業北海道朝鮮に甜菜糖業興り，年々産額を増加し」たが，「台湾糖業が自然増産に主力を注がばその産糖のみを以て国内需要に応じて余ある」状態であるため，過剰糖問題への対応として「生産費低廉の産糖を犠牲的に減縮して，生産費の多大なる台湾以外の産糖を奨励」するのは政策として誤っているとする．さらに，「近時北海道樺太等の各地に新たに製糖事業の企画せらるるあり，当局孰れも助成の方針を以て之に臨」もうとしているのは「関税の保護以外更に莫大なる補助金の支出を得て初めて事業の成立を見るが如き地方に新規企業を奨励し徒らに過剰生産を助長し，円満に発達しつつある既設事業の根幹を揺がすが如きは資本の浪費，資源の破壊とも謂ふべく，延いては生産費の低下を益々不可能ならしむるもの」に他ならないと批判した．こうした認識を背景として，連合会は「生産費の最も低廉なる台湾に我が糖業の重点を置くを以て糖業政策の根帯とすべき」であると日本政府に訴えたのである．

では，連合会からの批判に対して，新興産糖地域はどのような反応を示したのだろうか．次節では，製糖業が順調に成長した南洋群島と北海道の反応を見ていく．

2.　新興産糖地域の「地域利害」

2-1.　南洋群島――海外植民地・甘蔗糖業

日本は 1921 年に南洋群島の C 式委任統治を国際連盟から受託したが，それは国際社会における一等国の証明のほかに，熱帯資源と移住地を獲得しつつ南方進出の拠点を得られると認識したからであった[12)]．しかし，南洋群島では，第一次世界大戦期に西村製糖所と南洋拓殖によって開始されていた製糖業が，技術不足などを要因として失敗し，1,000 人近くの移民が「飢餓状態」となっていた．委任統治の責任を負ったばかりの日本にとって，島民ではないにせよ多くの居住者が飢餓状態になっている状況は好ましくなく，したがって，臨時南洋群島防備隊の民政部長であった手塚敏郎は，南洋群島における製糖業の可能性を感じていた松江春次と東洋拓殖(株)の石塚英蔵総裁に会見して，製糖業を「移民救済の犠牲事業」と位置づけ，「是非急いで南洋に糖業を起して惨状を救って貰ひ度い」と懇請した．こうして，松江を社長とする南洋興発(株)が東洋拓殖(株)によって設立され，南洋糖業が開始された[13)]．

1922 年 4 月に設置された南洋庁（初代長官は手塚敏郎）の方針は，南洋群島が置かれた地理的・経済的な劣位を補うために，独占権の付与と補助金の下付を

12)　今泉裕美子「南洋興発(株)の沖縄県人政策に関する覚書」『沖縄文化研究』第 19 号，1992 年 9 月，139 頁．
13)　松江春次『南洋開拓拾年誌』南洋興発株式会社，1932 年，64–65 頁．

表 3　北海道と南洋群島の砂糖生産量 1924/25–1935/36 年期（3 ヵ年移動平均値）

		北海道					南洋群島				
		甜菜栽培			製糖		甘蔗栽培			製糖	
		面積 (1,000ha)	生産性 (t/ha)	収穫量 (1,000t)	歩留 (%)	製糖量 (1,000t)	面積 (1,000ha)	生産性 (t/ha)	収穫量 (1,000t)	歩留 (%)	製糖量 (1,000t)
Ⅰ期	1924/25	8	16	125	10%	12	2	40	100	7%	7
	1925/26	8	16	125	11%	13	3	51	141	7%	10
	1926/27	8	18	146	12%	16	3	52	153	7%	11
	1927/28	9	20	180	12%	19	3	50	157	7%	11
	1928/29	10	21	197	12%	22	4	45	168	8%	14
Ⅱ期	1929/30	9	21	198	12%	23	5	50	242	10%	23
	1930/31	9	21	188	13%	24	6	59	336	10%	34
	1931/32	9	20	180	13%	23	6	65	399	10%	41
	1932/33	9	19	178	14%	24	6	67	406	11%	44
	1933/34	10	21	200	14%	27	7	67	448	12%	52
	1934/35	11	20	219	14%	30	8	60	459	12%	54
	1935/36	14	20	264	14%	36	10	54	506	12%	58
平均成長率と寄与度	Ⅰ期	4.8%	7.0%	12.0%	4.2%	17.5%	10.6%	3.2%	13.9%	3.3%	17.7%
	Ⅱ期	5.3%	−0.5%	4.3%	1.9%	7.0%	14.8%	2.4%	17.0%	5.0%	22.8%

出典）山下久四郎編『砂糖年鑑』（昭和 12 年版）日本砂糖協会，1937 年，90–91，137，147 頁；山下久四郎編『砂糖年鑑』（昭和 15 年版）日本砂糖協会，1940 年，84–85，135，145 頁.
注 1）歩留は「製糖量 ÷ 原料使用量」である．原料使用量は収穫量と近似しているため，省略した.

通じて企業活動を支援することに置かれ，とりわけ「糖業単一主義」を掲げて南洋興発(株) に種々の便益を与えた[14)]．1920 年代後半の南洋糖の生産量は年率 17.7% もの高い成長率で増大し，それは主に栽培面積の拡大によってもたらされていた (表 3 参照)．南洋興発(株) が西村製糖所や南洋拓殖から引き継いだ借地権は，サイパン島の可耕地の約半分とテニアン島およびロタ島の全可耕地を合算した約 15,000 ha にのぼり[15)]，南洋庁はサイパン島の借地料を 1930 年 10 月まで徴収せず，他も無償で貸し出した[16)]．また，南洋庁は 1922 年に「糖業規則」および「糖業奨励規則」を発布した．糖業規則は，製糖会社設立の許可制と台湾でも導入された「原料採取区域制度」を定めており，唯一設立を許

14）Peattie, Mark R., *Nan'yō*, Honolulu: University of Hawaii Press, 1988, p. 119；今泉裕美子「サイパン島における南洋興発株式会社と社会団体」波形昭一編『近代アジアの日本人経済団体』同文舘出版，1997 年，66 頁.

15）南洋興発株式会社『裏南洋開拓と南洋興発株式会社』1933 年，8–9 頁．なお，テニアン島の土地の一部は喜多合名会社から買収している.

16）南洋庁『南洋庁施設十年史』1932 年，333–334 頁.

可された南洋興発(株)は，南洋群島で栽培される甘蔗の独占的な買い手となった．糖業奨励規則は，栽培工程・製糖工程・移出に対する種々の奨励金を定めていた[17]．これらの奨励策と南洋興発(株)の移民事業の結果，甘蔗栽培面積は急速に拡大し，南洋糖の生産量は増大した．

ただし，1935年の甘蔗栽培面積がサイパン島とテニアン島の借地面積の80%に達したように，狭隘な各島のフロンティアは10年前後でほぼ消滅した[18]．したがって，委任統治初期から栽培技術を改善させる必要性が認識されており，南洋庁は1922年4月に「南洋庁産業試験場官制」を施行して，産業試験場をパラオ島に設置した．製糖業の中心地であるサイパン島には支庁農場が設置され，1925年度より規模を拡張して糖業研究に重点を置き，1930年には南洋庁産業試験場サイパン分場となった[19]．産業試験場では帝国内外から取り寄せられた品種の試験や肥料試験が実施され，南洋興発(株)もサイパン島に試験場を設けて産業試験場と協力しながら様々な研究をおこなった[20]．その結果，ジャワ大茎種(2725POJ)やサイパンで開発されたS51(南洋一号)などの高収量品種が栽培され，堆肥を中心とする肥料が施用された[21]．甘蔗生産量の成長に対する生産性の寄与度は，1925年に生産が軌道に乗ったサイパン島では1930年から，1930年に生産が開始されたテニアン島でも1933年から，栽培面積の寄与度を上回るようになっていた[22]．

南洋糖業の成長は南洋庁の財政を好転させた．南洋庁の歳入は，当初は臨時部(官有物払下げ・国庫補充金・前年度剰余金繰入)が中心であったが，次第に経常部(租税や官業など)の比重が高まり，その半分以上は砂糖を中心とする対日移

---

17)　帝国地方行政学会編『南洋庁法令類聚』1928年，1393–1397頁．

18)　矢内原忠雄「累年作付面積及産糖高表」作成年不明(琉球大学附属図書館蔵)．

19)　藤井国武『南洋糖業論』内外糖業調査会，1943年，51頁．

20)　南洋庁産業試験場『業務功程報告：大正十一年至十四年度』南洋庁，1926年；南洋庁産業試験場『業務功程報告：大正十五年度』南洋庁，1927年．なお，技術開発の担い手は，北海道帝国大学農学部や鹿児島高等農林学校の出身者が多くを占めている点で台湾と共通しており，産業試験場の初代のメンバーを見ると，4名いた技師のうち3名は北大出身者，7名いた技手のうち2名は北大出身者，3名は鹿児島高等農林出身者であった(札幌同窓会編『札幌同窓会：第四十四回報告』1922年；鹿児島高等農林学校編『鹿児島高等農林学校一覧：自大正十一年至大正十二年』1923年)．

21)　藤井国武『南洋糖業論』67，70，84–85頁；山中一郎『甘蔗南洋一号に就て』(熱帯産業研究所彙報第4号)南洋庁熱帯産業研究所，1940年8月．

22)　作者不明「累年作付面積及産糖高表」(琉球大学附属図書館蔵)より算出．

出品に課せられた出港税であった．歳入に占める砂糖出港税の比率は1930年には24%，1935年には44%に達した[23]．1933年の日本の国際連盟脱退は南洋群島経営の転機となり，1935年に開催された「南洋群島開発調査委員会」において，南洋群島を東南アジアへの利権獲得の拠点とすることが確認されると，南洋庁の開発対象は製糖業以外へと多様化していった[24]．しかし，その財源は砂糖出港税が多くを占める「南洋庁の一般歳入を以て之に充つるものとす」[25]とされており，製糖業の位置づけが南洋群島経済のなかで低下したわけではなかった．矢内原忠雄が，「万一此の会社（南洋興発(株)）が恐慌の渦中に陥る如き場合には，為めに南洋群島の経済及び財政が根底から震撼せらる（中略）興発会社の経営と南洋庁の「統治」とが密接なる相互依存関係に立つ」[26]と指摘したように，製糖業は南洋群島経済と同義であり続けたのである．

以上のような南洋興発(株)と南洋庁の「相互依存関係」は，連合会の産糖処分協定に如実に示されている．上述のとおり，1933/34年期は生産制限が実施されたが，台湾に暴風雨が襲来したことを受けて，最終的には予想以上の減産となった．そこで連合会は，当初の割当量を2ヵ月分カットし，その分を次年期に組み込むことを提案した．しかし，南洋糖業は暴風雨の影響を受けなかったため，連合会の変更を受け入れると，南洋興発(株)の割当量は「昨年度割当数と大差を生じる」ほど減少することとなり，それは砂糖出港税の減少をもたらして「南洋庁の予算上に大なる影響を及ぼす」ため，南洋興発(株)は連合会の提案に応じなかった[27]．結局，連合会は南洋興発(株)の要求を受け入れて，各社の割当量を元通りとした[28]．

23）安部惇「南洋庁の設置と国策会社東洋拓殖の南進：南洋群島の領有と植民政策（2）」『愛媛経済論集』第5巻2号，1985年11月，60–62頁．また，南洋興発(株)による製糖関連事業は南洋庁の歳入の60%以上を占めたとする見解もある（Peattie, *Nan'yō*, p. 130）．

24）川島淳「南洋群島開発調査委員会の設置と廃止について」『駒沢史学』第81巻，2013年12月，101頁；森亜紀子「委任統治領南洋群島における開発過程と沖縄移民」野田公夫編『日本帝国圏の農林資源開発』京都大学学術出版会，2013年．

25）「南洋群島開発調査委員会ヲ廃止ス」JACAR（アジア歴史資料センター），Ref.A01200687500（国立公文書館）．平井廣一は，南洋群島の歳入上の特徴として，公債収入が皆無であったことを指摘している（平井廣一『日本植民地財政史研究』ミネルヴァ書房，1997年，268頁）．

26）矢内原忠雄『南洋群島の研究』岩波書店，1935年，96頁．

27）糖業連合会「第615回協議会議案」1934年3月14日（糖業協会所蔵）．

28）藤田幸敏「砂糖供給組合の結成・解散と産糖調節協定の成立」久保文克編『近代製糖業の発展と糖業連合会』日本経済評論社，2009年，180–181頁．

また，1936/37 年期協定も南洋興発(株)の「爆弾的意見」をめぐって対立した．前年の 1935/36 年期協定のなかで，南洋糖のうち約 20 万担 (約 1.2 万トン) は棚上げあるいは輸出とされていた．しかし，南洋群島に襲来した暴風雨の影響によって，1937 年の生産量が激減することが予測されたため，南洋興発(株) はこの 20 万担を日本市場で販売することを要求したのである[29]．しかし，それは連合会の加盟各社が等しく負っている損失を南洋興発(株) だけが負担せず，植民地直消糖の供給量の増大も意味したため，南洋興発(株) 以外の加盟会社は強く反発した．しかし，1936/37 年期協定では，「各社割当数量以外の産糖は輸出又は次年度に繰越すものとす但し南洋興発は産糖一担に付金二十銭を日本糖業連合会に拠出し産糖全部を国内に供給することを得」として，南洋興発(株) にだけ例外措置を認めることとなり，のちに拠出金も免除されることとなった[30]．

以上のように，南洋興発(株) は，生産制限にも輸出促進にも反発して自己の主張を押し通していったが，その背景には南洋統治との「相互依存関係」があった．南洋糖業は「内地砂糖の需給関係にどうしても存在せねばならぬものではないが，(中略) 然しこう云ふ見方よりも真の意味は，南洋開発にその根源を置くもの」[31] であったのである．

2-2.　北海道――内地植民地・甜菜糖業

1869 年の開拓使設置以来の北海道農法は，地力を酷使しながら外延的拡大を図る「粗放農法」であり，第一次世界大戦頃に北海道の地力は急速に失われていった[32]．1921 年に北海道庁長官に赴任した宮尾舜治は，北海道の中心を占める畑作を再生するための条件として，農牧混合制や輪作制を導入して地力維持を図るとともに，輪作体系に自給作物と商品作物の双方を組み込むことを重視した．そして商品作物については，「内地でも朝鮮でも満洲でも何処でも出来て其の競争に依り圧迫を蒙るものは之を避け (中略) 可成北海道に於て工業の

29)　『中外商業新報』1936 年 10 月 30 日 (「過剰糖処分問題で南洋興発爆弾提議」)．
30)　糖業連合会「第 706 回協議会決議」1936 年 10 月 30 日；糖業連合会「第 711 回協議会決議」1936 年 12 月 24 日 (すべて，糖業協会所蔵)．
31)　藤井『南洋糖業論』50 頁．
32)　北海道編『新北海道史』(第四巻) 1973 年，929 頁．

原料となるべき作物を多く作るべきであると云ふ原則」の下に，「甜菜の栽培には特に力を注ぐ」こととした[33]．宮尾は北海道農法を有畜・深耕・輪作を特徴とする集約農業へ移行させ，これらを結合する「指導的作物」として，甜菜に着目したのである[34]．

北海道庁は，北海道糖業の成長のために「異常なほど積極的関与」[35] を示した．道庁は1922年に農事試験場本場に糖業部を新設して試験調査を拡充したほか，1923年には道庁産業部に糖務課を新設して糖業行政を開始すると，「甜菜耕作補助規程」(1922年) など具体的な奨励政策を次々と発布し，種子・肥料・畜牛の購入補助や病虫害の駆除，採取圃の経営の助成など，甜菜栽培の奨励に努めた．これら奨励金は，第一次拓殖計画の1923–26年度の予算，および1927年から開始された第二次拓殖計画の予算から支出され，同計画の産業費事業費の70–80%を占めた[36]．北海道では台湾や南洋群島のような「原料採取区域制度」を導入できなかったが，道庁は北海道製糖(株) と明治製糖(株) の間で「紳士協定を以て相互に相冒さざることを誓約」させることで，事実上の「原料採取区域制度」を導入した[37]．原料採取区域が設定されたことは，各社が区域内の甜菜栽培に積極的にコミットできるようになることを意味した．北海道製糖(株) や明治製糖(株) は，耕作資金の融通や割増金・各種奨励金の交付を通じて，区域内の農民を甜菜栽培に誘引すると同時に栽培技術の改善に努めた[38] (表3)．人口・食糧政策の影響を受けて1927年に開始された第二次拓殖計画のなかで，北海道農業を安定化させる鍵として甜菜栽培が重視されたほか[39]，1930年代前半に北海道農業を連続して襲った冷害の影響を甜菜がほとんど受

33)　黒谷了太郎編『宮尾舜治伝』吉川荒造，1939年，403–405頁．
34)　玉真之介，坂下明彦「北海道農法の成立過程」桑原真人『北海道の研究』(第6巻) 清文堂，1983年，56–58頁．
35)　北海道編『新北海道史』(第五巻)，1975年，298–301頁．
36)　以上，道庁の政策に関する記述は，北海道『新北海道史』(第五巻) 300–301頁による．
37)　北海道庁「北海道に於ける甜菜糖業奨励の必要と其対策」作成年不明 (北海道立文書館所蔵)．耕作環境の変化によって両社の対立が発生した場合にも，道庁は「両社の幹部と親しく懇談を遂げ両社の集積区域を協定し今後に於ける原料の耕作並製糖企業上の円滑を期する」ことで，原料採取区域の再調整役を果たしていた (北海道庁「北糖と区域協定の件」作成年不明 (北海道立文書館所蔵))．
38)　北海道製糖株式会社『事業要覧』1936年，34–35頁．
39)　榎本守恵「北海道第二期拓殖計画」和歌森太郎先生還暦記念論文集編集委員会編『明治国家の展開と民衆生活』弘文堂，1975年，267頁．

けなかったことも，甜菜の重要性がさらに認識されることにつながった．

南洋群島とは異なり，過剰糖に対する北海道の主張は時代と共に変化していった．宮尾時代に糖業行政に関与していた三宅康次は，甜菜糖業の育成は「啻に本道拓殖上に齎す効果大なるのみならず，国家経済上に貢献する処少くないのである」とし，甜菜糖で以て「本邦砂糖の需要量を補給し外国糖輸入を防遏することが出来る」上に，「若し本道生産の砂糖が国内に過剰を来すが如きことあらば無限の消費地たる隣国支那に輸出して可」であるとしていた[40]．しかし，過剰糖問題が発生した直後の1932年頃に作成されたと思われる道庁の資料では，「将来人口の増加と文化の進展に伴ふ消費の増進は主産地たる台湾将来の生産を以てするも遂に供給不足に至るべきは明に予測し得らるる所」であるから，北海道糖業は「台湾と共に将来本邦食糧問題解決上重要使命を有」していると説明される[41]．すなわち，道庁は将来再び需要超過になると予測し，過剰糖問題を一過性のものとすることで，北海道糖業の成長を正当化したのである[42]．

さらに，米穀統制法の施行によって新興産糖地域に対する連合会（台湾糖業）からの批判が高まると，道庁は，台湾糖業が「素より本邦砂糖の需給に其の基礎を置く」のに対して，北海道糖業は「全く之に反し農業経営の確立を使命として勃興せるもの」であるとしたほか，「北海道に於ける奨励方針は厳に道内砂糖の自産自給を以て目標とするもの」であり，北海道糖が「国内市場に溢出し台湾糖を圧迫するが如きは数的より見て予想し得ざる」として，北海道糖業と台湾糖業は競合しないと結論づけ，連合会からの批判を退けた[43]．

製糖会社も道庁の姿勢に追随した．北海道製糖（株）の親会社である帝国製

40）三宅康次『技術上より見たる本道の甜菜栽培と甜菜糖業』北海道庁，作成年不明．北海道庁が1926年以降，版を重ねながらほぼ毎年発行しているパンフレット『北海道の拓殖と甜菜糖業』の記述の多くは，本資料の記述と重なる部分が多い．

41）北海道庁「北海道に於ける甜菜糖業奨励の必要と其対策」．

42）人口と1人当たり消費量の増大によって砂糖需給が緩和されるという主張は，新興産糖地域の全域に見られた主張であり，様々な推計がなされた．たとえば，北海道庁は種々の仮定に基づいて，1956年の人口（内外地）は1億4018万人，1人当たり消費量は18.7キロとなると予想した（北海道庁「糖業現在並将来説明資料」1935年6月（北海道立文書館所蔵））．しかし実際には，人口（日本・台湾・韓国・北朝鮮の合計）は約1億3125万人，1人当り消費量は約12キロであり，予想は過大であった（金井道夫「わが国砂糖消費の特徴」『農業総合研究』第21巻4号，1967年10月，119頁）．

43）以上，北海道庁「北海道農業に於ける甜菜栽培の重要性」作成年不明（北海道立文書館所蔵）．

糖(株) と，日本甜菜製糖(株) を買収した明治製糖(株) は連合会の加盟会社であるため，両社で生産された台湾糖の流通は産糖処分協定を通じて制限されたが，協定外である北海道糖の増産は販路拡張のチャンスであった．したがって，協定の場で「甜菜糖は供給協定の義務を負担せず増産が行はれているが，これは台湾産糖の圧迫材料としてそれだけ台湾における供給量を縮小せしめることとなるから台湾同様協定義務を負担すべき」との批判を受けると，両社は「甜菜糖の生産は道庁の産業振興政策によって已むを得ず増産するものであるから道庁の意向を尊重する意味でも供給協定の適用を受けたり又は一部を輸出に向けたりすることは出来ない」として批判を退けた[44]．

大蔵省は，予算の面から北海道糖の生産量を制限できる主体であった．第二期拓殖計画で目指されることとなった甜菜栽培地域の拡張のためには，多額の奨励金を農民に下付する必要があり，道庁はその予算について大蔵省と折衝しなければならなかった．大蔵省は当初，「財政上の理由と砂糖需給関係の逆調」[45]を理由として，奨励金のための予算を認めなかった．こうしたなか，1930年代前半に北海道を襲った冷害の影響を甜菜があまり受けなかった結果，1934–35年には既存の製糖工場では処理できないほどの甜菜が道内で生産され，製糖会社は「農家の耕作希望申込に応じきれず，ことわる」ことを余儀なくされていた[46]．道庁は道内の製糖工場の増設と栽培面積の拡張を求める案を申請したが，大蔵省はやはり「軍需予算の関係と砂糖生産過剰の現状よりして極めて難色」を示した．しかし，道庁が「甜菜栽培の拡張が冷害の恒久的対策として必須不可欠であって之を加味せざれば飼畜農業なく寒地農業なく随って又北方農業なし即ち之が成否は北海道農民の死活問題なることを力説」すると，大蔵省は最終的に1936年度の予算への計上を認めてしまった[47]．その結果，北海道では，明治製糖(株) が磯分内に，北海道製糖(株) が士別にそれぞれ工場を建設し，1936/37年期より操業を開始した[48]．なお，同年期には，樺太でも甜菜糖が生

44）『中外商業新報』1936年10月30日(「過剰糖処分問題で南洋興発爆弾提議」)．
45）北海道庁「甜菜耕作拡張方針に就て」作成年不明 (北海道立文書館所蔵)．
46）日本甜菜製糖社史編集委員会編『日本甜菜製糖四十年史』日本甜菜製糖株式会社，1961年，110頁．
47）北海道庁「甜菜耕作拡張方針に就て」．
48）糖業協会『近代日本糖業史』(下巻) 283–284頁．

産されるようになった．樺太庁は，1920年代に推進した農業移民の現金収入を確保するために甜菜糖業に着目し，樺太庁の要請を受けた明治製糖(株)と王子製紙(株)によって樺太製糖(株)が設立された[49]．

以上のように，過剰糖が問題視されるなかで，植民地糖業はむしろ強化されていったのである．

3.　帝国の拡大と過剰糖

3-1.　中国輸出

「過剰糖問題」が帝国内部で解決されないため，連合会は生産制限を図る一方で，過剰糖の中国輸出を企図した．表1には過剰糖の種類・経路別の輸出量が示されており,「台湾ヨリ」は台湾糖の輸出,「南洋ヨリ」は南洋糖の輸出,「日・朝ヨリ」は台湾原料糖を使用した日本精製糖と朝鮮精製糖の輸出を意味している．

連合会は1930/31年期協定から輸出促進を図ることとし，協定で割り当てられた棚上糖を輸出で処理した会社に対しては，その分だけ次期協定の棚上量を減免することにした[50]．しかし，1931年の輸出量は1.7万トンにとどまった．輸出先の中国では，関税改正，銀相場の下落による輸入価格の上昇，農産物の不作による購買力の減少によって砂糖需要が停滞しており，さらに満洲事変による日貨排斥の激化，香港精製糖の販売方法の変更，キューバ糖の輸入など，過剰糖の輸出に不利な環境が形成されていたからである[51]．

一方，1932年に入ると，過剰糖の輸出量は13.7万トンに急増し(表1)，台湾から4.4万トンが直接輸出されたほか，日本精製糖や朝鮮精製糖へ加工されて9.3万トンが輸出された．この要因として，1931年12月に施行された金輸出再禁止による為替相場の急落が挙げられる[52]．すなわち，輸出精製糖の価格

49)　竹野学「戦時期樺太における製糖業の展開」『歴史と経済』第48巻1号，2005年10月；中山大将『亜寒帯植民地樺太の移民社会形成：周縁的ナショナル・アイデンティティと植民地イデオロギー』京都大学学術出版会，2014年，83頁．

50)　糖業協会『近代日本糖業史』(下巻) 223頁．

51)　『砂糖経済』第1巻10号，1931年10月(「上海市場に於ける本年上半期の市況と輸入高」)．

52)　以下の記述は，『砂糖経済』第3巻1号，1933年1月(「過剰糖輸出二百十三万担」)による．

表 4　台湾糖と日本精製糖の輸出量 1929–34 年

台湾糖

（単位：1,000 トン）

	満洲			関内					合計
	満洲国	関東州	小計	華北	華中	華南		小計	
							密輸		
1929	0	0	0	0	1	1	0	2	2
1930	0	0	0	0	0	0	0	0	0
1931	0	1	1	5	6	3	3	14	15
1932	0	12	12	18	1	11	12	31	42
1933	0	1	1	2	2	0	2	5	6
1934	0	0	0	1	0	0	0	1	1

日本精製糖

（単位：1,000 トン）

	満洲				関内				合計
	満洲国	関東州		小計	華北	華中	華南	小計	
			華北再密輸						
1929	0	33	0	33	42	89	3	143	176
1930	7	20	6	26	74	102	5	180	207
1931	5	22	24	28	44	68	2	114	141
1932	3	48	30	51	21	7	0	28	79
1933	6	61	36	67	36	18	0	54	121
1934	10	43	19	53	31	31	0	62	115

出典）山下久四郎編『砂糖年鑑』各年版；山下久四郎「関税引上後に於ける支那糖の発展」1936 年，32–33 頁（糖業協会所蔵）.

注 1）1931 年までの「満洲国」は満鉄付属地域を指す.「華北」は天津・青島,「華中」は漢口・上海,「華南」は温州・廈門・福州・汕頭・広東を指す.

注 2）日本精製糖にはジャワ糖を原料糖としたものも含む.

注 3）台湾糖の華南への密輸量は正規輸出量に含まれ，日本精製糖の華北輸出量には大連からの華北への密輸量を含まない.

の指標となる上海沖着値段は金輸出再禁止によって高騰し，そこから精製費・運賃費を差し引いた原料糖の採算点も高騰したため，製糖会社の経営環境は好転した．また，ジャワ原料糖と台湾原料糖との価格差も，金輸出再禁止後に近接していった．依然としてジャワ糖は安価であったが，ジャワ原料糖を用いれば，製糖会社は過剰糖を棚上して倉庫料を負担する必要があるし，過剰糖の存在は砂糖価格の下落圧力となるため，製糖会社はジャワ糖ではなく台湾糖を輸出精製糖の原料としたのである．

過剰糖は中国のどの地域へ向けて輸出されたのだろうか．残念ながら台湾原料糖を用いた日本精製糖の輸出先は管見の限り判明しない．しかし，1932 年に輸出された日本精製糖については，そのほとんどが台湾原料糖を使用していたことから，日本精製糖の輸出先をそのまま過剰糖の輸出先と考えて差し支えない．表4を見ると，過剰糖の輸出先は，それまでの日本精製糖の主要市場であった揚子江流域とは異なっていたことがわかる．すなわち，日本精製糖の輸出先に占める「華中」の比率は，1931年までは約50%を占めたが，1932年以降は10–20%に減少し，台湾糖の輸出先に占める「華中」の比率も1931年の40%から急減した．この要因は満洲事変と上海事変を契機とする日貨排斥が激しかったことにあり，主要市場であった上海における「邦糖の新規売込は絶望」[53] となり，揚子江流域における1932年の日本精製糖の輸入量は，1931年のそれの90%減という悲惨なものであった．

揚子江流域に代わる輸出先として注目されたのが満洲であった．日本精製糖の輸出先に占める満洲の比率は，1932年を境として10–20%から50%へ増大した（表4）．満洲へ輸出された砂糖の一部は関東州や満洲国で消費されたが，多くは華北一帯へ密輸された（第4章で詳述）．当該期における大連への輸出量（表4の関東州）と大連からの密輸量（表4の華北再密輸）と比較すると，大連へ輸出された日本精製糖の約60%が華北へ密輸され，その量は華北への正規の輸出量に匹敵する規模であったことがわかる．ただし，満洲への輸出は，揚子江流域への輸出の減少を補うほどには増加しなかった．大日本製糖（株）が「満洲建国以来同国への輸出激増し（中略）関東州も亦増加せりと雖，到底長江筋の盛時に比す可くもあらず（中略）他年日支関係改善せられ，長江筋に再び進出するに非ざれば，頽勢を挽回するに由なかる可し」[54] と指摘したように，満洲の砂糖需要は中国のそれと比べて限界があると認識されていたのである．

3-2.　満洲国の主張

なぜ，満洲市場は過剰糖を吸収できなかったのだろうか．もちろん市場規模の問題があるが，ここでは本章の論旨に沿って，「満洲国」の「地域利害」について考えてみたい．

1933年，台湾の製糖会社の1つである昭和製糖（株）の社長であった赤司初太郎は，甜菜栽培に失敗して休業中であった南満洲製糖（株）の奉天工場を買収

53）『砂糖経済』第2巻10号，1932年10月（「日本糖の上海輸入激減」）．
54） 西原雄次郎編『日糖最近二十五年史』大日本製糖株式会社，1934年，223–224頁．

した．赤司は，「此際日満経済「ブロック」の趣旨を以て日本糖業家を誘導し之と提携して満洲糖業の経営に当ることに致したい．左すれば日満糖業の協調が保持せられ，台湾糖過剰の場合にも自ら便益を得ることになるであらう．（中略）幸ひ奉天工場には精製糖の設備がある，之を活用して台湾の過剰原糖を精製し，甜菜は主力を北満に傾注して徐ろに其振興を図ることに致したい」と考えており，過剰糖の満洲輸出の増大を目指していた．実際，赤司が満洲国に提出した事業計画案でも，「奉天工場にて精製糖を営み，甜菜糖は同工場の現存設備を活用する程度に止むる」として，甜菜糖12–13万担（約7,000トン），精製糖を約30万担（約1.8万トン）生産し，その原料には「台湾過剰原糖」を用いるとしていた[55]．

一方，南満洲鉄道(株)経済調査会は，1933年4月に「製糖工業対策立案」を作成するべく調査を開始し，同年11月に「満洲甜菜糖工業対策要綱案」を完成させた．本要綱において経済調査会は，日本で400万担（24万トン）の過剰糖が発生することを認めながらも，第1に台湾糖の生産量が「将来差して増大すべきものと認められ」ない一方，日本における砂糖需要量は「将来益増大すべきものと認めらる」こと，第2に中国市場は「徹底的排日貨運動により殆ど往年の販路杜絶の状態にある」が，「日支関係の好転を観れば」過剰糖の「消費は容易」であることを理由に，満洲を過剰糖の処分先とすることに否定的であった[56]．そして，経済調査会は「満洲に於ける製糖工業は農家経済の改善を主眼とする甜菜栽培奨励計画の進捗と歩調を一にし，之が栽培甜菜の消費を目的として取敢ず北満に於ける需要製糖の自給自足を目標に現存製糖設備の有効なる利用」を図るため，「満洲製糖工業の原糖輸入による精製糖経営は原則として排除」することとした．阿什河製糖廠（1933年に日本資本と合併して北満製糖(株)に改称）の操業継続が認められる一方，休業中の呼蘭製糖廠と南満洲製糖(株)は，日満合弁の満洲国法人として新設される満洲製糖(株)が吸収し，精製糖設備を有する旧南満洲製糖(株)の奉天工場を哈爾浜付近に移設し，甜菜糖工場に衣替えすることが計画された[57]．

55）赤司初太郎「満洲製糖事業経営案」1935年4月1日（糖業協会所蔵極秘文書）．
56）南満洲鉄道株式会社経済調査会編『満洲甜菜糖工業及甜菜栽培方策』1935年，19頁．
57）南満洲鉄道株式会社経済調査会『満洲甜菜糖工業及甜菜栽培方策』7，20頁．

ここで問題となったのは，南満洲製糖(株)の奉天工場を赤司が既に買収していたことであった．1933年12月18日に経済調査会・満洲国・関東軍特務部の間で，本件に関する打合会議が開催されたが，奉天工場については「出来得る限り，南満に於ける精製糖工業を阻止し出資其の他の方法により呼蘭製糖廠を含む新設会社に合併せしむる如く善処すること」が決定された[58]．以後，本件は満洲国実業部において進められることとなり，1934年3月に「満洲製糖工業方策案」が提出されたが，そこには過剰糖については言及されていなかった[59]．同年6月に修正案が提出され，「既存製糖工場は現状の儘とし其の拡張を許さざるものとす」とされたが，8月におこなわれた会議の席上，参加者より「満洲に於ける製糖は甜菜を原料とする点に於て意味を有す，従て製糖工業方策を樹立する場合原糖を輸入して行ふ精製事業を許さざる原則を明示する必要を要する」という注文がついた[60]．それを受けて11月に提出された最終決定案には，「満洲に於ける製糖業は専ら甜菜糖工業に限定し甘蔗粗糖の精製経営は現存設備の活用に止むること」として，甜菜糖中心主義が明確に打ち出されることになった[61]．

以上の経緯から，満洲糖業は，阿什河製糖廠を引き継いだ北満製糖(株)，および南満洲製糖(株)と呼蘭製糖廠を引き継いだ満洲製糖(株)による，甜菜糖業地域として再興されることになった．帝国の拡大は，過剰糖の処分につながらなかったのである．

小　括

日本は砂糖輸入がもたらす貿易赤字を解決するために，砂糖の輸入代替を「帝国利害」とし，日本植民地は地域開発を推進するために，製糖業の育成を「地

---

58)　南満洲鉄道株式会社経済調査会『満洲甜菜糖工業及甜菜栽培方策』68頁．

59)　実業部「満洲製糖工業方策案」1934年3月（一橋大学経済研究所所蔵美濃部洋次満洲関係文書）．

60)　南満洲鉄道株式会社経済調査会『満洲甜菜糖工業及甜菜栽培方策』66–67頁．

61)　南満洲鉄道株式会社経済調査会『満洲甜菜糖工業及甜菜栽培方策』4頁．ただし，別の資料では6月案に「満洲に於ける製糖業は専ら甜菜糖工業に限定し甘蔗粗糖の精製経営は現存設備の活用に止むること」と明記されており，真相に不明な点がある（財政部「満洲製糖工業方策に関する件」1934年（一橋大学経済研究所所蔵美濃部洋次満洲関係文書））．

域利害」とした．「帝国利害」と「地域利害」が一致した状況の下で，植民地糖業は，日本政府による関税改正，植民地政府による糖業保護政策，糖業連合会の活動など，砂糖の流通統制という輸入代替機能に支えられて成長し，ジャワ糖によって植民地糖の販売が阻害される「ジャワ糖問題」に直面しつつも，1929年には日本の砂糖需要を満たすことに成功した（以上，第1章，第2章）．

しかし，1930年代に新たな問題となったのは，植民地糖の生産過剰によって植民地糖の販売が阻害される「過剰糖問題」であった．「帝国利害」が生産制限へ移行した段階では輸入代替機能はマイナスに働き，生産制限機能が発動されなければならなかったが，「地域利害」に対する「帝国利害」の優越を目指す拓殖省の設立は立案段階で頓挫し，大蔵省は「帝国利害」よりも「地域利害」を優先させた．「帝国内分業論」では帝国日本の輸入代替機能の重要性を指摘するが，正確には輸入代替機能しか持ち合わせていなかったのであり，それは域内貿易結合度が高い日本帝国経済にとっては致命的な欠陥であった（第1節）．

したがって，生産制限は各植民地間で個別に対処されるほかないが，そこで問題となったのが「地域利害」の相剋であった．製糖業は台湾・南洋群島・沖縄では基幹的産業として，北海道・樺太・満洲国では農業の集約化のための指導的産業として，各地の「地域利害」を内包していた．各地は，砂糖需給が将来再び逼迫し輸入代替が必要となると主張したほか，甚だしきに至っては「帝国利害」との無関係を主張して，自らの「地域利害」を守り続けたのである（第2節，第3節）．

行き場を失った過剰糖の処分地として，満洲事変に端を発する日貨排斥が終息した中国市場が再び注目される．次章では，1930年代中葉の中国市場を取り巻く環境変化について考察していく．

第4章　過剰糖問題の国際環境
——東アジア間砂糖貿易における二つの「日蘭会商」

はじめに

本章の目的は，過剰糖の処分地として重視された中国砂糖市場の変容を考察し，日本帝国経済圏が膨張したとされる1930年代においても，植民地糖業が東アジア間砂糖貿易とは無関係ではなかったことを解明することである．

第3章で明らかにしたように，1930年代の日本市場では，植民地糖の生産過剰をどのように解消するかという「過剰糖問題」が発生したが，各植民地の製糖業者はそれぞれの「地域利害」を主張して生産制限に反対したため，帝国内砂糖貿易で「過剰糖問題」を解決することはできなかった．したがって，過剰糖は中国への輸出を通じて処分されなければならず，それは植民地糖業が東アジア間砂糖貿易に直接対峙することを意味した．

1920年代までの東アジア間砂糖貿易は自由競争が支配する貿易圏であった（第1章・第2章）．しかし，1928年12月の中国の関税自主権の回復を契機として，1930年代の東アジア間砂糖貿易では，様々なプレーヤーが自由競争とは異なる形での商圏の再編を試みた．本章では，1934年に蘭領東インドで開催された日蘭会商，1934–35年に中国で計画された砂糖専売制という2つのイベントを取り上げて，これらが東アジア間砂糖貿易の商圏をどのように変えようとする試みであったのか，日本のプレーヤーはどのように対応して過剰糖を処分したのかを考察する．

先行研究において，これら2つのイベントは，国家間関係の図式で描かれてきた．日蘭会商は，日本と蘭領東インドの間の貿易不均衡を是正する場であったし[1)]，砂糖専売制は，国民経済の形成を目指す中国が主体的に実施した経済政策の1つであった[2)]．こうした視点に対して，本章では広域のアジアから俯瞰するようにこれらのイベントを眺めることになる．

本章の第1節では，1920年代末に東アジア間砂糖貿易が縮小を開始する過程を考察する．つづく第2節では，1934年に蘭印で開催され砂糖問題で決裂した日蘭会商が，中国砂糖市場の商圏争いに与えた影響を考察する．第3節と第4節では，1934–35年に計画・実施された中国の砂糖専売制が中国砂糖市場の商圏争いに与えた影響を考察する．

1. 1930年代の東アジア砂糖市場

1-1. 東アジア間砂糖貿易の縮小

1930年代に東アジア間砂糖貿易は縮小へ向かった（図1）．第1に，ジャワ糖の対日本輸出量が減少した．その背景には，日本における砂糖の輸入代替化の達成のほか，1932年の関税改正と低為替放任策によるジャワ糖の競争力の低下があった．第2に，ジャワ糖の対中国輸出量も減少した．その背景には，中国における砂糖の輸入代替化の開始があった．1927年に成立した南京国民政府（以下，南京政府）は，当面の財政収入を得るための方途として，関税自主権を回復して関税収入を得ることを目指した．南京政府は，欧米列強との間で関税自主権の承認を含む新条約を締結したほか，それに応じない日本との間でも条件付きの同意を取り付け，1928年12月に輸入税を改正した[3)]．南京政府は，財政収入の増大と国内産業の保護を目的として，1934年までの間，ほぼ毎年関税を引き上げた結果，砂糖の輸入税はこの間に約8倍（従価約80%）に引き上

1）村山良忠「第一次日蘭会商：日本の融和的経済進出の転換点」清水元編『両大戦間期日本・東南アジア関係の諸相』アジア経済研究所，1986年；籠谷直人『アジア国際通商秩序と近代日本』名古屋大学出版会，2000年（第8章）；白木沢旭児『大恐慌期日本の通商問題』御茶の水書房，1999年（第3章）．

2）姜抮亜「1930年代広東陳済棠政権の製糖業建設」『近きに在りて』第63巻1号，1997年5月；趙国壮，喬南「近代東亜糖業格局的変動（1895–1937）：以中日糖業発展競争為中心」『歴史教学』総第677期，2013年第16期；Hill, Emily M., *Smokeless Sugar: The Death of a Provincial Bureaucrat and the Construction of China's National Economy*, Vancouver and Toronto: UBC Press, 2010.

3）久保亨『戦間期中国＜自立への模索＞：関税通貨政策と経済発展』東京大学出版会，1999年，23頁．

（単位：1,000 トン）

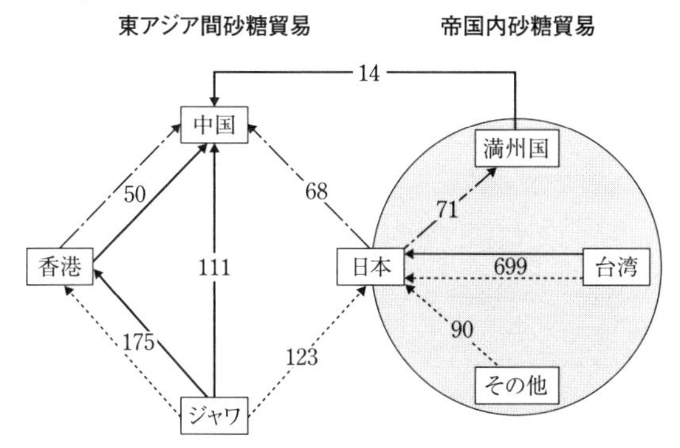

図 1　東アジアの砂糖市場 1934 年（3 ヵ年移動平均値，1,000 トン）

出典）山下久四郎編『砂糖年鑑』（昭和 12 年版）日本砂糖協会，1937 年，125，137，147，216，230 頁；台湾総督府編『台湾貿易四十年表』1936 年，504–507 頁.
注 1）実線は白糖，破線は粗糖，一点鎖線は精製糖の流通を示す.
注 2）本図には，密貿易量は含まれない.

げられた[4]．また，日本精製糖の対中国輸出量は，日中関係の悪化がもたらす日貨排斥によっても減少した．関税改正と日貨排斥による砂糖輸入量の減少は，中国における砂糖生産を刺戟した．中国糖は在来製糖業で生産される含蜜糖を中心としたが，1934 年に広東国民政府（以下，広東政府）が建設した製糖工場において，粗糖が生産されるようになった．1920 年の調査では約 23 万トンであった中国の砂糖生産量は，1930 年代半ばに約 33 万トンに増大し，そのうち約 1.2 万トンが粗糖であった[5]．

日本および中国における輸入代替化の進展は，ジャワ糖業に深刻な影響を与えた[6]．表 1 に示されるように，ジャワ糖の輸出量は，世界恐慌の影響を受けて減少していたが，アジア各地の関税引き上げによって，一層減少した．特定の市場を持たないジャワ糖業の成長は自由貿易体制によって担保されていたか

4）日本糖業連合会編『支那の糖業』1939 年，9 頁.
5）山下久四郎編『砂糖年鑑』（昭和 15 年版）日本砂糖協会，1940 年，223 頁.
6）そのほか，インドの関税改正もジャワ糖業に深刻な影響を与えた（加納啓良「植民地期の蘭印・英印貿易関係」『東洋文化』第 82 号，2002 年）．インドの近代製糖業については，Amin, Shahid, *Sugarcane and Sugar in Gorakhpur: An Inquiry into Peasant Production for Capitalist Enterprises in Colonial India*, Delhi and New York: Oxford University Press, 1984. がある.

表1　ジャワ糖の需給量 1928/29–1934/35 年期

（単位：1,000 トン）

	前期繰越量	生産量	消費量		次期繰越量
			消費	輸出	
1928/29					6
1929/30	6	2,941	360	2,433	154
1930/31	154	2,970	420	2,100	604
1931/32	604	2,843	419	1,573	1,455
1932/33	1,455	2,611	332	1,320	2,415
1933/34	2,415	1,401	305	1,091	2,420
1934/35	2,420	646	325	1,203	1,539

出典）山下久四郎編『砂糖年鑑』（昭和 12 年版）日本砂糖協会，1937 年，32，217 頁．

ら，1930 年代初頭における自由貿易体制の崩壊によってジャワ糖業が衰退するのは必然であった．蘭印は 1920 年代以来の世界的な保護貿易化の流れに反対し続けていたが，1931 年 5 月にブリュッセルで締結された国際砂糖協約に加盟して，砂糖の減産に取り組まなければならなくなった7)．ジャワの製糖会社は減産負担を避けようとしたが，1932 年に蘭印政府は強制加入権を持つ砂糖販売組合（NIVAS）を設立して，それを阻止した8)．NIVAS の内部委員会は欧州商で占められており，欧州商に次ぐプレゼンスを有していた蘭印華商の参加は拒否された9)．NIVAS は全製糖会社に生産量を割り当てることで減産に成功し，1934/35 年期にジャワ糖の生産量と輸出量の関係が逆転して，在庫が減少し始めた（表 1 の次期繰越量）．しかし，その代償は大きく，1930 年代前半の数年間で製糖工場は 180 ヵ所から 30 ヵ所へ，ジャワ糖の生産量は 300 万トンから 60 万トンへと急減した10)．

7）Graevenitz, Fritz Georg von, “exogenous transnationalism: Java and ‘Europe’ in an organised world sugar market (1927–37),” *Contemporary European History*, vol. 20, August 2011, pp. 267–269.

8）糖業協会編『近代日本糖業史』（下巻）勁草書房，1997 年，301 頁．

9）Knight, G. Roger, “exogenous colonialism: Java sugar between Nippon and Taikoo before and during the interwar depression, c. 1920–1940,” *Modern Asian Studies*, 44–3, 2010, p. 509.

10）Graevenitz, Fritz Georg von, “exogenous transnationalism” p. 262. また，工場から地主に支払われていた地代が 1928 年の 133 万ギルダーから 1936 年には 16.5 万ギルダーへ減少し，サトウキビ栽培地域の現地住民の現金収入が 4 分の 1 になるなど，製糖業の衰退が現地社会へ与えた影響は極めて大きかった（Bosma, Ulbe, *The Sugar Plantation in India and Indonesia: Industrial Production, 1770–2010*, New York: Cambridge University Press, 2013, pp. 220–221）．

1-2.　中国における密貿易

東アジア間砂糖貿易で活動してきた貿易商は，中国の自由貿易体制からの離脱を傍観していたわけではない．中国の砂糖輸入量はとりわけ 1932 年の関税引き上げによって急減したが (表 2 の正規品)，上述したように，中国糖の増大は数万トンに過ぎず，輸入の減少分を中国糖で埋め合わせることはできなかった．減少分の多くは，密輸によって埋め合わせられており，砂糖は人絹糸・紙巻タバコ用ライスペーパーと並ぶ三大密輸品となった[11)]．1932 年以降，密輸量は約 17 万トンに達し，正規輸入量の 70% に相当した (表 2 の密輸品)．

密輸には 2 つのルートがあった．第 1 は，大連から華北へ向かう日本精製糖の密輸ルートである[12)]．大連の砂糖輸入量は 1932 年の関税改正後にむしろ増大し，その約半分が満洲国へ再輸出され，残り半分が華北へ密輸出された．日本精製糖は三井物産や三菱商事などの日本商から大連の砂糖問屋へ，さらに日本人・朝鮮人・中国人によって構成される密輸業者へと販売された．とりわけ 1935 年に河北省一帯に冀東防共自治政府が設立されると，同政府管轄内の税関は「全く有名無実」となり，大連から河北省一帯の港に日本精製糖が密輸出されるようになったという．この密輸はその後，極めて低率の関税を支払うことで「合法化」される「冀東特殊貿易」となった．

第 2 の密輸ルートは，香港・台湾から広東・福建へ向かうルートであり，ジャワ白糖や台湾糖が取引された[13)]．ジャワ白糖は，香港あるいは台湾を中継地点として，広東省や福建省の沿岸から密輸入された．香港経由の場合，「糖庄」または「折家」と呼ばれる香港の砂糖問屋が，日本や澳門向けと偽ってジャンク船にジャワ白糖を積み込み，出港後に航路を変更して広東及び福建沿岸に陸揚げした．台湾経由の場合，中国籍と日本籍の両方を有する「台湾籍民」が，ジャワ白糖を高雄港の保税倉庫に搬入し，陸揚地と連絡を取りながら石油発動機船

---

11)　今井駿「いわゆる「冀東密輸」についての一考察」『歴史学研究』第 438 号，1976 年 11 月，4 頁.

12)　本パラグラフの記述は，山下久四郎「北支那砂糖貿易の現状及将来」(未定稿) 1936 年 (糖業協会所蔵).

13)　本パラグラフの記述は，山下久四郎「関税引上げ後に於ける支那糖の発展」(未定稿) 1936 年，43–48 頁 (糖業協会所蔵)；中国問題研究会編『走私問題』1936 年，227–229 頁；Wright, Stanley F., *China's Struggle for Tariff Autonomy: 1843–1938*, Taipei: Ch'eng-Wen Publishing Company, 1966, p. 657.

表2　中国の砂糖輸入量 1928–35 年

（単位：1,000 トン）

	関税指数 (1929=100)	輸入量										
			正規品					密輸品				
				ジャワ糖	香港糖	日本糖	台湾糖		ジャワ糖	香港糖	日本糖	台湾糖
1928	40	766	748	503	32	213	0	18	18	0	0	0
1929	100	777	759	546	38	175	0	18	18	0	0	0
1930	100	707	676	436	49	191	0	30	24	0	6	0
1931	175	684	610	399	42	156	13	75	48	0	24	3
1932	350	519	340	188	66	67	18	180	137	0	30	12
1933	350	420	252	153	36	60	3	168	130	0	36	2
1934	350	419	243	137	38	68	1	176	156	0	19	0
1935	350	413	245	93	26	106	20	167	128	0	18	22

出典）山下久四郎「関税引上後に於ける支那糖の発展」1936 年，32–33 頁（糖業協会所蔵）；山下久四郎編『砂糖年鑑』（昭和 11 年版）日本砂糖協会，1936 年，224–225 頁；山下久四郎編『砂糖年鑑』（昭和 10 年版）日本砂糖協会，1935 年，246–247 頁．

注）1931–1932 年の香港精製糖輸入量は，次の通り算出した．
1931 年：1928–30 年の総輸入量に占める香港精製糖輸入量の比率 17.6% を，1931 年の総輸入量に乗じて算出．
1932 年：1933–35 年の総輸入量に占める香港精製糖輸入量の比率 66.9% を，1932 年の総輸入量に乗じて算出．

で広東及び福建沿岸へ密輸出した．また，台湾・福建省間の航路の「乗客」が，土産物と称して商品を輸送する「便利屋」貿易も活発におこなわれ，台湾糖はこのルートでも運ばれた．広東政府は警備を厳重にするなど対策を講じたが，多くの税関吏は密輸業者から賄賂を受け取っていたため，対策はまったく機能しなかったとされる．密輸されたジャワ白糖の一部は華南で消費されたが，後述するように，多くは上海へと運ばれていった．

以上のように，中国の自由貿易体制からの離脱に対して，貿易商は密輸を通じて対抗した．日本精製糖の対中国輸出の増大にとってより重要であったのは，日本精製糖が通る大連ルートを如何に拡大させるかよりも，ジャワ白糖が通る広東・福建ルートを如何に抑制するかであったと考えられる．なぜなら，精製糖輸出の最大手であった大日本製糖(株)が「満洲建国以来同国への輸出激増し（中略）関東州も亦増加せりと雖，到底長江筋の盛時に比す可くもあらず（中略）他年日支関係改善せられ，長江筋に再び進出するに非ざれば，頽勢を挽回するに由なかる可し」[14] と指摘したように，揚子江流域への輸出の減少を補うほどには関東州への輸出は増加しておらず，彼らが「再び進出」しようとした揚子

14）西原雄次郎編『日糖最近二十五年史』大日本製糖株式会社，1934 年，223–224 頁．

江流域には，広東・福建ルートを通じて密輸された安価なジャワ白糖が販売されていたからである．揚子江流域を中心とする中国砂糖市場では，1920年代よりも一層ジャワ白糖に有利な環境が整備されつつあったのである．

ただし，密輸という非合法な手段だけで，ジャワ白糖の貿易量を持続的に拡大させることは困難であった．表2からも，密輸量の増大にも関わらず，輸入量全体が減少していることが読みとれよう．1934年6月，蘭印で開催された日蘭会商の場で，「合法的」な一手が打たれようとしていた．

2. 日蘭会商と中国砂糖市場

2-1. 第一次日蘭会商の開催

蘭印経済の使命は，企業利益・配当金・地代などで構成される「植民地的流出」をオランダに支払うことであり，1928–34年の「植民地的流出」は，オランダの国民所得総額の15%に達した[15)]．支払いの円滑化のためには，蘭印の貿易黒字を維持して為替相場を割高に設定する必要があり，莫大なオランダ資本が投下されたジャワ糖業は，重要な外貨獲得手段であった[16)]．世界恐慌は，海外市場に依存するモノカルチャー経済にとりわけ深刻な影響を与えたが，蘭印経済も1928–34年にマイナス成長に陥り，貿易黒字は1926年の7億ギルダーから1933年の1.5億ギルダーにまで減少した[17)]．とりわけ，対日貿易収支の悪化が深刻であった．

一方，1920年代に貿易収支を改善する必要性に迫られた日本は，漸次縮小しつつあったアメリカ市場や中国市場を補うため，東南アジアや南アジアに注目した[18)]．綿製品と雑貨を中心とする日本製品の対蘭印輸出は1920年代半ばに増大し，1932年の金輸出再禁止によって一層拍車がかかった．ジャワ糖輸

15）アン・ブース「日本の経済進出とオランダの対応」杉山伸也，イアン・ブラウン編『戦間期東南アジアの経済摩擦』同文舘出版，1990年，213頁．

16）籠谷『アジア国際通商秩序と近代日本』355–358，362–363頁．

17）Booth, Anne, *The Indonesian Economy in the Nineteenth and Twentieth Centuries: A History of Missed Opportunities*, New York: Palgrave, 2001, pp. 18, 39; 台湾総督府編『南支南洋貿易概観』出版年不明，238–239頁．

18）清水元「1920年代における「南進論」の帰趨と南洋貿易会議の思想」清水編『両大戦間期日本・東南アジア関係の諸相』24頁．

表3　第一次日蘭会商における砂糖問題の交渉過程 1934 年 10 月–12 月

蘭印→日本 (10 月 11 日)	生産制限 (台湾 48 万トン，新興産糖地域 17 万トン) 最低輸入：20 万トン (1934) / 毎年 50 万トン (1935–37) 再輸出制限：毎年 15 万トン未満
蘭印→日本 (11 月 23 日)	最低輸入：15 万トン (1934) / 毎年 30 万トン (1935–37) 再輸出制限：毎年 10 万トン未満
日本→蘭印 (12 月 11 日)	最低輸入：総計 50 万トン (1935–1937) 再輸出制限：絶対反対 (他の形式の可能性)

出典)「日蘭会商問題」(JACAR (アジア歴史資料センター)，Ref.B13081609100 (外務省外交史料館所蔵)) より作成.

出の減少と綿製品・雑貨輸入の増大がもたらす対日貿易赤字を改善するため，蘭印政府は日蘭会商の開催を日本に呼びかけた.

1934 年 6 月，日蘭会商に臨む日本の代表団 (特命全権大使：長岡春一) がジャワに到着した. 砂糖問題の交渉過程については，先行研究でその詳細が明らかにされているので (本章注 1 参照)，ここではポイントのみを押さえるにとどめる. 表 3 に示されるように，蘭印側が日本に求めたのは，① ジャワ糖の対日本輸入を阻害する植民地糖の生産の制限 (生産制限条項)，② ジャワ糖の最低輸入量の設定 (最低輸入条項)，③ 輸出精製糖の原料利用も含む第三国への再輸出量の制限 (再輸出制限条項) であり，これらを巡って 3 回の交渉がおこなわれた.

第 1 回目は，蘭印側から，生産制限条項，最低輸入条項，再輸出制限条項が提案された. しかし，提案内容は日本の予想を超えており，日本側は生産制限条項が内政干渉に当たることや，ジャワ糖の国内流入 (「ジャワ糖問題」の発生) につながる再輸出制限条項は承認できないことを理由として，提案を拒否した. 第 2 回目も蘭印側が提案し，最低輸入条項と再輸出制限条項の数量が下方修正されたが，日本はやはり再輸出制限条項の撤廃を求めて拒否した. 第 3 回目は日本側が提案したが，最終的には再輸出制限について明記するか否かで「双方の歩み寄り難しい」と判断された結果，会商は 1934 年 12 月に休会となった.

蘭印側の提案がどれほど現実的であったのかについて，当時の日本の砂糖消費量が 100 万トンであったこと (第 3 章表 1 参照) を踏まえて確認しておこう. 第 1 回目提案では，ジャワ糖の純輸入量は 35 万トン (最低輸入 50 万トン－再輸出制限 15 万トン) であるから，植民地糖の供給可能量は 100 万トン－35 万トン＝65 万トンとなり，それは生産制限条項の合計値 (台湾 48 万トン＋新興産糖地域

17 万トン）と一致する．実際，1932/33 年期と 1933/34 年期の新興産糖地域の生産量は 16–17 万トンであった．問題は台湾の生産量 48 万トンであるが，糖業連合会（以下，連合会）による生産制限が実施された 1932/33 年期と 1933/34 年期でさえ，生産量が 64 万トンであったことを踏まえれば，まったく現実的な数字ではなかった．一方，第 2 回目提案では，ジャワ糖の純輸入量は 20 万トン（最低輸入 30 万トン－再輸出制限 10 万トン）であるから，植民地糖の供給可能量は 100 万トン－20 万トン＝ 80 万トンとなる（第 2 回目提案では生産制限条項はない）．新興産糖地域の生産量は 16–17 万トンであったから，台湾の生産量は残りの 63–64 万トンとなる．これは連合会の生産制限が実施された 1932/33 年期，1933/34 年期の生産量にほぼ等しかった．すなわち，第 2 回目の蘭印側の提案内容は，植民地糖業の現状を踏まえたものであったのである．したがって，日蘭会商を休会に追い込んだのは，連合会による台湾糖の生産制限をとん挫させた，1933 年の米穀統制法の施行（第 3 章参照）という見方もできよう．

2-2. 「日蘭会商＝二国間問題」か？

日蘭会商は最終的に再輸出制限条項をめぐって休会した．白木沢旭児は，この条項に反対した日本側の理由について，「ジャワ糖が国内消費に入り込めばカルテルによる供給量，価格調節が困難になるからであろう」と説明する[19]．本書でいう，「ジャワ糖問題」の発生である．たしかに，過剰糖問題に解決の兆しが見えないなかで，日本にはジャワ糖を消費する余地はなく，輸入するのであれば，日本精製糖へ加工して中国へ輸出するほかない．しかし，ここでは，蘭印側が最後まで再輸出制限条項に固執した理由を問題としたい．なぜなら，1930 年代の国際貿易が多角的貿易から「二国間主義（bilateralism）」への移行として特徴づけられ[20]，日蘭会商が「二国間の貿易収支の調整」の場[21]，あるいは「どれほどまで日本が蘭印砂糖の輸入を増やすのかという問題を討議する」

19）白木沢『大恐慌期日本の通商問題』88 頁．

20）二国間主義とは「二国間の相対取引により個別に輸出入を均衡させる方式，ないし輸入を制限する方式」であり，赤字国にとっては「輸入削減の手段」かつ「輸出増大の道具」であった（伊藤正直「国際連盟と 1930 年代の通商問題」藤瀬浩司編『世界大不況と国際連盟』名古屋大学出版会，1994 年，199 頁）．

21）白木沢『大恐慌期日本の通商問題』65 頁．

場[22]であったのならば，蘭印側にとって重要なのは，対日輸出額を左右する最低輸入条項と生産制限条項だけであったからである．

蘭印の関心は，ジャワ糖の対中国輸出の増大を通じて，蘭印の国際収支を改善することにあったと考えられる．たとえば，再輸出制限条項をめぐる議論のなかで，蘭印側代表委員のヘルデレンが「(再輸出制限条項が) なき限り日本の買付は蘭印の「トレード・バランス」上には何等の効果を齎らすことなきものなり」と伝え，在バタビア駐在総領事越田佐一郎が「少くとも日蘭印間の「トレード・バランス」上には幾分の効果を来すへし」と答えるという，このやり取りは印象的である[23]．越田は二国間貿易の問題としてジャワ糖輸出を捉えていたが，ヘルデレンはそう捉えてはいなかったのである．

また，蘭印の第2回目の提案内容も興味深い．表3に示されるように，蘭印政府はジャワ糖の純輸入量について，第1回目は35万トン (最低輸入50万トン－再輸出制限15万トン) に設定し，第2回目は20万トン (最低輸入30万トン－再輸出制限10万トン) に下方修正した．しかし，その際に，最低輸入量だけを修正するのではなく (最低輸入35万トン－再輸出制限15万トン＝純輸入20万トン)，再輸出制限量も修正した (最低輸入30万トン－再輸出制限10万トン＝純輸入20万トン)．蘭印政府は，ジャワ糖の対日本輸出には不利 (最低輸入の引き下げ) であるが，対中国輸出には有利 (再輸出制限の引き下げ) となる修正案を設計したのである．

そもそも，輸入代替化を達成した日本市場よりも，輸入代替化の開始直後で，輸入糖への需要が依然としてある中国市場の方が，ジャワ糖の販路拡張は容易であったはずである．蘭印側の関心は中国市場の確保によるジャワ糖業の再興にあり，その際に競合相手となる日本精製糖を排除する必要があったために，再輸出制限条項に固執したのではないか．最低輸入条項は，中国への再輸出制限条項が成立した上での，副次的な問題に過ぎなかったと言えよう．

さらに，蘭印は，ジャワ糖の対中国輸出におけるオランダ人貿易商の取引機会を増やすことにも関心を寄せていた．籠谷直人は，オランダの関心は「サー

22)　籠谷『アジア国際通商秩序と近代日本』399頁．
23)　長岡春一「追懐録続々編」外務省『日本外交文書日本外交追懐録 (1900–1935)』1983年，314頁．

ビス・金融」的利害にあり，日蘭会商の綿業問題の焦点は，いかにオランダ人貿易商に日本製品の取引機会を譲渡するのかにあったと指摘した[24)]．この指摘は，砂糖問題においても当てはまる．ここでは，3つの事例を取り上げたい．

第1に，1929年の上海で，ジャワ白糖と競合する日本精製糖がジャワ糖にラベル替えされた（模造精製糖）ことを，在上海のオランダ通商代表（commercial representative）が歓迎したことである[25)]．通商代表は，日本精製糖の原料がジャワ糖であり，したがって，これが実質的にはジャワ糖輸出量の増大にならないことを知っていたはずである．彼らのなかでは，ジャワ糖が蘭印のプレーヤーによって中国へ直接輸出されることと，日本のプレーヤーによって日本で精製糖に加工され中国へ再輸出されることは，同じではなくなっていた．

第2に，日蘭会商の期間中，再輸出制限条項に対して日本が出した二つの代替案と，それに対する蘭印の反応である．11月8日の長岡・ランネフト会談において，長岡春一が「支那は広大にして貴方の砂糖売込は主として香港の英国商を通し南支那を市場とせられ居るものと諒解するに就ては，砂糖を売る蘭商と之を買ふ日本商との間に支那に於ける砂糖売込地域に関し協定をなすこと比較的容易なりと思ふ」と提案し，蘭印側の代表委員長ランネフトは「右は一案」であるとして興味を示している[26)]．一方，11月13日の越田・ヘルデレン会談において，越田が「日本商人の手に依り極東市場就中満洲，関東州，北支那及中部支那等の市場を確保せらるる事は爪哇の為有利ならすや」と提案したが，ヘルデレンは「爪哇糖は自らの販売機関を有すると同時に極東に於ては十分競争能力あるを以て，斯かる仲介者を持つ必要なし」と拒否している[27)]．蘭印は，中国市場の分割には興味を示すものの，中国市場全体におけるジャワ糖販売を日本商に委託することには反対であった．

第3に，日蘭会商の開催中，オランダ商のムート商会が，「吾々は，日本が日本自身の産糖を制限することを条件としないで，更に大量の爪哇糖を買ふが如き協定をしたいといふことを聞くのを恐れる．之では，日本糖の対支輸出を

24）籠谷『アジア国際通商秩序と近代日本』399頁．
25）Knight, “exogenous colonialism” p. 494.
26）長岡「追懐録続々編」307頁．
27）長岡「追懐録続々編」312–313頁．

助長せしめるやうなものだ．斯かる運動には，支那の産業振興を以て対抗することだ．即ち，爪哇は南京政府に向って爪哇の粗糖を原糖とする精製糖工場を建設することが，支那に利益なることを説くであらう」[28) として，ジャワ糖を原料とする日本精製糖を，同じくジャワ糖を原料とする中国精製糖の生産によって排除しようとした．

ジャワ白糖と日本精製糖は，1910 年代までは棲み分けられていたし，1920 年代に競合していったものの，中国における砂糖需要が増大している限りは全面的な競合は避けられていた．しかし，1930 年代に中国の砂糖輸入量が減少し始めると，ジャワ白糖と日本精製糖は限られた市場を巡って競合するようになり，衰退に向かうジャワ製糖業界は，日本のプレーヤーにジャワ糖の取引機会を与えていることを許容できなくなったのである．

拙速に過ぎた蘭印側代表団は日蘭会商を休会に追い込んでしまい，中国市場における日本のプレゼンスを低下させる機会を失った．しかし，日蘭会商が開催されているまさにその時，ジャワ糖業のもう 1 つのアクターである蘭印華商が，中国で暗躍を始めていた．

3.　中国における「日蘭会商」

3-1.　広東政府による専売制の実施

陳済棠が率いた広東政府（1929–36 年）は，1934 年 6 月に「糖類營銷取締暫行規則」を施行して，省営工場・民営工場で生産された砂糖，および輸入された各種砂糖の専売を実施した[29)]．広東政府による砂糖専売制は広東省内と省外に分かれるが，省内へ販売された砂糖の多くはジャワ白糖であった．広東政府は，政府がジャワ白糖を輸入する場合は輸入税を免除するという特例を南京政府に断りなく設定する一方，販売価格は輸入価格に輸入税と特別省税を付加したものとした[30)]．広東政府は，自ら密輸業者（official smuggling）になることで，多大な利益を得たのである．

28）『砂糖経済』第 4 巻 8 号，1934 年 8 月（「和蘭糖商が見たる日蘭会商と砂糖問題」）．
29）山下久四郎「関税引上後に於ける支那糖の発展」25 頁．
30）山下久四郎「関税引上後に於ける支那糖の発展」26–29 頁．

省外へ移出される砂糖は，省営工場で生産された広東糖であった．ただし，そのなかには “official smuggling” されたジャワ糖が含まれていた．たとえば 1935–36 年にかけて上海で販売された広東糖 16 万担のうち，広東の省営工場で実際に生産された砂糖は 10 万担に過ぎず，残り 6 万担は広東政府の “official smuggling” によって輸入されたジャワ糖のラベルを貼り替えたものであった[31)]．ラベル替えされた砂糖は，工場が稼働していないにもかかわらず砂糖が生産されるという意味で，「無煙糖」と呼ばれた（以下，無煙糖も含めて，広東の省営工場で「生産」された砂糖を，「広東糖」と表記する）．

広東政府は上海を主要市場として，砂糖問屋である元泰恒，元興，昌興の 3 社に「広東糖」の独占移出会社である興華公司を設立させて，その販売を請け負わせた．また，広東政府は，上海の糖行が組織する糖業公会に対して，「広東糖」の独占移入会社である上海糖業合作公司（以下，上海合作公司）を設立するよう働きかけた[32)]．表 4 は，上海合作公司の設立に参画した糖行（以下，株主糖行）を示している．株主糖行は全部で 56 軒にのぼるが，このうち上海商業儲蓄銀行が 1932 年に調査・作成した「糖行一覧表」に掲載されている糖行は 37 軒であった（糖行名と経理名ともに一致するのは 26 軒）．残り 19 軒の糖行は設立に参画しなかったことになるが，「糖行一覧表」に記載されていない株主糖行も 17 軒ある．1932 年から 1935 年の間に糖行の倒産や設立があった可能性や，上海合作公司の役員のほとんどが糖業公会の役員で占められていたことを踏まえれば，ほとんどの糖行が上海合作公司の設立に参画したと見てよいだろう．

1934 年 12 月 20 日に配布された章程において，上海合作公司の業務は，第 1 に，国産糖の販売を主として糖業の発展を図ること，第 2 に，国産糖の供給だけで全国消費を満たせない間は輸入糖も扱うこと，とされた[33)]．当時の状況からすれば，砂糖需要を国産糖だけで満たすことは不可能であったため，本章程は，上海合作公司に全種類の砂糖の独占的取引権を付与し，株主糖行を上海合作公司のエージェントに転落させることを意味したのである．しかし，大半

31）山下久四郎「関税引上後に於ける支那糖の発展」29 頁．

32）「2．中国」JACAR（アジア歴史資料センター），Ref.B09041090500（外務省外交史料館所蔵）．

33）「上海糖業合作股份有限公司章程」2 頁（中央研究院近代史研究所檔案館所蔵，17–23–01–72–04–008）．

表4　上海糖業合作公司の主要株主

番号	糖行名	経理	株数	照合	役職	
					合作公司	糖業公会
1	元泰恒	陳裕仁	257	○	董事	常務
2	裕大恒	徐景福	257	○	董事	監委
3	裕豊恒	鄭翊周	255		董事	主席
4	廣源	鄭澤南	110	○	董事	執委/監委
5	和興	姜雅臣	110	○	董事	監委
6	元生	楽儒華	107		董事	常務/監委
7	均益	楊文韶	100	○	董事	執委/執委/監委
8	元和	胡書百	100	○	董事	監委
9	方萃和	陳馨甫	70	○	董事長	執委
10	葆和	朱調元	60	○	董事	候執/監委
11	泰記	陳濂源	60	△	董事	
12	協生	童裕成	60	○	董事	執委
13	盛和	費祖佩	60			
14	懋和	張鶴亭	60	○	監察人	執委
15	時和	翁彭年	60	△		
16	槙和	鮑松齡	60	○	董事	
17	盛裕	雷潤琴	56			
18	忠和	翁福源	56			
19	寿和	楊祥卿	56	○		
20	同豊祥	譚輯甫	56		監察人	
21	同発祥	譚九如	56	○	監察人	常務
22	元裕	兪益齋	56	○		候執
23	瑞和	倪瑞芝	56	○		
24	餘元昌	朱聯芳	56	△		
25	聯和	何景天	56			
26	昌興	蔡緝候	50		董事	
27	普源祥	朱畊莘	50	○	監察人	常務
28	黄琛記	黄寶琛	50		董事	
29	恆興	柳琴軒	50	○		
30	福記	任選青	36	○		執委
31	和源	張祖望	31	○		
32	源祥	張葆庵	31			
33	懋記	邱揖堂	31	△		
34	湧利	高同馥	31	○		
35	協和	薛德豊	31			
36	長盛	丁玉山	30	○		
37	長豫	黄桐蓀	27	△		
38	成泰恆	凌搏雲	26	○		
39	怡益	童彦如	25	△		
40	正豊	山錦卿	25	△		
41	悦来	龔芳来	25	○		
42	生記	朱安甫	20	○		
43	志生	蒋輔丞	16	○		
44	義和	黄聲遠	16			
45	益昶	林世恵	11			
46	義豊	葉覚民	11			
47	茂豊	孫守初	11			
48	聚和	史壽齡	11	△		
49	同一	余鼎深	10	△		
50	張恆豊	張人銓	10			
51	同福	翁慶雲	10	△		
52	豫康	朱維鑫	10	○		
53	恆生	馬書南	10			
54	東陽	陳葆潤	5			
55	祥豊	商佐臣	5			
56	廣和	劉静涵	5	△		

出典）「上海糖業合作股份有限公司章程」（中央研究院近代史研究所檔案館所蔵，17-23-01-72-04-008）；「上海市糖商業同業公会歴届執監理監事名単及歴年牌名」（上海市檔案館所蔵，S352-1-4）；上海商業儲蓄銀行『上海之糖與糖業』1932年，116–120頁．
注1）「執委」は執行委員，「監委」は監察委員を指す．
注2）「照合」は，1932年調査の糖行名簿との照合を意味し，糖行名・経理名の両方が一致する糖行には○，糖行名のみが一致する糖行は△を付した．

の株主糖行が章程に異を唱えて株式の払い込みを拒否したため，最終的に「輸入糖」をジャワ糖に限定することで妥協された[34]．その結果，株主糖行は，「広東糖」とジャワ糖については上海合作公司からの購入が義務づけられ，それ以

34）『金曜会パンフレット』第136号，1935年1月（「注視される広東糖移入実相」）．

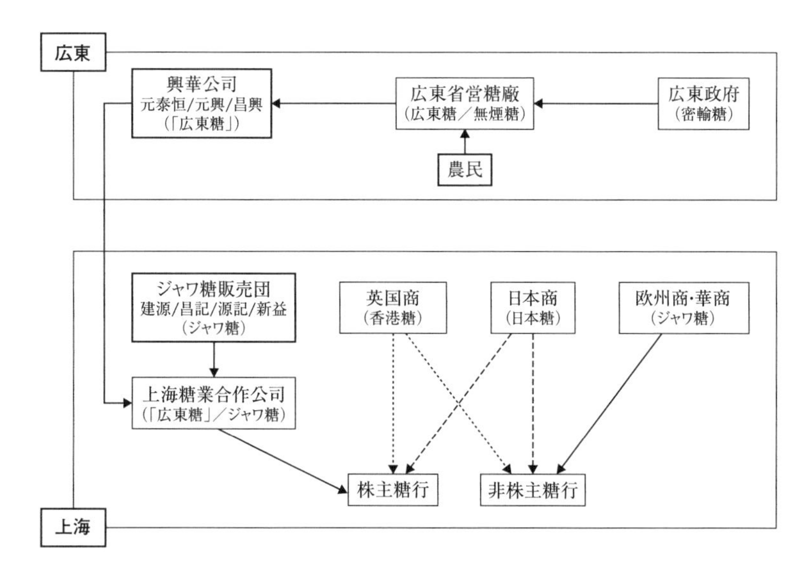

図2　上海におけるジャワ糖取引

出典)　筆者作成.

外の輸入糖（日本精製糖や香港精製糖など）については従来通り自由に購入できることとなった．そして，上海合作公司は，株主糖行に卸すための「広東糖」を興華公司から，ジャワ糖を建源，昌記，源記，新益の4社で構成される「ジャワ糖販売団」から購入することとなった[35]．

広東政府が主導した「広東糖」の生産と流通は，先行研究では広東政府の財政再建策や産業保護政策として位置づけられてきた[36]．しかし，東アジア砂糖市場というより広域の視点に立つと，異なる側面が見えてくる．図2は，上海の砂糖取引について示している．上海合作公司が設立される以前において，糖行がどの貿易商からどの砂糖を購入するかはすべて自由であった．しかし，上海合作公司の設立によって，株主糖行は上海合作公司から「広東糖」（ジャワ糖を多分に含む）やジャワ糖を購入しなければならなくなり，上海合作公司は，「広

35)　『金曜会パンフレット』136号，1935年1月（「注視される広東糖移入実相」）．
36)　姜「1930年代広東陳済棠政権の製糖業建設」; Hill, *Smokeless Sugar*; 趙，喬「近代東亜糖業格局的変動（1895–1937）」．

東糖」を興華公司（元泰恒，元興，昌興）から，ジャワ糖をジャワ糖販売団（建源，昌記，源記，新益）から購入しなければならなかった．すなわち，中国砂糖市場の中心地である上海で流通するジャワ糖の輸移入取引は，これら７軒の華商によって独占されるようになったのである．これらの華商には１つの共通点がある．それは，蘭印華商の最大手である建源の関係会社ということである[37]．建源は，広東政府の政策に合致する新たな通商網を形成することで，縮小していく中国市場の競争を勝ち抜こうとしたのである．

3-2.　南京政府による砂糖専売計画の立案

南京政府も砂糖専売制の実施を計画した．地租の徴収を断念した南京政府は，関税・塩税・統税を主要な税制収入としており，広東政府の“official smuggling”による関税収入の減少を容認できなかったからである．南京政府はまず，「広東糖」流入の抑制を通じて密輸に対処しようとし，調査員を広東の製糖工場へ派遣して，上海へ移入される「広東糖」がジャワ糖のラベル替えでないかを事前に検査したほか，１年間の移入量を６万担（3,600トン）に制限するなどした．また，南京政府は，砂糖専売による歳入の増加の可能性について研究するため，1935年１月に財政部内に食糖運銷管理委員会（以下，管理委員会）を設置した．管理委員会は５名の委員によって構成されており，主席委員である梁敬錞のほか，周典（税則委員），呉曽愈（郵政局儲金局長），馮鋭（広東農民局長），さらに建源の黄江泉[38]が任命された．管理委員会は，各地の砂糖生産および消費状況を把握するために調査委員を派遣するとともに，糖行と協議して砂糖専売計画をまとめることになった[39]．

日本の製糖業界は，南京政府による専売計画を注視した．糖業連合会（以下連

37）三菱商事「三菱商事株式会社上海支店長田中勘次　東京本社農産部長御中」1935年５月27日（糖業協会所蔵）．

38）黄仲涵の死後，建源を引き継いだ黄宗宣・黄宗孝は事業拡張を図り，インドに支店を設けたほか，1929年頃には上海，厦門，香港，広州，天津など，中国にも支店を設置した（蔡仁龍「黄仲涵家族与建源公司」『南洋問題』1983年01期，1983年３月，22頁）．黄江泉は，黄一族の上海における事業の代理人であり，南京政府交通部の部長であった朱家驊と親しくするなど，南京政府の官僚とも親交があった（呉敏超「抗戦変局中的朱家驊与僑商黄氏家族」『抗日戦争研究』2014年第４期，2015年１月，42頁）．

39）以上，三菱商事「上海支店長近藤重治　農産部長御中」1935年３月29日（糖業協会所蔵）．

合会）は3月8日の協議会において，中国の「唯一の自由市場」としての位置を維持するため，「我が砂糖輸出業の利益が確保増進致され候様格別の御配慮を賜」るための陳情書を台湾総督府や日本政府，在外公館に提出することを決議した[40]．一方，上海に支店を持つ日本商（三井物産，三菱商事，増幸洋行，復和裕，日本砂糖貿易など）が組織する糖商会が情報収集に努めた結果，管理委員会では，すべての砂糖を取扱う会社を設立すること，その会社が割当制あるいは競争入札を通じて各種砂糖を一手に購入すること，の2点について協議されていることが判明した．三井物産は，以上の内容を日本の製糖会社に伝えるとともに，

（一）　本邦製糖会社が一団となりて対支輸出組合を作り支那側販売統制機関〔官督商弁〕対し一手供給に応する意ありや
（二）　供給数量は爪哇玖馬其の他の過去輸出数量に比例する割当制を取るか又は自由販売〔其の都度入札に依り数量を定む〕を選ふか[41]

として，どのように対応すべきかの意見を求めた．製糖会社は「秘密会合」を開き，（一）については応諾する意思があり，（二）については自由販売（競争入札）の方が有利であると回答した[42]．一方，蘭印華商の建源の人物（黄江泉）が委員に選ばれていたことは，この計画がジャワ糖優遇のためのものではないかという疑念をも，関係者の間に芽生えさせていた[43]．

連合会は1935年3月，事態の把握と各方面への調整役として，日蘭会商において代表団に対するロビー活動で実績を挙げた中村誠司[44]を上海へ派遣した．上海へ到着した中村は，日本商社の1つである復和裕洋行（本店は神戸）主人の

40）糖業連合会「第649回協議会決議」1935年3月8日（糖業協会所蔵）．
41）「有吉公使→広田外務大臣（第250号）」1935年3月18日（JACAR（アジア歴史資料センター），Ref.B09040797900（外務省外交史料館所蔵））．
42）「有吉公使→広田外務大臣（第250号）」1935年3月18日（JACAR（アジア歴史資料センター），Ref.B09040797900（外務省外交史料館所蔵））．
43）『糖業』第22年4月号，1935年4月（「対支輸出の方策に就て」）．
44）中村誠司は，1915年に東京高等商業学校を卒業し，増田貿易株式会社へ入社（砂糖部配属）した．増田貿易会社倒産後，1921年に日本砂糖貿易株式会社を設立するが，ジャワ糖の思惑取引の失敗の責任を取り，1927年に退社する．砂糖供給組合を経て1934年に糖業連合会に入り，日蘭会商の際は，糖業連合会から蘭印に派遣された（中村誠司「歩いて来た道」樋口弘『糖業事典』内外経済社，1959年，「思い出の糖業」の部，63–65頁）．

馬宗傑の斡旋によって，3月25日に管理委員会の主席委員である梁敬錞との会見に成功した．梁敬錞は中村に対し，第1に，政府の関心は密輸取締りによる関税収入の増大にあり，この点から砂糖輸入を統制しようと考えていること，第2に，具体的な方法として，中国内における砂糖の一手販売権を有する半官半民の会社（資本金500万元）を設立し，競争入札を通じて各種砂糖を購入し，中国各地に設置した支店や代理店で販売すること，第3に，新会社は特定の砂糖を優遇しないこと，を説明した．説明を受けた中村は，南京政府財政部と黄江泉との関係についても尋ねたが，梁敬錞は「顧問である」とだけ答えた[45]．

中村と梁の会見内容を聞いた糖商会は，自由競争が担保されるのであれば，統制会社の設立を受け入れてもよいという，これまでの姿勢を維持した．「競争の担保」とは，第1に，統制会社が糖行の強制加入権を持たず，したがって貿易商は，統制会社に加入しない糖行と自由に取引ができるということである．三菱商事は「半官半民の統制機関を作ると云ふ程度ならば一有力なる砂糖取扱商が増加したるに不過，日本側が之れと取引すると否とは日本側の勝手に付，別に痛痒もなかる可く，要は一有力なる砂糖取扱商に対して如何なる政策を用ふるかと云ふ問題あるのみ」[46] と捉えていた．第2に，入札の公平性・透明性を保つために，日本商や英国商の代表者を統制会社の運営に参画させることである．三井物産は，黄江泉との連携を通じて日本側の意向を統制会社の運営に反映させることができると考えていた．一方で中村は，「上海の合作公司には黄江泉の勢力は大分及び居り，今又財政部の委員会も黄江泉の意見を其侭採用致し居る」ことから，「黄江泉の真意那辺に在りや研究を要す」と警戒した[47]．

糖商会は引き続き情報収集に努めた．その結果，そもそも新会社の設立が計画された背景が明らかとなった．1935年5月初旬，三菱商事上海支店が雇用している買弁が，上海合作公司で内紛が発生しているという情報を入手した[48]．上述したように，上海合作公司の株主糖行は，ジャワ糖を上海合作公司から購入しなければならないが，上海合作公司以外の売り手からジャワ糖を購入した

45） 中村誠司「上海にて　中村誠司　糖業連合会宛」1935年3月25日（糖業協会所蔵）．
46） 三菱商事「上海支店長近藤重治　農産部長御中」1935年3月29日（糖業協会所蔵）．
47） 中村誠司「上海にて　中村誠司　糖業連合会宛」1935年3月25日．
48） 以下，買弁からの情報は，三菱商事「三菱商事株式会社上海支店長　東京本社農産部長」1935年5月9日（糖業協会所蔵）．

株主糖行が「二三に留まらず，理事の中にも右違反行為をなし居るものある」ため，「上海公司としては手が付けられぬ状態となり，自然会員の間に一層面白からざる空気を醸成」する状況に陥っていたという．また，増幸洋行（本店は東京安部幸商店）によれば「合作処も理事の不正行為暴露の為め砂糖屋も定款規則を最早や無視して勝手に爪哇糖の売買を初め申候．建源，黄江泉は此の合作処の不成功を眺めて統制販売会社の設立に躍起となり居る」と指摘している[49]．黄江泉は，統制が取れなくなった上海合作公司に代わる会社を設立するために，南京政府に働きかけたのである．

日本の糖業関係者は，砂糖専売制は「一国の自衛策のみに非ず，寧ろ本質的には爪哇糖の支那糖界制覇」[50] という認識を固め，統制会社が建源によるジャワ糖販路の確保にほかならず，その設立は過剰糖の処分を不可能にさせると判断した．糖商会は，統制会社の運営内容について交渉するというこれまでの方針を断念し，

> 支那側委員は支那一流の巧言令色を以て門戸開放・機会均等を精神とせる入札購買を言明致し居るやに聞き及び申候へ共，之れに対しては毫も信頼致し難き処に有之候（中略）支那の現状及国民性に鑑みて此の種入札購買が公平に行はれざることは火を見るよりも瞭かに有之（中略）今や増産計画に向って励進しつつある台湾糖の販路に障害を生じ（傍点は引用者）可申，又排日的購買方法は自由自在に按配せらる可く候．折角華商間に於ける排日風潮歇みて多年の日貨排斥の為めに侵害されたる地盤を回復すべく下名等が努力致し居り候際，専売制度に類する機関の設立に対しては一致反対致すものに有之候間，何卒専売計画の阻止に付御盡力仰ぎ度[51]

とする嘆願書を在外公館へ提出して，外交ルートを通じて設立そのものを阻止することを新たな方針とした．

49）増幸洋行「増幸洋行→安部幸商店」1935年5月11日（糖業協会所蔵）．
50）『砂糖経済』第5巻2号，1935年2月（「支那に於ける砂糖統制とその影響」）．
51）「上海日本人糖商会より関係官庁に提出すべき嘆願書草稿」1935年5月15日（糖業協会所蔵）．

4. 糖商会の反対運動

4-1. 管理大綱の発表と外交ルートの挫折

1935年5月23日に管理委員会の主席委員である梁敬錞は，糖商会のメンバーを歴訪して会見を申し込んだ[52]．同日におこなわれた糖商会の事前の打ち合わせの席上，復和裕洋行の主人馬宗傑は，黄江泉が華商に対して「食糖運銷管理委員会は輸入糖国産糖等総ての統制を図り取扱華商並に消費者の利益を図るにあるが就中爪哇糖が日本に渡り日本にて精製せられて中国に輸入せらるるが如きは不得策の最たるものなるを以て管理委員会設立後はジャバより直接輸入して精製する様工作するものなりとて明かに日本糖を排斥し自己の最も関係深きジャバ糖を支持する意味を極めて露骨に語」[53]ったと述べた．糖商会のメンバーは，梁敬錞や黄江泉が「従来の取引先に一取引先の増加と見て貰ひ度し等と表面を体好く塗糊し」てきたが，「内実は自己関係のジャバ糖を支持し以て一派の利益を図らんとし居る」ことに確信を抱いた[54]．

また，会見当日の5月25日，『申報』の公告欄に「中華糖業股份有限公司招股」と題する公告が掲載され，そこでは中国内外の砂糖取引業務に従事する統制会社「中華糖業公司」が資本金300万元で設立されることとなり，政府および発起人の出資金計240万元を差し引いた残り60万元を，5月25日から6月20日の間，1株500元（1,200株）で一般募集するとされた．統制会社の設立を既成事実化しながら，その設立に理解を求めるという管理委員会の手段に，糖商会はますます不信感を募らせた．

5月25日におこなわれた梁敬錞と糖商会の会見において，梁敬錞は「食糖運

52）三井物産「上海三井支店より　東京本社」1935年5月23日；三井物産「上海三井支店より　東京本社」1935年5月25日（すべて糖業協会所蔵）．

53）三井物産「上海三井支店より　東京本社」1935年5月25日（糖業協会所蔵）．陳來幸は，日本と中国を「繋げる」力を持った「邦商」としての華商が，日中間貿易の重要プレーヤーであったとし，代表的な華商として，神戸の華商でありながら「邦商」と位置付けられた復和裕を挙げている（陳來幸「開港上海における貿易構造の変化と華商」森時彦編『長江流域社会の歴史景観』京都大学人文科学研究所，2013年）．1930年代の上海でも，復和裕の「繋げる」力は存分に発揮された．

54）三井物産「上海三井支店より　東京本社」1935年5月25日（糖業協会所蔵）．

輸販売の管理大綱」を糖商会に示した．管理大綱は全 14 条から構成されており[55]，設立予定の中華糖業公司の活動内容について，

第 4 条　糖公司は委託契約に依り国内各大商準に於て正当なる糖商を選定して販売処の経理をなす事を得，並に其他の地方に売捌所を設け管理委員会の許可を得登記して許可証発給後各該地方に食糖を運輸販売する業務を経営することを得

第 5 条　糖公司購入したる砂糖は，海関倉庫或は管理委員会指定の倉庫にて保管すべし関税を納めせざれば引取事を得ず

第 6 条　糖公司が外糖を購買する時は世界中最低相場の市場より競争売買の原則に依り之を購買すべし，何れの一国にも特殊優越の待遇を予ふ事を得ず

第 8 条　糖公司及販売所は管理委員会の指定価格を標準として発売すべし，私かに手持をなし上値を待て利益を壟断にする事を得ず，尚ほ他種糖質或は物質を混入し民食を妨害する事をも得ず

と定められていた．管理大綱では，中華糖業公司への加入の強制が規定されているわけではないため，「自由競争の担保」の 1 点目はクリアされたと考えられる．しかし，管理大綱では，中華糖業公司の活動とは別に，中国において砂糖を扱う全業者の業務内容について，

第 9 条　国内にて食糖を卸売する商店は必ず営業許可証の発給を請願し其運輸時にも運輸許可証の発給を請願すべし

第 11 条　管理委員会は視察員を派して各地の糖倉庫，糖工場及食糖販売店の持荷並に販売状態一切の帳簿を調査することを得，若し右調査を拒絶或は不正行為を発見せる時は管理員会及其他の軍警機関に報告し強制執行又は処罰することを得べし

55)　以下，条文は「食糖運輸販売の管理大綱」1935 年 5 月 28 日（糖業協会所蔵）．

と定められていた．確かに，中華糖業公司への加入が強制でない以上，アウトサイダーが密輸糖の取引を続けることは可能なため，管理委員会が許可証を以て規制しようとする必要性は理解できる．しかし，この条文では，管理委員会が許可証を発行しないなどの圧力を通じて，アウトサイダーを強制的に中華糖業公司に加入させ，流通を一元化することが可能であったため，糖商会は管理大綱に強く反対した[56]．

糖商会は，日本公使館に抗議を要請するとともに，外国商との連携を図ることとした．なぜなら，糖商会との交渉が決裂した直後に，梁敬錞・黄江泉がBS商会やJM商会といった英国商やNIVASの在上海代表部と会見し，管理大綱を説明して了解を求めたところ，全社が管理大綱に反対したという情報を入手したからである[57]．外国商の反対を受けた黄江泉は，流言飛語を語って各社を誘惑し始めた．糖商会は，黄江泉らの工作に対抗するため，外国商と連携して反対運動を強化しようと考えた．5月29日，増幸洋行・三井物産・三菱商事の3社が糖商会を代表して，NIVASの出張員スタークおよびBS商会の支配人ミッチェルと会見し，本問題について懇談した[58]．そして，「梁黄一派は個別交渉を以て外人側の歩調を切崩さんとの方法を採り居るに付，其の手に乗らざる為め連盟の反対通告を梁委員長へ提出し，其の写を財政部長，支那糖業公会へ送付する事」を決定した[59]．「連盟」には，糖商会のメンバー6社（三井物産・三菱商事・増幸洋行・復和裕洋行・日本砂糖貿易会社・明華糖廠）のほか，BS商会，JM商会，天祥洋行（Dodwel & Co.），捷成洋行（Jebson & Co.），順全隆洋行（Meyerink & Co.）など，英国商・ドイツ商が含まれ[60]，抗議文は5月31日，南京政府の各部局へ提出された．

糖商会を中心とする強固な反対運動は，統制計画の白紙撤回を実現できるかに見えた．しかし，管理委員会の梁敬錞らによる工作が，在上海日本総領事館

56） 三菱商事「三菱商事株式会社上海支店長田中勘次　東京本社農産部長御中」1935年5月27日（糖業協会所蔵）．

57） 三菱商事「三菱商事株式会社上海支店長田中勘次　東京本社農産部長御中」1935年5月27日．

58） 増幸洋行「増幸洋行→安部幸商店」1935年5月31日（糖業協会所蔵）．

59） 三菱商事「三菱商事株式会社上海支店長田中勘次　東京本社農産部長御中」1935年5月31日（糖業協会所蔵）．

60） 三井物産「上海三井支店より東京本社入電」1935年5月31日（糖業協会所蔵）．

の態度を徐々に軟化させていくことになる．梁敬錞は 5 月 30 日と 6 月 3 日の二度にわたり，領事館の堀内書記官を訪ね，黄江泉の地位の変更や，免許証の発給方法の変更などの妥協案を提示した[61]．6 月 3 日の夕方，三井物産，三菱商事，増幸洋行の上海支店長は，領事館から「至急面談致度し」という依頼を受けて堀内書記官を訪問した．堀内は，「最悪の場合を予想して中華糖業公司成立の際，売らぬと頑張り居る訳にも行くまじ，成立の際売るとすれば余り強硬一点張りにて今反対を続ける事は考へものならずや，日本人の信頼し得る委員を加入せしむるか又は管理案の内容を変更せしむる様な申し込みを為す事如何」[62]，あるいは「斯く支那側が緩和すれば条約違反の理由は無くなる故，日本糖業者の無条件反対は考へ物ならずや」[63] として，糖商会に妥協案を受けいれる可能性について提案した．

中華糖業公司の設立を阻止するために運動していた糖商会は，中華糖業公司の設立を前提とした堀内の提案に対して狼狽し，再考を促した．三菱商事の上海支店長は，「糖商側としては糖公司なるものの設立につき全面的に反対し居るものなるに付（中略）此際多少にても妥協気分を見せる事は先方の思ふ壺にはまる事となり」[64] と反論したほか，増幸洋行の代表者も「内外挙って反対気勢を挙げ殊に外国人と共同して反対決議までしたる今日に於て妥協気分は禁物なり」として，変更できないことを説明するとともに，「砂糖のみの問題に非ず，砂糖にて成功すれば更に又他の商売に対して販売統制を実施す可し」[65] として，本問題を日中貿易全体の問題であることを認識させようとした．

4-2.　上海糖業公会との連携

外交ルートを通じての計画阻止に疑問符がつくなか，糖商会は，中華糖業公

61）以下，両者の会見内容は「堀内書記官発　広田外相宛電報」1935 年 6 月 1 日（糖業協会所蔵）．
62）増幸商店「上海通信　上海増幸商店　安部幸商店」1935 年 6 月 4 日（糖業協会所蔵）．
63）中村誠司「中村氏より　連合会宛（第 1 電）」1935 年 6 月 6 日（糖業協会所蔵）．
64）三菱商事「三菱商事株式会社上海支店長田中勘次　東京本社農産部長御中」1935 年 6 月 4 日（糖業協会所蔵）．
65）増幸商店「上海通信　上海増幸商店　安部幸商店」1935 年 6 月 4 日．

司への賛同者を減らすことを目的に，上海の糖行が組織する糖業公会との連携を模索した[66]．

糖業公会は，5月25日に開催した会員大会において中華糖業公司への加入について採決を取り，出席した糖行47軒中，賛成9軒，反対多数で否決していた[67]．大多数の糖行が反対した要因は，基本的には糖商会と同様であったが，「代表二，三の者が勝手に糖業同業公会が賛成同意の旨を政府委員に回答した」ことにもあったという[68]．また，三菱商事の調査によると，賛成した糖行9軒は，建源を除けば，元泰恒，裕泰恒，裕豊恒，廣源，盛裕，大昌，昌興，黄寶泉であり，すべて「建源系」の糖行であった[69]．事態を重く見た梁敬錞は6月1日，非建源系の糖行「均益」の主人楊文韶を呼んで中華糖業公司への加入を要請した[70]．また，黄江泉は「死物狂ひに東奔西走」し，糖行に対し「如何なる反感あるも政府は之を実現せしむべし」と威嚇したという[71]．

糖業公会に関する情報の入手ルートは新聞などに限られていたため，こうした状況においても，糖商会の一部では依然として糖業公会との連携に否定的な意見があった．たとえば，増幸洋行は「彼等としては日本糖にても爪哇糖にても構はぬ訳にて一部には将来の相場の変動少なく安全に取扱ひ得る点に就き共鳴し居るものあり如何に変化するか予測致し難」[72]と捉えていた．しかし，糖商会のなかでは「此際支那側とも歩調を一にして終局の目的を達せし事も捷径なるべきや」との考えが広がり，糖業公会と「共同戦線」を張ることを決議し

66)　5月初旬に糖業公会から面会の打診があったが，糖業公会の真意を把握できていなかった糖商会は，「面会＝同意」と取られる可能性を懸念し，面会を拒否していた（「堀内書記官発外務省宛」1935年5月16日）．

67)　『申報』1935年5月26日．

68)　増幸商店「上海通信　上海増幸商店　安部幸商店」1935年5月27日（糖業協会所蔵）．

69)　三菱商事「三菱商事株式会社上海支店長田中勘次　東京本社農産部長御中」1935年5月27日（糖業協会所蔵）．このうち，大昌（The Java Sugar Import Co.）および昌興は，ジャワ糖を自ら輸入する貿易商である（上海商業儲蓄銀行調査部『上海之糖與糖業』1932年，120頁）．

70)　三菱商事「三菱商事株式会社上海支店長田中勘次　東京本社農産部長御中」1935年5月31日（糖業協会所蔵）；三菱商事「三菱商事株式会社上海支店長田中勘次　東京本社農産部長御中」1935年6月1日（糖業協会所蔵）．なお，本件は，均益が三菱商事上海支店の取引先であることから，同店主の楊文韶からの連絡で明らかとなった．

71)　増幸洋行「増幸洋行発安部幸商店宛」1935年5月31日．

72)　増幸洋行「増幸洋行発安部幸商店宛」1935年5月28日．

た[73]．

しかし，糖商会が，中華糖業公司への加盟に反対した均益の楊氏および和興の姜氏に面会を打診したところ，「趣旨として極めて賛成であり目的貫徹の為めに共同動作を取り度きも，時節折柄支那官憲より如何なる圧迫を加へられぬとも限らざるのみならず，従来の例よりしても抗日団体等に脅迫せらるるの虞も多分に有之旁々此際日本人糖商側との表面的共同動作は見合せ度」[74] との回答があり，会見することはできなかった．日中関係の悪化を背景に，糖商会と糖業公会の連携はなかなか進まなかったのである．

6月初旬，糖業公会は「会員二人を選び，統制会社に加入するかについて研究する」[75] こととなり，6月17日に研究員2名からの報告を受けて議論を交わした結果，反対多数（賛成3，条件付き賛成3，反対34）で決着した．そして，「糖業公会として加入する」などの文面は使用しないこと，加入問題は再び議論しないことが申し合わされた[76]．にもかかわらず，中華糖業公司の株式募集の期限日（6月20日）の翌日，『申報』紙上には，「中華糖業公司：資本三百万元已足額」として，糖行が募集に応じたという記事が掲載された（図3–①）．また，連合会の中村が南京の須磨総領事から聞いた話によると，南京政府外交部の唐有壬は「梁より聞き居る処にては49名の支那糖商中の8名を除いて他は全部賛成なる由に付，民間会社の成立を止めさせる訳にも行かぬ」と話したという．梁敬錞は，糖業公会の決議内容を偽るだけでなく，中華糖業公司を政府に介入する権限がない民間会社であると偽り，外交部に会社設立の了解を取り付けようとしていたのである．

事の真相がわからないなか，日本商の努力の結果，6月22日に糖業公会の主要メンバーと中村との「秘密会見」がおこなわれることとなった．その結果，糖業公会の不加入が正確な情報であることが確定し，「新聞記事の真実に非ざること，糖商は大多数依然反対にして株を応募しなかったことを，反対各店の連名で当地の中国紙に広告することを勧誘し，中国糖商有志の賛成を得た．昨日

73）増幸商店「上海通信　上海増幸商店　安部幸商店」1935年6月7日（糖業協会所蔵）．
74）増幸洋行「増幸洋行発安部幸商店宛」1935年6月8日（糖業協会所蔵）．
75）『新聞報』1935年6月7日．
76）三菱商事「三菱商事株式会社上海支店長田中勘次　東京本社農産部長御中」1935年6月17日（糖業協会所蔵）．

中華糖業公司
資本三百萬元已足額
籌備就緒即開創立會
中華糖業股份有限公司、資本總額國幣三百萬元、除財政部認六股七十五萬元、發起人鄭澤南等募足一百六十五萬元、外餘六十萬元招股、各糖商均認股、於昨日下午五時如期截止、據聞業已足額、已由籌備會依照公司法規定、呈請註冊、籌備事任務甚乃極・籌備就緒、即開創立會云、
又訊、中華糖業公司、自發起創辦以來、積極籌備、認股異常踴躍、關內部組織、亦已着手擬訂、務臻完善、並聘定邵樹華君擔任重要職務、邵君早歲負笈東瀛、在本埠政商界任職有年、久著聲譽、近年來則尤致力於工商業云、

上海市糖業同業公會卅八家會員為不願加入中華糖公司啓事

図3　中華糖業公司に関する報道

①（上）糖商が中華糖業公司の株式募集に応じた偽情報を伝える記事（『申報』1935.6.21）
②（右）糖業公会が中華糖業公司に反対していることを伝える広告（『申報』1935.6.25）

より調印を取り始め，結局調印者39名を獲得」した[77]．6月25日の『申報』紙上には，「上海市糖業同業公会三十八家会員為不願加入中華糖公司」という広告が出され，加入を望まない糖行の名前が列挙された（図3–②）[78]．

同日夜，南京政府財政部を中心とする「砂糖統制案関係の要人」が南京に集結し，議論した結果，財政部長の孔祥熙は「本計画には無理がある故無期延期」とすることを決定し

77）中村誠司「中村誠司　日本糖業連合会御中」1935年6月22日（糖業協会所蔵）．
78）『申報』1935年6月25日．

た．南京政府による砂糖専売計画は挫折した．

小　括

本章では，過剰糖の処分先として位置づけられた中国市場の環境変化を明らかにしてきた．中国の自由貿易体制からの離脱に対し，貿易商は密輸を通じて対抗した（第1節）．しかし，より合法的な形で，競合相手よりも有利な市場環境を形成する動きが出てくる．それが，本章で取り上げた2つの「日蘭会商」であった．

1つ目は，蘭領東インドで開催された日本代表団と蘭印代表団との「日蘭会商」である．蘭印側の代表団は，中国へのジャワ白糖の輸出を障害する日本精製糖の輸出量を制限しようとしたが，再輸出制限条項を日本が承認しなかったために失敗した（第2節）．2つ目は，中国の砂糖専売制をめぐって繰り広げられた，日本商と蘭印華商との「日蘭会商」であり，蘭印華商の最大手である建源は，広東政府や南京政府の専売計画に取り入ることで，自らのジャワ白糖の販売に有利な市場環境を形成しようとした（第3節）．

しかし，広東政府による上海合作公司も，南京政府による中華糖業公司も，中国国内の砂糖市場を支配する糖行の利益を保証しなかったために，失敗した（第4節）．一方，1920年代におけるジャワ白糖の台頭によって疎遠になった日本商（糖商会）と糖行との関係は，再び1910年代のような蜜月関係へと回帰し，過剰糖を処分する道が開かれたのである．

第 II 部
台湾糖業の資材調達と帝国依存

第5章　栽培技術の向上と「肥料革命」

はじめに

本章の目的は，甘蔗の栽培工程で不可欠な肥料に焦点を当て，栽培技術の向上による肥料需給の変容を考察し，台湾糖業の成長がどのような地域との関係のなかで達成されたのかを解明することにある．

台湾の甘蔗生産量はどのように増大していったのだろうか．農業成長には，外延的拡大（栽培面積の拡大）と内包的深化（土地生産性の向上）の2つの経路があり，未墾地が豊富な段階では開墾による外延的拡大を通じて生産量の増大が図られ，未墾地が希少な段階になると新技術（品種・肥料・灌漑）の開発・導入による内包的深化を通じて生産量の増大が図られる．製糖業においても，世界の二大産糖地であるキューバとジャワのうち，肥沃な土地が豊富に賦存していたキューバでは外延的拡大による成長が続いたが，人口過密地域であったジャワでは外延的拡大から内包的深化による成長へと移行した[1)]．台湾糖業はジャワ糖業の事例に類似しており[2)]，図1に示されるように，甘蔗生産量は1900–10

1） Dye, Alan, *Cuban Sugar in the Age of Mass Production*, Stanford and California: Stanford University Press, 1998, pp. 70–71; Ayala, César J., "social and economic aspects of sugar production in Cuba, 1880–1930," *Latin American Research Review*, 30–1, 1995, pp. 104–105; Knight, G. Roger, "a precocious appetite: industrial agriculture and the fertiliser revolution in Java's colonial cane fields, c. 1880–1914," *Journal of Southeast Asian Studies*, 37–1, Feb, 2006.

2） そのほか，製糖業における新技術の普及については，オーストラリア糖業を扱った Griggs, Peter, "improving agricultural practices: science and the Australian sugarcane grower, 1864–1915," *Agricultural History*, 78–1, Winter 2004; Storey, モーリシャス糖業を扱った William Kelleher, "small-scale sugar cane farmers and biotechnology in Mauritius: the "Uba" Riots of 1937," *Agricultural History*, 69–2, Spring 1995. がある．

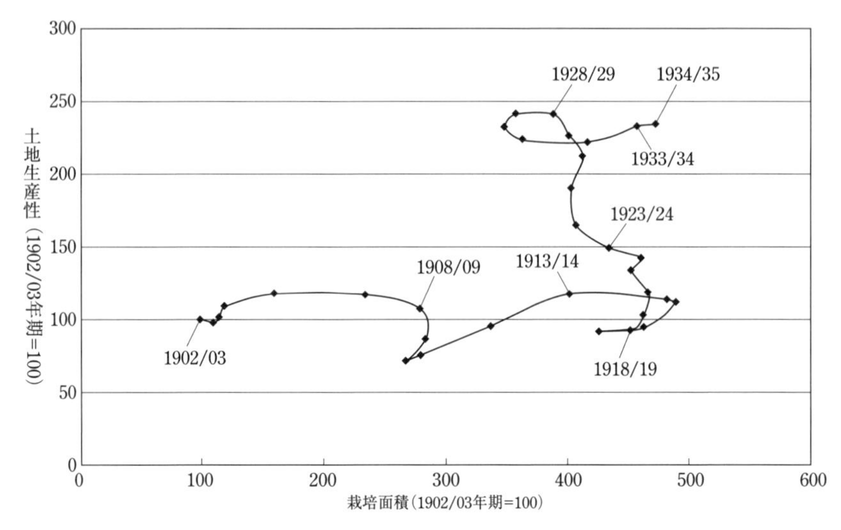

図 1　甘蔗生産量の成長経路 1902/03–1934/35 年期

出典）台湾総督府『台湾糖業統計』各年.
注）指定年期を中点とする，3 ヵ年移動平均値.

年代までは外延的拡大を通じて増大したが，1920 年代は内包的深化を通じて増大するようになった.

台湾の甘蔗栽培を考察した先行研究は，1920 年代における外延的拡大の終焉に焦点を当て，その要因が日本の米価上昇を背景とする稲作の収益改善であったことから（米糖相剋），稲作・甘蔗作間の農業収益の差や，製糖会社が農民に提示する甘蔗買収価格の決定要因を考察してきた[3)]．一方，これらの研究は 1920 年代を「内包的深化期」ではなく「外延的拡大の終焉期」と位置づけたために，内包的深化への移行要因を考察してこなかった．本章は，栽培技術の 1 つである肥料を取り上げ，内包的深化という点から台湾の甘蔗栽培の展開を捉えなお

3）近年の成果として，Ka, Chih-ming, *Japanese Colonialism in Taiwan: Land Tenure, Development, and Dependency, 1895–1945*, Boulder and Colo: Westview Press, 1995；久保文克「甘蔗買収価格をめぐる製糖会社と台湾農民の関係：中瀬文書を手がかりに」『商学論纂』第 47 巻 5・6 号，2006 年 7 月；久保文克「甘蔗栽培奨励規程に見る甘蔗買収価格の決定プロセス (1)」『商学論纂』第 55 巻 3 号，2014 年 3 月；久保文克「甘蔗栽培奨励規程に見る甘蔗買収価格の決定プロセス (2)」『商学論纂』第 55 巻 5・6 号，2014 年 3 月がある.

す．その際，1900–10 年代を「外延的拡大期」ではなく，「内包的深化の準備期」と位置づける．

台湾糖業の世界的な特徴は，プランテーションが支配的な生産形態ではなく，製糖会社は小農[4]が生産する甘蔗を購入しなければならなかったことであるが，これは栽培技術の導入において悩ましい問題を生み出した．というのも，プランテーション形態の場合，農場労働者の行動をコントロールできる製糖会社が新技術を導入すればよいが，小農形態の場合，小農の行動をコントロールできない製糖会社は，小農が新技術を導入するのを待つしかない．そして，台湾農民が「慣行的農業（traditional agriculture）」の技術条件の下で合理的に行動することを想起すると[5]，試験場で開発される栽培法や重化学工業で製造される生産財（化学肥料や農業機械）といった新しい栽培技術を[6]，農民が即座に導入することは容易ではなかった．

以上の点を念頭に置いて，本章では，台湾糖業において新しい栽培技術がどのように導入・適用されていったのか，その過程で肥料の需給構造はどのように変化していったのかという 2 つの論点について，時代別に考察を進めていく．まず，第 1 節と第 2 節では「内包的深化の準備期」に当たる 1900–10 年代について，台湾総督府主導で栽培技術が導入された 1902–11 年と，製糖会社主導で栽培技術が導入された 1912–18 年に分けて考察する．そして，第 3 節では，内包的深化期に当たる 1920 年代について考察する．

4）小農とは，「農業社会において，自らの土地を所有するか他人の土地を借り入れるかを問わず，基本的には自己および家族労働力のみをもって独立した農業経営を行なう」農民を指す（宮嶋博史「東アジア小農社会の形成」溝口雄三ほか編『長期社会変動』（アジアから考える 6）東京大学出版会，1994 年，70–71 頁）．

5）「慣行的農業」は T. シュルツの造語であり，「幾世代にもわたって農民が使用し続けてきた生産要因に全面的に依拠しているような農業」を指す．このような農業は，しばしば停滞的かつ生産性の低い途上国農業の典型のように捉えられているが，与えられた技術体系を前提とする限り，そこには目立った資源配分上の非能率はなく，農民は合理的に行動しているとされる（川野重任『農業発展の基礎条件』東京大学出版会，1972 年，19 頁）．

6）Thompson, F. M. L., “the second agricultural revolution, 1815–1880,” *The Economic History Review*, second series, 21–1, April 1968.；高橋英一「歴史の中の肥料：19 世紀に起こった「肥料革命」とその影響」『日本土壌肥料学雑誌』第 78 巻 1 号，2007 年 2 月．

1. 黎明期の肥料

1-1. 保護育成策のなかの肥料

台湾総督府（以下，総督府）は，新渡戸稲造に調査・提出させた「糖業改良意見書」に基づき，1902 年に「糖業奨励規則」を施行して糖業政策を開始し，行政機関として臨時台湾糖務局（以下，糖務局）を設置した．表 1 に示されるように，糖務局は糖業奨励規則に基づいて製糖業に様々な補助金を給付した．

1906 年までの糖業政策の方針は「圧搾及煮煉共全部新式機械を応用せるものは努めて其成立を補助」[7] すること，すなわち製糖会社の設立にあったため，現金補助の対象は製糖工程を主とした．しかし，当初は製糖会社はあまり設立されなかった．台湾では 1898–1903 年に実施された土地調査事業によって土地の私的所有権が確立されたため，製糖会社が土地を集積してプランテーションを形成することはほぼ不可能であった．したがって，甘蔗は農民からの買収に依存しなければならず，会社間の甘蔗買収競争によるコストの上昇への懸念が，製糖会社の設立を鈍らせていたのである．

この問題を解決したのが，1905 年に施行された「製糖場取締規則」であった．製糖場取締規則は，製糖会社に工場周辺の一定地域を「原料採取区域」として割り当て，当該会社をその区域内で栽培された甘蔗の独占的な買い手とするものである．農民が何をどのように栽培するかは自由であり，独立経営という小農経済が維持された点でプランテーションとは異なるものの，甘蔗栽培では製糖会社・農民間の「垂直統合型小農経済」が形成されることとなった[8]．これによって会社間の甘蔗買収競争が抑制されたため，糖業奨励規則に基づく製糖工程への手厚い補助と相まって，1900 年代後半に台湾では製糖会社設立ブームが発生した．

他方，栽培工程への補助方針は「甘蔗苗費を除くの外肥料費開墾費灌漑排水

7）臨時台湾糖務局『臨時台湾糖務局年報』（第 5）1907 年，2 頁．

8）柯志明「「米糖相剋」問題と台湾農民」小林英夫編『植民地化と産業化』（近代日本と植民地 3）岩波書店，1993 年，138–139 頁．垂直統合型小農経済は，柯の「垂直集中型大経営体」に着想を得た用語であり，いわゆる「契約農業」に近いが，農民側が甘蔗の売買契約先を選択できないという点で決定的に異なる．

表 1　台湾総督府の製糖補助金 1902–29 年度

（単位：1,000 円，1,000 本）

	栽培工程への補助					製糖工程への補助			
	種苗／中間苗圃		肥　料	その他	小　計	工場設立	製糖機械	その他	小　計
1902	0	(5,416)	17	6	23	60	23	0	82
1903	0	(3,526)	20	8	28	56	56	0	112
1904	0	(3,466)	2	6	8	54	77	0	132
1905	0	(24,884)	15	2	17	85	168	0	252
1906	0	(20,497)	27	1	28	56	182	0	239
1907	74	(980)	164	30	268	21	7	0	28
1908	81	(2,862)	406	16	504	36	18	83	137
1909	104	(6,067)	622	0	726	0	20	67	88
1910	159	(750)	483	26	668	0	0	1,886	1,886
1911	95	(3,807)	574	41	710	0	0	2,631	2,631
1912	133	(633)	565	18	717	0	0	0	0
1913	75	(0)	379	49	503	0	0	0	0
1914	0	(0)	329	80	409	0	0	3	3
1915	0	(0)	277	93	370	0	0	3	3
1916	0	(0)	240	90	330	0	0	0	0
1917	108	(0)	0	160	268	0	0	6	6
1918	106	(0)	0	164	270	0	0	8	8
1919	114	(0)	0	156	270	0	0	4	4
1920	116	(0)	0	152	267	0	0	3	3
1921	88	(0)	0	142	231	0	0	0	0
1922	0	(47,871)	0	150	150	0	0	0	0
1923	0	(46,514)	0	40	40	0	0	0	0
1924	0	(42,720)	0	130	130	0	0	0	0
1925	0	(35,957)	0	90	90	0	0	0	0
1926	0	(28,986)	0	60	60	0	0	0	0
1927	0	(16,626)	0	52	52	0	0	0	0
1928	0	(25,052)	0	51	51	0	0	0	0
1929	0	(23,695)	0	60	60	0	0	0	0

出典）台湾総督府『台湾糖業統計』（第 24）1936 年，128–129 頁．
注）「種苗／中間苗圃」は，1902–13 年は種苗補助，1917–29 年は中間苗圃への補助であり，（　）内は現物補助分（単位：1,000 本）である．

費は特殊の場合の外下付せさる」[9] こと，すなわち蔗苗の現物補助を中心とした．総督府は，1903 年に設置した甘蔗試作場において，海外から輸入した種々の甘蔗品種の中から台湾に適する「優良品種」を調査し，1907 年までにハワ

9）臨時台湾糖務局『臨時台湾糖務局年報』（第 5）2 頁．

イのローズバンブー種に絞り込んだ[10)]．同品種は台湾全土に現物給付され，1906/07 年期には栽培面積で在来種を凌駕するに至った．予算の限られた現金補助のほとんどは肥料を対象とし，特定の地域に対する肥料の無償配布という形でおこなわれ，1902 年度は販売肥料と自給肥料の合計 300 トン，1903 年度は販売肥料と自給肥料の合計 176 トン，1904 年度は販売肥料のみ 60 トンが配布された[11)]．しかし，「本嶋農民の常として施肥の有利なるを認めす下付せる肥料を其儘放棄せるものさへありて到底以上の方法にては其効を見る能はさる状態」[12)] となり，失敗に終わった．

1907 年度以降，糖業政策の方針は「農業の改良発達に向て重に保護奨励を加ふ」[13)] ことに転換した．甘蔗試作場は 1906 年に糖業試験場へと発展的に改組され，その業務は，① 甘蔗及輪作物の耕種試験，② 砂糖及副産物の製造試験，③ 種苗の養成及繁殖，④ 甘蔗及輪作物の病虫害の研究，⑤ 糖業講話，⑥ 糖業に関する物料の分析鑑定及調査，⑦ 糖業講習生養成，とされた[14)]．糖業試験場では様々な試験がおこなわれたが，表 1 に示されるように，その成果は肥料補助という形で発揮されたことがわかる．

総督府の肥料事業は，模範蔗園の設置および共同購買事業の実施に分けられる．模範蔗園とは，糖務局が指定する技術法を用いて甘蔗を栽培する蔗園を指し，1906–14 年度にかけて各製糖会社の原料採取区域内に設置された．栽培担当者はその原料採取区域内の篤農家から選抜され，一般の農民に「蔗園耕作の模範」を示すために，「模範蔗園耕作者心得」を遵守すること，栽培担当終了後も模範蔗園の栽培技術を用いること，その栽培技術を一般の農民に勧めることが求められ，1 甲 (0.97 ha) に付き蔗苗費 30 円，肥料費 50 円以内に相当する現品が補助された[15)]．表 2 に示されるように，模範蔗園を担当した篤農家は 1914 年までに 3,096 名に達し，当該期の甘蔗栽培戸数である約 10 万戸と比較する

10)　大澤篤「領台初期におけるサトウキビの品種改良」『経済論叢』第 191 巻 1 号，2017 年 3 月，62–63 頁.
11)　臨時台湾糖務局編『台湾糖業一班』1908 年，38 頁；台湾総督府『台湾糖業統計』(第 12) 1924 年，28 頁.
12)　臨時台湾糖務局『台湾糖業一班』38 頁.
13)　臨時台湾糖務局『臨時台湾糖務局年報』(第 6) 1908 年，1 頁.
14)　台湾総督府『府報』2234 号，1907 年 7 月 17 日.
15)　臨時台湾糖務局『臨時台湾糖務局年報』(第 8) 1910 年，3 頁.

表2　台湾総督府の模範蔗園事業 1906–14 年度

	設置面積 (ha)	人　員 (人)	補助金 (円)	生産量 (ton/ha)	
				模範	一般
1906	9.7	10	1,439		
1907	970	175	488*		
1908	1,067	414	825*	65	37
1909	1,552	551	915*	64	32
1910	485	391	34,056	50	26
1911	509	399	36,350	33	14
1912	503	537	35,967	50	21
1913	522	519	34,663	56	28
1914	97	100	5,125	70	34

出典）台湾総督府『台湾糖業統計』1920 年，14，46–47 頁.
注）原表の「明治三十四年度」は「明治四十三年度」の誤りだと思われ，本表では 1910 年の欄に記載している.「*」は，現物補助であり，単位はトン.

と[16]，単純計算で 30 戸に 1 名という密度で模範蔗園の担当経験者がいたことになる．一般蔗園の約 2 倍の生産性を発揮した模範蔗園の高い栽培技術は，担当経験者達を通じて一般農民に普及していったと考えられる．

共同購買事業とは，農民が購入を希望する肥料を，糖務局と農会[17]が連携して購入・検査・運搬するというものであり，1904–16 年度にかけて実施された．この共同購買事業に対して補助金が給付されるが，1911 年度を事例とすると，補助の内容と条件は，

肥料費
　一　肥料共同購買　　　一甲に付十円以内
　二　台東及花蓮港庁下　一甲に付二十円以内
肥料費は新式製糖場原料採取区域内の甘蔗耕作者にして肥料共同購買者に下付す但し台東及花蓮港両庁下は此限に非ず
　下付要件
　　一　改良種一甲以上耕作する者

16）台湾総督府『台湾総督府統計書』(第 17) 1914 年，279 頁.
17）台湾の農会は，「台湾農会規則」(1908 年) によって整備された非営利目的の勧農組織であり，農業・林業・牧畜業に携わっている者は，農会員として強制加入させられた (平井健介「台湾の稲作における農会の肥料事業 (1902–37 年)」『日本植民地研究』第 22 号，2010 年 6 月；李力庸『日治時期台中地區的農會與米作』稻鄉出版社，2004 年).

二　本局指定の種類及数量の肥料を施用すへきこと

三　共同購買肥料は各新式製糖場の製糖能力に対する植付所要甲数を標準とし各区域内毎に其配布額を予定す

四　肥料共同購買は地方庁農会共同購買の方法に拠らしむ[18)]

であった．農民は改良種（ローズバンブー種など）を 1 甲以上栽培し，「本局指定の肥料」（以下，総督府指定肥料）を施用すれば，1 甲当たり 10 円以内の補助金が給付されたのである．総督府指定肥料は 1910 年度分が判明し，甲当たり施肥量を大豆粕 180 貫・過燐酸石灰 30 貫とする「甲種」と，甲当たり施肥量を調合肥料 140 貫とする「乙種」の 2 種類に分けられていた[19)]．これを成分量で示すと，甲種は窒素 12.6 貫・燐酸 7.2 貫・カリ 2.7 貫，乙種は窒素 10.9 貫・燐酸 7.1 貫・カリ 4.7 貫となり，甲種は窒素質に，乙種はカリ質に重点を置いている点で相違が見られた[20)]．この差は各地の土壌に関係するものと考えられる．台中庁では主に乙種，台南庁・嘉義庁では甲種・乙種がバランスよく，阿緱庁では主に甲種が用いられていた．気温の関係で南に下るに連れて窒素分解は速まるため，南部ではより多くの窒素成分の補充が求められたのである．

これらの肥料政策によって，施肥は「漸次蔗農の知覚するところとなるに随ひ確実に施行する風潮を来」[21)] すこととなった．表 3 に示されるように，1902 年度に 2 万円に過ぎなかった購買額は 1911 年度には 170 万円まで増大し，施肥面積も栽培面積の 80% に達した．購買額に占める補助金の比率は 1908 年度の 46% を頂点として減少し，1911 年度には 27% となったが，それは補助金の増額を上回るほど購買額が増大したからであった．

1-2. 甘蔗作への誘引と原料係員

当該期の製糖会社の関心は，如何にして自社の原料採取区域に属する農民を甘蔗栽培に勧誘するかにあった．会社設立当初は，甘蔗栽培への勧誘を図る余

18）臨時台湾糖務局「明治四十四年度糖業奨励方針」（三井文庫所蔵，台糖 25）．

19）三井物産「明治四十三年度共同購買肥料買入に関する協議事項」（三井文庫所蔵，台糖 20）．

20）河村九淵『台湾肥料改良論』（智利硝石普及会東洋本部，1909 年）31–33 頁記載の成分比率を用いて換算．

21）台湾総督府編『台湾糖業概観』1927 年，82 頁．

表3　台湾総督府の肥料共同購買事業 1904–16 年度

	購買量 (ton)				購買額	補助金額		施肥面積	
	合　計	調合肥料	大豆粕	過燐酸石灰	(1,000円)	(1,000円)		(ha)	
1904	150	n.a.	n.a.	n.a.	20	0	(0)	484.03	(0)
1905	295	n.a.	n.a.	n.a.	37	0	(0)	954.48	(0)
1906	325	n.a.	n.a.	n.a.	36	0	(0)	953.51	(0)
1907	2,508	1,200	1,320	0	218	110	(51)	5,351	n.a.
1908	10,792	n.a.	n.a.	0	779	360	(46)	17,355	(54)
1909	16,138	n.a.	n.a.	0	1,271	505	(40)	29,618	(50)
1910	26,347	9,540	14,520	2,400	1,588	389	(24)	37,727	(63)
1911	28,557	n.a.	n.a.	n.a.	1,707	467	(27)	43,547	(82)
1912	n.a.	n.a.	n.a.	n.a.	n.a.	457	n.a.	43,124	(72)
1913	19,850	n.a.	n.a.	n.a.	1,546	237	(15)	38,316	(56)
1914	23,836	n.a.	n.a.	n.a.	1,533	240	(16)	38,799	(40)
1915	22,055	n.a.	n.a.	n.a.	1,607	210	(13)	33,950	(32)
1916	22,503	n.a.	n.a.	n.a.	1,617	140	(9)	33,950	(28)

出典）台湾総督府『台湾糖業統計』1920 年，15 頁；三井物産「明治四十三年度共同購買肥料買入に関する協議事項」作成年不明（三井文庫所蔵，台糖 20）.
注）補助金額の括弧は購買額に占める比率，施肥面積の括弧は栽培面積に対する比率を，それぞれ示している.

地が十分にあったほか，総督府が技術開発を主導していたため，製糖会社が技術開発をする必要性は高くなかったからである.

上述の通り，製糖場取締規則の施行によって，甘蔗栽培では，会社と農民との間の垂直統合型小農経済が形成された．農民は甘蔗以外の作物を栽培することは可能であったから，製糖会社は，甘蔗の買収価格や前貸金・奨励金を明記した「甘蔗栽培奨励規程」を農民に提示して，農民を甘蔗栽培に誘引した[22]．時代は少し下るが，1910 年代の日本における米価上昇を背景に，甘蔗の対抗作物である米の収益が好転すると，製糖会社は米価を強く意識しながら甘蔗栽培奨励規程を設計しなければならなくなり（米糖相剋），久保文克によれば，作付の自由が残されたことは「結果として台湾農民への収奪を緩和させた可能性がきわめて高」かったという[23].

また，製糖会社は「原料係員」を派遣して，区域内の農民と交流を図った．たとえば，塩水港製糖(株)は「農家と接触する機会少く為めに意志の疎通を欠」いていたため，「原料(係)員を各所に駐在せしめたり〔三四庄又は五六庄に一ヶ所

22）上野雄次郎編『明治製糖株式会社三十年史』明治製糖株式会社，1936 年，39 頁.
23）久保文克『近代製糖業の経営史的研究』文真堂，2016 年，224 頁.

駐在所を置く〕，農家は常に駐在所に於て事を弁じ駐在員（原料係員を指す）は不絶受持区域を巡回し農家対会社事務を斡旋」[24] した．台湾製糖(株)も「会社対農民の連絡方法として委員の設置，有給係員の嘱託，地方有力者子弟の雇用及原料事務一部の依託，原料係出張所の散在配置等に依り，専ら其の接触に努め冠婚葬祭等の機会に際し勉めて接近し重立たる地方有力者と意志の疎通を計」[25] っていた．

当該期に原料係員として雇用されたのは，1912年に台湾製糖(株)に入社した筧干城夫が，「(原料係員として)始めは現地語のできる人として，警察官や憲兵上りの人が採用されました」[26] と回顧し，1916年に東洋製糖(株)へ入社した浜口栄次郎が，「その頃までの農事関係員は主として台湾の警官出身の人々で占められていた．要するに農民と接触の深かった警官を採用して，少しでも原料甘蔗栽培面積の拡張を計らなければならなかったからである」[27] と回顧しているように，主に警察官であった．下関条約後の1895年6月2日に基隆沖で台湾の授受手続を終えた日本は，早くも9月27日に警察官を各地に配置して治安維持にあたらせていた[28]．製糖会社が農民との意思疎通を図るにあたって，簡単な台湾語を操り，地域住民に比較的精通していた警察官は適任であったのである．

2. 雨降って地固まる

2-1. 栽培技術への関心

1910年代初頭に，台湾糖業では栽培技術に関する関心が高まった．その背景には，台湾糖業に対する世論からの強い批判があった．批判の要点は，関税保護と糖業連合会による価格の吊上が台湾糖のコスト高を温存する，原料採取区域制度は不公正な取引である，製糖会社は多額の補助金を受けている，など

24) 台湾総督府編『製糖会社農事主任会議答申』1914年，3ノ7頁．
25) 台湾総督府『製糖会社農事主任会議答申』3ノ9頁．
26) 筧干城夫「台湾製糖の現地三十五年」樋口弘編『糖業事典』内外経済社，1959年，「思い出の糖業」の部，42頁．
27) 浜口栄次郎「台湾糖業の技術的進歩」樋口『糖業事典』「思い出の糖業」の部，53頁．
28) 台湾経世新報社編『台湾大年表』(第4版) 台北印刷，1938年，13–14頁．

であった[29]．その批判に油を注いだのが，台湾を襲った暴風雨であった．1911年8月26日から30日にかけて襲来した巨大台風によって，「倒潰家屋無数死傷数十名，濁水渓鉄橋流失し縦貫鉄道不通となり南北連絡全く途絶」したうえに，翌1912年9月17日に襲来した台風によって「縦貫鉄道不通となり被害不尠」という大惨事に見舞われた[30]．これらの台風は甘蔗栽培にも大打撃を与え，1910/11年期の甘蔗の40%，1911/12年期の甘蔗の60%が収穫できなくなり[31]，1909/10年期に約27万トンであった甘蔗収穫量は，1910/11年期に約18万トン，1911/12年期には約9万トンへと激減した[32]．様々な保護と犠牲の上で成立していた台湾糖業が，わずか2度の台風で壊滅的な打撃を受けたことに対し，「台湾糖業放棄論」が沸き上がったのである．

世論の批判と暴風雨の打撃を受けて，総督府では栽培技術の改善への関心が高まり，研究機関の拡充が図られた．1911年に糖務局は殖産局糖務課へと改組され，糖業試験場も糖務局から殖産局へ移管され，耕種試験や蔗苗の養成を扱う農務係，甘蔗や肥料の分析試験を扱う農芸化学係，病虫害に関する事項を扱う昆虫係において，栽培技術に関する試験研究がすすめられた[33]．また，砂糖や肥料の品質を鑑定する打狗検糖所（1912年）が打狗市街に設置されたほか，暴風雨によって蔗苗不足が発生したことに鑑みて，優良蔗苗の養成と配布を目的とする蔗苗養成所が台中庁大南（1913年）と台中庁后里（1914年）に設置された（地図3参照）．

製糖会社も栽培技術の向上に努めるようになった．垂直統合型小農経済は，製糖会社に栽培技術を開発するインセンティブを与える効果を持っていた．というのも，もし製糖会社Aが開発した栽培技術を農民aに供与したとしても，農民aが製糖会社Bに甘蔗を売却できるのであれば，製糖会社Aには栽培技術を開発するインセンティブはなくなるが，垂直統合型小農経済の下では，農民aに供与した技術の成果は必ず製糖会社Aに帰属することになるため，製糖

29）たとえば，『東洋経済新報』第507号，1909年12月5日（「此の糖業保護の流毒を如何」）．
30）台湾経世新報社『台湾大年表』（第4版）83，88頁．
31）作成者不明「台湾甘蔗の暴風被害率調」JACAR（アジア歴史資料センター），Ref. 08072350200（国立公文書館所蔵）．
32）台湾総督府『台湾糖業統計』（第16）1928年，26–27頁．
33）井出季和太『台湾治績誌』台湾日日新報社，1937年，532–533頁；台湾総督府『府報』3370号，1911年11月11日．

会社 A に栽培技術の導入・開発コストを負担するインセンティブが発生するのである．上述したように，小農形態の問題は，技術導入の主体が資力の乏しい農民であることであったが，垂直統合型小農経済の形成によって，栽培技術の導入主体は，農民から製糖会社へと移行することとなった．

総督府や製糖会社で栽培技術の研究に従事した農業技術者は，日本の教育機関の出身者であった．総督府では，北海道帝国大学農学部（前身の札幌農学校，東北帝国大学農科大学も含む）の出身者が上層人員（技師）として，主に九州の農学校の出身者が基層人員（技手）として，研究に従事した[34]．製糖会社も積極的に農業技術者を雇用した．台湾製糖(株)では「明治四十二年後の，台湾製糖の後壁林工場ができた頃から，農業方面の大学や，専門学校卒業者が糖業方面にも採用されるように」[35] なったほか，東洋製糖(株)でも「大正初期に至って，漸く甘蔗栽培面積の拡張以外に，単位面積当りの砂糖収量を増加することが，より有利であることに気付いて，多くの高等教育を受けた青年が採用されるに至」[36] るなど，農業技術者の雇用が進められた．また，製糖会社は新卒採用のみならず，台湾総督府の技術者を積極的に中途採用して，技術者の拡充を図っていった[37]．

台湾総督府と製糖会社の双方で「研究開発体制」が整備されていくなかで進められた技術進歩について，以下 3 つの事例を取り上げる．第 1 に，新品種の導入である．耐風性に乏しいローズバンブー種に代わる品種を普及させるため，総督府は，蔗苗養成所で育成した優良品種の蔗苗を，各製糖会社に設置させた中間苗圃で繁殖させた上で農民に配布することとしたほか，蔗苗の株出（甘蔗の伐採後に残った株から発芽させること）による退化を防ぐため，蔗苗を 3 年で更新

---

34)　呉文星「札幌農学校卒業生と台湾近代糖業研究の展開：台湾総督府糖業試験場を中心として（1903–1921）」松田利彦編『日本の朝鮮・台湾支配と植民地官僚』国際日本文化研究センター，2007 年；山本美穂子「台湾に渡った北大農学部卒業生たち」『北海道大学文書館年報』第 6 号，2011 年 3 月；やまだあつし「1900 年代台湾農政への熊本農業学校の関与」『名古屋市立大学大学院人間文化研究科人間文化研究』第 18 号，2012 年 12 月；高嶋朋子「大島農学校をめぐる人的移動についての試考」『日本語・日本学研究』第 3 号，2013 年 3 月；平井健介「日本植民地の産業化と技術者：台湾糖業を事例に（1900–1910 年代）」『甲南経済学論集』第 57 巻 3・4 号，2017 年 3 月．

35)　筧干城夫「台湾製糖の現地三十五年」「思い出の糖業」の部，42 頁．

36)　浜口栄次郎「台湾糖業の技術的進歩」「思い出の糖業」の部，53 頁．

37)　平井健介「日本植民地の産業化と技術者」．

する（新しく苗を植える）こととした．また，製糖会社も独自に優良品種の導入に努めたほか，風害や病虫害の影響を受けにくい高地を確保するために，台湾製糖(株)は埔里社製糖(株)を，明治製糖(株)は南投にあった中央製糖(株)をそれぞれ1913年に合併し，新鮮な蔗苗の繁殖に努めた[38]．総督府や製糖会社が導入した優良品種は，耐風性と耐肥性に優れたジャワ実生種（POJ種）であり，その繁殖が進められた結果，1915/16年期の作付品種の約90%を占めたローズバンブー種は数年で淘汰され，1920/21年期の作付品種の約85%はジャワ実生種となった．

第2に，肥料に関する技術として，甘蔗地方肥料試験の実施が挙げられる．上述したように，甘蔗栽培で施用される肥料は，糖務局が運営する共同購買事業を通じて販売された総督府指定肥料であった．しかし，1911年に開催された殖産局会議の席上，嘉義庁庶務課の技師であった網野一寿が「肥料試験は各自（製糖会社）やって居りますので，肥料の種類数量と云ふ問題は会社をして試験せしめる．さうして其成績は糖務局の方で取って夫れに依って肥料の査定数量の査定をやるやうに」[39]すべきであると意見した．恐らくこの提言を受けて，総督府は1912年度の肥料補助方針を以下のように変更した．

肥料費（台東，花蓮港両庁下は一甲に付二十円以内の現金其他は十円以内の現金）

一．改良種五分以上を耕作する者

二．新式製糖場区域内耕作者には一甲に付価格三十五円以上の肥料を施用せしむべきこと

三．前号肥料の種類成分数量は其区域所属新式製糖会社の指定に従はしむべきこと

四．肥料費の出願現金の請求受領及肥料の購入は之を其所属製糖会社に委任せしむること

五．製糖会社は補助を出願する耕作者に対し肥料の種類及数量を指定し其

38）上野『明治製糖株式会社三十年史』17，38頁；伊藤重郎編『台湾製糖株式会社史』台湾製糖株式会社，1939年，184頁．

39）台湾総督府編『台湾総督府殖産局会議々事録』1912年，123頁．

委任を受け購入手続を為すこと

六. 製糖会社は予め肥料の種類成分数量及其購入の手続に付殖産局長の認可を受くること

七. 補助の願書には肥料購入契約書又は所轄庁長の証明書を添付せしめること[40)]

すなわち，総督府は，共同購買事業の運営を製糖会社に移譲して，製糖会社に施用肥料の種類と量を決定させ（第 3 条，第 4 条，第 5 条），自らは補助金の給付条件との合致をチェックするだけとしたのである（第 1 条，第 2 条，第 6 条，第 7 条）．なお，補助金は 1916 年度を最後に打ち切られ（表 1 参照），共同購買事業の運営は完全に製糖会社によっておこなわれるようになった．そして，こうした権限移譲を前提として，総督府は，各製糖会社が独自に実施していた肥料試験を体系的に実施するため，1914 年に開催した「製糖会社農事主任会議」の席上で甘蔗地方肥料試験を実施することを決定した[41)]．この試験は，各地方庁管轄 1–2 ヵ所と各製糖工場 1 ヵ所の合計 34 ヵ所に甘蔗肥料試験園を設置し，糖業試験場が決定した方法によって肥料三要素試験と肥効比較試験を 5 年間実施するというものである．その結果，台湾各地の土壌に最適な必要肥料量に関するパネルデータが作成され，各社はそれに基づいて共同購買事業で販売する肥料を決定するようになったのである．

第 3 に，台湾総督府・製糖会社間の技術交流の場として，1911 年に「台湾蔗作研究会」が設立された．台湾蔗作研究会は，「甘蔗農業に関与せる総督府並に製糖会社の社員」を会員とし，「研究事項は必要に応じ開催する集会に於て之を討議研究」することを目的とした[42)]．討議研究された内容は，『報告』として発行された．たとえば，少し時代は下るが，1923 年 7 月に出版された『報告』第 4 号は「有機質肥料に関する調査」についてであったが，これは 1922 年 4 月 1 日に開催された研究会における東洋製糖(株) の提案を受けて，台湾製

40）臨時台湾糖務局「四十五年度糖業奨励方針」(三井文庫所蔵，台糖 26)．

41）農事主任会議については，平井健介「甘蔗作における「施肥の高度化」と殖産政策」(須永徳武編『植民地台湾の経済基盤と産業』日本経済評論社，2015 年) に詳しい．

42）井出『台湾治績誌』534 頁．

糖(株)・明治製糖(株)・塩水港製糖(株)・東洋製糖(株)の4社が各耕地における有機質の消耗量・必要補給量・実際補給量，および緑肥・堆肥の適切な製造法などを調査したものであった[43]．また，海外の栽培技術を紹介した『海外糖業記事』も発行された.『海外糖業記事』では，各国の糖業，甘蔗の品種，甘蔗の肥料，甘蔗の害虫，砂糖生産費，甜菜糖業の各項目について，海外の雑誌や新聞に掲載された記事の翻訳が1–3本収められた．直接の調査はもちろん，これらの紙媒体を通じても，栽培技術の改善と共有が図られていったのである．

以上のように，1911–12年に台湾を襲った暴風雨は，手厚い保護を受けて急成長した台湾糖業に深刻な打撃を与えたものの，却って官民の糖業関係者が栽培技術に対する関心を高める契機となったのである[44]．

2-2. 会社指定肥料

上述のとおり，1912年以降，製糖会社は共同購買事業の運営と補助金の給付(1916年までは総督府からの補助金もある)を通じて，肥料消費量の増大を図っていった．共同購買の方法は各社で共通しており，① 事前に農民から申請を受け付けて必要な肥料購入量を把握する，② 入札を実施して商社や肥料会社から肥料を購入する，③ 適当の時期に農民に配給する，④ 甘蔗の収穫後に甘蔗の買収代金から肥料代を差し引いて清算する，という順序で進められた[45]．補助の方式や金額は各社で異なっていたが，共同購買事業を通じて販売される会社指定の肥料(以下，会社指定肥料)を使用することが給付条件であったことは共通していた．また，会社指定肥料の無断転用・転売を防止するため，多くの会社は農民に対し，原料係員の立ち合いの下での施肥を求め，転用・転売が発覚した場合は補助金の停止はもちろん，さらに罰金を徴収した．1919/20年期の全製糖会社の前貸金合計845万円のうち，耕作資金386万円，肥料代413万円，蔗苗代45万円であったように(序章表3)，肥料代の前貸しは製糖会社にとって大きな負担であったが，それを呼び水に会社指定肥料を確実に使用させることで，

43）台湾蔗作研究会『有機質肥料に関する調査』1923年.
44）伊藤『台湾製糖株式会社史』188頁；西原雄次郎編『新高略史』新高製糖株式会社，1935年，18–19頁.
45）台湾銀行編『台湾に於ける肥料の現状並に将来』1920年，35–36頁.

甘蔗生産量の増大を期待できたほか，貸倒金が発生すれば農民を甘蔗作につなぎ留めておくことができたため，リスクは大きくはなかった．

では，会社指定肥料とは，具体的にどのようなものだったのだろうか．表 4 は製糖会社による共同購買事業の状況，表 5 は原料採取区域における施肥の状況を示している．金額ベースで比較すると，1910 年代に共同購買された肥料は，調合肥料を主としており，大豆粕，過燐酸石灰，硫安がそれに続いた．また，1920/21 年期の施肥状況（1910 年代は不明）を見ると，調合肥料が栽培面積の 73% に施用される一方，単一肥料は栽培面積の 25–32% に施用されるにとどまっていた．すなわち，会社指定肥料とは主に調合肥料であったのである．

ここで注目したいのは，共同購買量（表 4）と施用量（表 5）との差である．すなわち，1920 年の共同購買量と 1920/21 年期の施用量を比較すると，調合肥料では購買量よりも施用量の方が多かったのに対し，単一肥料のうち大豆粕と過燐酸石灰は施用量よりも購買量の方が多かった．この要因は「各会社は一は其の採取区域内の土壌の性質に適合せしめんか為一は大豆粕の如き肥料を家畜の飼料となすを防かんか為悉く之（各種肥料）を調合肥料に加工」[46] したとされるように，多くの製糖会社が共同購買した単一肥料を調合肥料へ加工したからであった．製糖会社が肥料を調合することもあったが，ほとんどの会社は台湾の肥料会社に調合を委託した．単純に計算した場合，1920/21 年期の調合肥料の施用量 52,679 トンのうち，1920 年に購買された既製品 29,089 トンを差し引いた 23,590 トンが，同年に購買された大豆粕・硫安・過燐酸石灰を用いて，製糖会社が自らあるいは肥料会社に委託して調合した製品ということになる．本書では，調合肥料のなかでも，既製品ではないものを「特調肥料（custom-made compound fertilizer)」と呼ぶ．

なぜ，会社指定肥料は調合肥料や特調肥料だったのだろうか．というのも，土地生産性を最大限発揮するためには，それぞれの単一肥料を適切な時期に施用した方がよいからである．しかし，台湾の製糖会社は補助金を通じて農民に会社指定肥料を施用させることはできても，彼らの行動を完全にコントロール

46）台湾銀行『台湾に於ける肥料の現状並に将来』41 頁．明治製糖が調合肥料を用いなかった理由は不明である．1918–19 蔗作年期に明治製糖が奨励の対象としていた肥料は，大豆粕 20 枚と過燐酸石灰 2 叺であった（台湾総督府『糖務年報』（第 9）1920 年，113 頁）．

表 4　製糖会社の肥料共同購買事業 1915–34 年

	調合肥料			大豆粕			硫　安			過燐酸石灰		
	量	金額	単価	量	金額	単価	量	金額	単価	量	金額	単価
1915	18,176	1,464	81	12,393	638	51	1,184	211	178	1,772	59	33
1916	22,593	1,869	83	22,072	1,217	55	1,064	232	218	3,039	120	40
1917	29,076	3,488	120	26,168	2,301	88	1,827	459	251	5,612	371	66
1918	23,154	3,187	138	30,494	2,920	96	734	271	369	6,098	421	69
1919	22,336	3,954	177	22,395	2,611	117	4,928	1,610	327	6,802	832	122
1920	29,089	4,131	142	35,510	3,390	95	3,877	973	251	9,514	688	72
1921	38,122	4,311	113	12,139	1,090	90	3,592	553	154	4,537	247	54
1922	53,125	5,586	105	10,325	841	81	5,865	1,227	209	4,438	238	54
1923	43,830	4,922	112	22,201	1,968	89	16,027	2,859	178	9,686	507	52
1924	46,669	5,466	117	19,979	2,028	102	24,273	4,491	185	12,717	662	52
1929	42,385	3,713	88	0	0		34,269	3,777	110	6,631	301	45
1930	37,331	2,567	69	0	0		37,752	3,084	82	7,433	294	40
1931	29,099	1,616	56	0	0		19,742	1,437	73	5,298	183	35
1932	34,765	1,922	55	0	0		22,454	1,584	71	6,686	210	31
1933	55,188	3,788	69	0	0		26,383	2,472	94	7,372	235	32
1934	47,126	3,521	75	0	0		31,909	3,136	98	10,424	380	36

出典）　台湾総督府『台湾糖業統計』（第 16）1928 年，64 頁；台湾総督府『肥料要覧』各年.
注 1）　量はトン，金額は 1,000 円，単価はトン当たり円.
注 2）　1925–28 年は不明.

表 5　原料採取区域の施肥状況 1920/21–1934/35 年期

	調合肥料				大豆粕				硫　安				過燐酸石灰			
	施肥面積		施肥量		施肥面積		施肥量		施肥面積		施肥量		施肥面積		施肥量	
	ha	%	ton	kg/ha	ha	%	ton	kg/ha	ha	%	ton	kg/ha	ha	%	ton	kg/ha
1920/21	97,106	(73)	52,679	(542)	42,005	(32)	19,702	(469)	35,368	(27)	4,447	(126)	32,614	(25)	5,945	(182)
1921/22	96,963	(88)	52,793	(544)	14,627	(13)	6,870	(470)	23,496	(21)	6,605	(281)	16,651	(15)	3,874	(233)
1922/23	99,931	(88)	60,570	(606)	18,022	(16)	7,237	(402)	37,662	(33)	6,206	(165)	21,874	(19)	3,709	(170)
1923/24	119,273	(91)	63,371	(531)	16,056	(12)	12,178	(758)	52,156	(40)	13,554	(260)	23,199	(18)	5,119	(221)
1924/25	90,585	(73)	65,426	(722)	19,152	(16)	7,815	(408)	55,501	(45)	20,436	(368)	32,433	(26)	7,352	(227)
1925/26	66,580	(66)	55,951	(840)	11,024	(11)	6,690	(607)	57,247	(56)	22,822	(399)	27,467	(27)	6,013	(219)
1926/27	63,997	(59)	47,941	(749)	7,994	(7)	3,323	(416)	83,184	(77)	38,339	(461)	33,542	(31)	6,832	(204)
1927/28	66,526	(55)	63,340	(952)	5,670	(5)	1,858	(328)	78,620	(65)	39,816	(506)	34,727	(29)	7,169	(206)
1928/29	50,991	(47)	53,561	(1050)	752	(1)	239	(318)	70,574	(65)	36,906	(523)	24,607	(22)	5,141	(209)
1929/30	48,135	(49)	51,600	(1072)	1,411	(1)	83	(59)	68,414	(69)	34,380	(503)	21,074	(21)	4,800	(228)
1930/31	33,912	(31)	36,441	(1075)	327	(0)	89	(273)	70,682	(65)	36,310	(514)	26,745	(24)	5,337	(200)
1931/32	33,404	(40)	31,004	(928)	253	(0)	63	(251)	42,719	(51)	16,668	(390)	21,181	(25)	3,535	(167)
1932/33	38,924	(43)	33,880	(870)	352	(0)	99	(281)	44,005	(48)	22,573	(513)	28,283	(31)	5,225	(185)
1933/34	68,667	(56)	65,761	(958)	373	(0)	103	(275)	52,271	(43)	28,990	(555)	33,732	(28)	6,730	(200)
1934/35	48,666	(38)	46,393	(953)	556	(0)	103	(185)	56,327	(44)	32,252	(573)	37,110	(29)	8,615	(232)

出典）　台湾総督府『台湾糖業統計』各年.
注）「施肥面積」の % の欄は，栽培面積（本表では省略）に対する比率を示している.

するには相当の監視コストを要した．この問題をある程度解決するために，複数の単一肥料をパッケージ化した「初心者向け」とも言える調合肥料が選択されたのである．そのうえで，とくに特調肥料が施用されたのは，できるだけ各地の土壌に最適な肥料を施用するためであった．上述したように，1910 年代初頭に各製糖会社が独自の肥料試験を開始し，さらに 1915–19 年に甘蔗地方肥料試験が実施されると，各地の土壌に施用すべき最適の肥料成分量が把握された．しかし，それと肥料会社が製造した調合肥料（既製品）の肥料成分量が一致するとは限らない．この問題を解決するために，特調肥料が生まれたのである．

また，特調肥料には価格の変動を和らげる効果もあった．1918 年に開催された第 3 回農事主任会議において[47]，総督府からの「戦乱後肥料価格年々騰貴せる為め各製糖会社及其区域内蔗農の使用する購入肥料の数量種類等に影響せる所無きや実況如何」という諮問に対し，主要 7 社（8 工場）のうち，1 工場（新高製糖(株) 彰化工場）を除いて影響が「ある」と答えた[48]．影響が「ある」と答えた各社の対策の共通点は，調合歩合の変更と補助金の増額であった．表 6 は，1915/16 年期–1917/18 年期に林本源製糖(株) で用いられた調合肥料の原料を示している．この短期間に肥料価格が約 1.5–2 倍に高騰し（表 4），林本源製糖(株) では施肥量が 515 kg/ha から 491 kg/ha へとほとんど減少していないにもかかわらず，肥料代は 34.2 円/ha から 39.4 円/ha へ 15% 増に止まっていた．この要因は，高価な硫安の使用を抑制し，安価な大豆粕の使用を増大させたためである．したがって，たとえば窒素肥料成分量が 35.4 kg/ha から 24.2 kg/ha へ減少したように，1917/18 年期に施用された調合肥料は 1915/16 年期のそれに比べて成分に乏しく，林本源製糖(株) の土地生産性は 41 ton/ha から 29 ton/ha へ下落した．こうした対応はほとんどの製糖会社で行われ，その結果，台湾糖業全体の土地生産性は 40 ton/ha から 28 ton/ha へ下落した[49]．

製糖会社が危機感を抱いたのは，価格の高騰が「折角一般に施用観念の進み

47） 以下，会議内容は，台湾総督府編『第三回製糖会社農事主任会議答申』1919 年．

48） 彰化工場は「当地方の蔗農は肥効の顕著なるは勿論其の施用量の如何は作柄に大影響を及ぼすこと一般に周知せるを以て如何に価格が騰貴せりと雖も会社より彼等に配布すべき数量は絶対減し能はざる（中略）施用量に関しては従来に比し何等影響なきなり」と答えている（台湾総督府『第三回製糖会社農事主任会議答申』2–3 頁）．

49） 台湾総督府『台湾糖業統計』1920 年，65 頁．

表6　林本源製糖(株)の特調肥料の原料 1915/16–1917/18 年期

		施肥量 (kg/ha)	肥料代 (円/ha)	肥料成分量 (kg/ha) 窒素	燐酸	カリ
1915/16	大豆粕	247.2	11.4	14.8	3.2	3.7
	硫　安	103.0	17.7	20.6	0.0	0.0
	過燐酸石灰	164.8	5.1	0.0	32.1	0.0
	合計	515.1	34.2	35.4	35.4	3.7
1916/17	大豆粕	425.6	21.6	28.5	6.0	6.8
	硫　安	65.5	14.1	13.1	0.0	0.0
	過燐酸石灰	163.7	6.1	0.0	31.9	0.0
	合計	654.8	41.8	41.6	37.9	6.8
1917/18	大豆粕	402.7	33.9	24.2	4.4	5.8
	硫　安		0.0	0.0	0.0	0.0
	過燐酸石灰	88.4	5.4	0.0	17.7	0.0
	合計	491.1	39.4	24.2	22.1	5.8

出典）台湾総督府編『第三回製糖会社農事主任会議答申』1919年，4–5，11頁.

つつある本島糖業上由々敷悪影響を及ぼす」こと，すなわち農民の施肥習慣の後退であった．したがって，大日本製糖(株)が「施用を極力奨励」，台湾製糖(株)が「施肥勧誘」と表現したように，含有成分量を下げてでも施肥を継続させることを重視し，もう1つの対応である補助金の増額を通じて，生産性の低下に伴う損失を補填した[50)]．このような対応は，調合原料・含有成分率を自由に変更できる特調肥料によって初めて可能であったのである．

ただし，会社指定肥料は，万能であったわけではない．表7は，塩水港製糖(株)各工場の原料採取区域およびプランテーション（生産量は全体の10%程度）を対象に，試験結果から得られた目標施肥量と，1913–22年の実際施肥量を示している．まず，会社主導の施肥が可能なプランテーションでは，実際施肥量が目標施肥量に近似していることから，目標施肥量が文字通り「目標」として捉えられていたとことを確認しておく．そのうえで，会社指定肥料が施用された

50）奨励規程において肥料費の農民負担分を定額とすることも価格上昇期には重要な金銭的補助となるが，そのような対応を採った製糖会社は1916年には明治製糖(株)1社であったが，1918年には東洋製糖(株)，新高製糖(株)，塩水港製糖(株)が新たに加わった（『糖業』第5年3月号，1918年3月（「製糖会社の甘蔗植付奨励」）；『糖業』第5年4月号，1918年4月（「製糖会社の甘蔗植付奨励」）；『糖業』第5年5月号，1918年5月（「製糖会社の甘蔗植付奨励」）；『糖業』第5年6月号，1918年6月（「製糖会社の甘蔗植付奨励」）；台湾総督府『第九糖務年報』101–121頁）.

表 7　塩水港製糖(株)の目標施肥量と実際施肥量 1913–22 年

（窒素成分量，kg/ha）

		原料採取区域						プランテーション			
		新営工場		岸内工場		旗尾工場		新営工場		旗尾工場	
目標施肥量		85	100%	43	100%	104	100%	85	100%	104	100%
実際施肥量	1913	12	14%	12	28%	30	29%	78	92%	124	120%
	1914	16	19%	12	28%	50	48%	105	124%	175	168%
	1915	25	29%	23	54%	65	63%	113	134%	115	111%
	1916	32	37%	40	94%	66	63%	117	139%	99	95%
	1917	33	39%	34	79%	86	83%	87	103%	79	76%
	1918	16	19%	18	41%	53	50%	87	102%	70	67%
	1919	16	19%	16	37%	51	49%	76	90%	164	158%
	1920	22	26%	22	51%	45	44%	66	78%	78	75%
	1921	16	19%	18	43%	41	39%	78	92%	83	80%
	1922	27	32%	27	64%	60	58%	84	99%	128	123%
	平均	22	25%	22	52%	55	53%	89	105%	112	107%

出典）山村悦造『甘蔗地方肥料試験成績報告』（中央研究所農業部報告 13）台湾総督府，1924 年；台湾蔗作研究会『蔗作に関する統計』1923 年，88–89 頁.
注）旗尾工場プランテーションの 1919 年の数字は誤記の可能性があるが，そのままとした.

原料採取区域における状況を見ると，目標施肥量と実際施肥量の間にはかなりの乖離があったことが読み取れる．すなわち，目標施肥量に対する 1913–22 年平均の実際施肥量の比率は，岸内工場と旗尾工場では約 50%，新営工場に至っては約 25% に過ぎなかった．製糖会社は，補助金の給付を通じて農民に施肥へのインセンティブを付与できたが，農民の肥料習慣や予算制約のために，目標値まで施用量を増大させることは容易ではなかったのである．

実際施肥量を目標施肥量に近づけるためには，原料採取区域内の農民の施肥量をさらに増大させる方法を講じるか，あるいは土地購入や小作契約の締結を通じて甘蔗栽培を内部化する（プランテーションを形成する）という 2 通りの方法がある．前者の場合，肥料代の負担増を農民に求めることになり，負担を緩和するには総督府に補助金を要請するほかない．しかし，上述したように，1916 年度を最後に総督府は肥料補助を打ち切っていたから，その再開を求めることは現実的ではなかった．

一方，後者については「集団蔗園」の設置が模索された．集団蔗園とは，互いに隣接する複数の土地を会社が一括して賃借し，会社が指定した方法で甘蔗を栽培するという “loan plantation” である（ジャワのプランテーションはこの形態に近い）．集団蔗園は高い生産性を発揮できるというメリットがある一方，複数の土地所有者から同時期に賃借することが難しいというデメリットがあった．そこで，製糖会社は土地の集積を容易とする法律の施行を総督府に陳情した．総督府が第2回農事主任会議の席上で「集団蔗園設置に関し簡易なる方法ありや」について諮問し，ほとんどの会社が「分からない」あるいは「研究・考究中」と答えるなかで，4社が以下のような意見を述べた．

〈台北製糖（株）〉「集団蔗園の設置は誠に刻下の急務にして（中略）糖業発達の必要上官憲より具体的の援助を仰ぎたし」[51]

〈南日本製糖（株）〉「限りある資本をして濫りに固定せしむる事は現下の各会社として到底不可能の事に属するを以て，須らく糖業奨励の大本に反りて会社が一時に多大の土地を容易に其権利の下に置くことを得る法令の発布を得るに至らば，本島の糖業も茲に始めて確乎たる基礎の上に置かるるを得可し，然らざれば適当なる地域を選んで各会社の製糖能力に応じて官憲指示の下に強制的に贌耕（土地の小作）を行はしめ」[52]

〈明治製糖（株）〉「現今各会社の原料採取区域限定の方法を更に一歩を進め官庁の保護に依りて区域内の適当の地に集団蔗園を設け得るに至らば最も確実に実行を望み得べきも特に簡易なる意味に於ては適当なる方法なかるべし」[53]

〈台湾製糖（株）〉「土地買収の困難なる現在の状態にありては贌耕権の獲得に待たざる可からざるも大なる区画に対しては之を得ること至難なるを以て勢ひ官庁の庇護に依らざれば望む可からず」[54]

すなわち，いずれの会社も土地を容易に購入・賃貸できる法律の施行を総督府に求めたのである．集団蔗園の要求については，直後に開催された糖業連合会台湾支部の会議において，

51）台湾総督府編『製糖会社農事主任会議答申』1914年，4ノ1頁．
52）台湾総督府『製糖会社農事主任会議答申』4ノ2頁．
53）台湾総督府『製糖会社農事主任会議答申』4ノ3頁．
54）台湾総督府『製糖会社農事主任会議答申』4ノ4頁．

(1)　製糖会社による土地買収に法的な裏付けを与えること
(2)　製糖会社による土地使用権の獲得を促進するための立法措置をとること
(3)　製糖会社の原料採取区域内に，毎年，会社の申請に基づいて総督府が蔗作地を指定すること
(4)　製糖会社が必要とする分量の原料甘蔗の提供を原料採取区域内の農民に強制すること

を総督府に提案することが決議された[55]．糖業連合会台湾支部は，提案理由を

> 仰も当業者等が一億の資金を投じて斯業を経営するに至れるもの，偏に総督府当初の糖業政策に信頼し，独り其工業的方面のみならず，併せて農事方面の保護指導にも浴し，原料甘蔗耕作の安固充足を永遠に確保し得らるるを確信致したる為めに御座候．（中略）農事的方面に対して斯業百年の長計を確立せられんとする一刹那に及んで，浮浪口舌の輩唯徒らに人権を絶叫せし為め，当局の方針功を千仭の一簣に欠き，悔を画龍の点睛に残され候もの，実に千歳の恨事，独り糖業の不幸のみならず併せて本島統治上の一大不幸にあらざりしやと愚行仕り候

とする[56]．すなわち，製糖会社は，総督府の糖業保護政策を信頼して設立されたのであるから，総督府には保護を拡大する義務と責任があると暴論を吐いたのである．総督府は，こうした陳情には対応せず，したがって，肥料投入量は農民の経済状況に左右され続けた．

2-3.　帝国内貿易への依存

台湾で消費された肥料のほとんどは，帝国内地域から供給されていた．図 2 は，帝国日本の肥料貿易について，貿易額が 100 万円を超える取引を示したものである．1918 年の時点で，帝国外地域からの肥料輸入は日本に限られ，硫

55)　糖業協会編『近代日本糖業史』（下巻）勁草書房，1997 年，88 頁．
56)　糖業協会『近代日本糖業史』（下巻）88–89 頁．

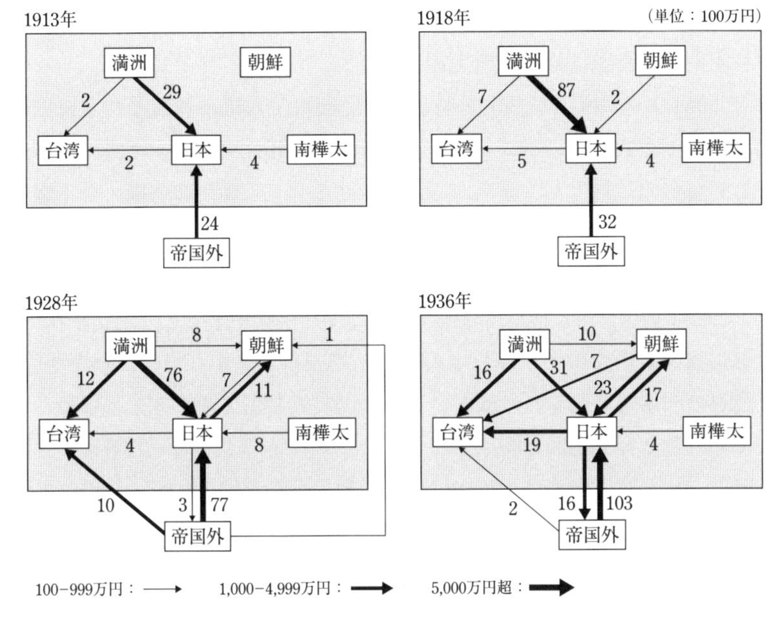

図 2　帝国日本の肥料貿易 1913，1918，1928，1936 年

注 1)　日本・台湾間，日本・満洲間，日本・朝鮮間，日本・南樺太間，日本・帝国外間の貿易額は，農林省『肥料要覧』各年．台湾・満洲間，台湾・帝国外間の貿易額は，台湾総督府『台湾貿易年表』各年．朝鮮・満洲間，朝鮮・台湾間，朝鮮・帝国外間の貿易額は，朝鮮総督府『朝鮮貿易年表』各年．

注 2)　指定年を中点とする，3 ヵ年移動平均値．

注 3)　満洲とは，統計上の関東州・満洲国を指す．ただし，大豆粕については中華民国を産地とするものも含む．

安や燐鉱石（過燐酸石灰の原料）を中心に約 3,200 万円に達した．

帝国内貿易は，帝国内地域から日本への肥料供給を軸とし，その嚆矢は日露戦後における満洲・日本間の大豆粕貿易であった．19 世紀末まで，満洲産の大豆粕は中国沿岸貿易の重要商品であったが，日本の肥料需要の増大によって価格が高騰した魚肥の代替品として注目されると，日本へ向けて大量に輸出されるようになった[57]．特に，第一次世界大戦期の米価高騰によって農民の購買力が上昇するなかで，大豆粕への需要も増大した[58]．輸出港は当初は営口（牛荘）であったが，日露戦後に開港した大連に対して 1908 年に南満洲鉄道（株）が特

57)　宮田道昭『中国の開港と沿岸市場』東方書店，2006 年，93–100 頁．

58)　坂口誠「近代日本の大豆粕市場」『立教経済学研究』第 57 巻 2 号，2003 年 10 月，57 頁．

定運賃制度を導入すると，大連が大豆粕の最大の輸出港となり，1918 年の満洲・日本間の貿易額は約 8,700 万円に達した．

また，1909 年に樺太が日本と同一の関税圏に組み込まれると[59]，樺太から魚粕が日本へ移出され，1918 年の貿易額は約 400 万円であった[60]．さらに，朝鮮も肥料供給地域として参入し，米糠を中心に 1918 年の朝鮮・日本間の貿易額は約 200 万円に達した．台湾の移出米が玄米を主としたのに対し，朝鮮の移出米は精米が多く[61]，精米の生産量の増大に伴って米糠の生産量も増大した．移出された米糠は，主に群馬や埼玉における桑田への肥料として消費された[62]．朝鮮が過燐酸石灰を軸とする日本の肥料工業の市場になり得なかった要因は，販売肥料の利用が抑制されたほか，燐酸質肥料として米糠が充分に供給されたことにあったと考えられる[63]．

このように，帝国内地域が日本に対する肥料供給地域として帝国内貿易に参入したのに対して，台湾は肥料需要地域として参入した．1918 年時点での台湾の肥料貿易額は約 1,200 万円であり，満洲から大豆粕が輸入されたほか，日本から化学肥料が移入された．日本の化学肥料工業は，1887 年に設立された東京人造肥料(株)（1910 年に大阪硫曹と合併して大日本人造肥料(株)となる）における過燐酸石灰の生産を嚆矢とし，日清・日露戦争期に成長したものの，次第に生産過剰に悩まされるようになった[64]．台湾における肥料需要の形成は，日本の過燐酸石灰工業に新たな市場を提供することとなり，1912–13 年に日本で生産された過燐酸石灰の 5–6% は台湾へ移出された[65]．台湾は，日本の肥料集散

59）山本有造『日本植民地経済史研究』名古屋大学出版会，1992 年，68 頁．

60）20 世紀における日本・樺太の魚肥市場については，高橋周の一連の研究がある．高橋周「20 世紀初頭の魚肥需要」『早稲田経済学研究』第 52 号，2001 年 3 月；高橋周「両大戦間期における魚粉貿易の逆転」『社会経済史学』第 70 巻 2 号，2004 年 7 月；高橋周「20 世紀初頭における在来魚肥の改良の試み」『経営史学』第 41 巻 2 号，2006 年 9 月．

61）東洋経済新報社編『日本貿易精覧』1935 年，592 頁．

62）朝鮮総督府『朝鮮貿易要覧』（大正 10 年）1922 年，249 頁．

63）時期はやや下るが，1924 年の過燐酸石灰消費量が内地 1 億貫，台湾 550 万貫，朝鮮 150 万貫であったのに対し，米糠消費量は内地 4,000 万貫，朝鮮 1,200 万貫，台湾 0 貫であった（東京肥料日報社『大日本肥料年鑑』（昭和 6 年版）1931 年，206–207，220–221 頁）．

64）渡辺徳二編『化学工業（上）』（現代日本産業発達史 13）交詢社，1968 年，87 頁．

65）農林省『肥料要覧（昭和 10 年）』1936 年，2–3，10 頁．

地であった大阪・東京から海運で発送される仕向け先の首位であり[66]，帝国内の主要な肥料需要地域となった．

日本や満洲の肥料工業が，台湾における肥料需要の形成という新たな機会を捉えることができた要因は，糖務局の共同購買事業の入札方法にあった．その詳細を知ることができるのは，管見の限り1910年のみであるが，入札は「指名によることとし（日本の）各府県に就き取調へたる肥料業者を参酌し主なる者左記9名を選抜し」[67] て行われた．「左記9名」とは，多木製肥所，大阪アルカリ（株），横浜肥料製造（株），関東酸曹（株），大日本人造肥料（株）といった肥料会社と，安部幸兵衛，増田増蔵，三井物産，大倉組といった商社に分けられ[68]，肥料会社は過燐酸石灰と調合肥料，商社は大豆粕の入札に参加した．また，1913年に打狗検糖所で成分分析された肥料が，過燐酸石灰は大日本人造肥料（株），多木製肥所，関東酸曹（株）の製品，調合肥料は台湾肥料（株），多木製肥所，関東酸曹（株），横浜肥料（株）の製品であったことから，入札業者に大きな変更はなかったと考えられる[69]．糖務局の入札方法に帝国内貿易の拡大の一要因があったのである．

表8を用いて，台湾における肥料供給をより詳細に考察しよう．大豆粕は満洲から輸入され[70]，三井物産・鈴木商店・安部幸商店・増田増蔵・多木製肥所・大倉商事など，製糖会社と関係が深い日本商社が独占していた[71]．台湾では1914年に設立された藤田豆粕製造合資会社によって大豆粕が生産されていたが，その大半は家畜飼料として販売されており，肥料としてはほぼ用いられなかった．過燐酸石灰は，日本からの移入に依存していた．移入の担い手は，三井物産・鈴木商店・大倉商事・高田商会といった日本商社に加え，賀田組・台湾商事などの台湾の商社が新たに参入した[72]．ただし，住友肥料の販売権を

66）中西聡「肥料流通と畿内市場」中西聡・中村尚史『商品流通の近代史』日本経済評論社，2003年，90–91，118頁．
67）三井物産「明治四十三年度共同購買肥料買入に関する協議事項」．
68）三井物産「明治四十三年度共同購買肥料買入に関する協議事項」．
69）台湾総督府中央研究所高雄検糖支所『拾週年報』台湾総督府，1922年，40，45頁．
70）台湾銀行『台湾に於ける肥料の現状並将来』81頁．
71）杉原佐一『思い出の記』（私家版）1980年，29頁．
72）台湾銀行『台湾に於ける肥料の現状並将来』53頁．

表8　各種肥料の供給量1913–35年

（単位：トン）

	調合肥料			大豆粕			硫安			過燐酸石灰		
	生産	輸入	移入	生産	輸入	移入	生産	輸入	移入	生産	輸入	移入
1913	0	0	16,814	0	30,377	1,301	0	n.a.	n.a.	0	0	9,549
1914	2,224	0	15,989	0	33,082	4,532	0	n.a.	n.a.	0	0	9,081
1915	4,858	0	24,933	0	53,887	3,030	0	n.a.	n.a.	0	0	14,160
1916	9,683	0	32,066	3,313	60,790	6,717	0	n.a.	n.a.	0	0	18,211
1917	9,141	0	38,411	1,200	69,004	12,411	0	n.a.	n.a.	0	0	21,815
1918	10,944	0	24,077	4,198	71,337	988	0	n.a.	n.a.	0	0	13,674
1919	11,939	0	16,742	4,032	94,170	3,748	0	n.a.	n.a.	0	0	18,757
1920	18,617	0	23,575	3,920	112,085	1,289	0	n.a.	n.a.	0	0	18,405
1921	18,818	0	22,421	5,706	82,459	469	0	2,582	4,429	5,236	0	12,733
1922	15,702	0	19,471	11,140	94,785	26	0	2,249	6,838	5,857	0	12,938
1923	22,457	0	11,940	9,307	101,267	12	0	5,358	8,884	11,717	0	14,716
1924	27,464	0	20,745	7,906	146,335	467	0	10,761	16,685	12,982	0	27,255
1925	41,329	0	15,639	8,176	180,036	7	0	30,147	15,576	15,747	0	34,054
1926	33,183	0	9,977	8,947	167,540	2,372	0	44,161	9,481	14,214	0	33,776
1927	42,541	0	6,941	2,694	172,711	390	0	68,248	8,107	15,649	0	39,948
1928	55,152	0	10,986	13,521	164,740	2,028	0	93,197	7,792	16,709	0	41,993
1929	50,519	0	9,674	17,534	169,124	881	0	72,410	14,873	15,115	0	38,965
1930	43,976	0	12,058	9,288	176,740	1,550	0	83,089	34,552	14,154	0	35,095
1931	38,700	0	18,448	5,837	201,550	0	0	90,403	18,857	15,943	0	32,115
1932	43,587	0	22,892	6,022	201,231	0	0	39,068	52,031	15,778	0	41,803
1933	58,754	0	21,266	13,919	189,711	0	0	40,149	34,868	17,265	0	30,065
1934	54,327	0	21,453	14,929	225,233	964	0	59,352	45,695	17,913	0	35,649
1935	58,601	0	28,959	17,265	211,463	221	0	51,232	58,523	17,422	0	37,610

出典）台湾総督府『台湾商工統計』各年；台湾総督府『台湾貿易四十年表』台湾総督府，1936年，307–309，673–676頁．

注）1913–18年における過燐酸石灰および調合肥料の移入量は，原表の「過燐酸石灰及其他の人造肥料」の項目の各年の移入量に，1921年における過燐酸石灰・調合肥料の移入量の比率を乗じて算出．

有する賀田組の取扱量は増大したものの，シェアは16%に過ぎず[73)]，三井物産や鈴木商店などの商社の影響力が強かった．調合肥料は日本産の調合肥料と台湾産の特調肥料があった．特調肥料に対する需要は，台湾の肥料工業の成長につながった．1910年に設立された台湾肥料(株)は，塩水港製糖(株)・明治製糖(株)・大日本製糖(株)からの委託を受けて特調肥料を生産しており[74)]，3社

73)　三井物産台南支店長「支店長会議参考資料」1926年（三井文庫所蔵，物産387）77，86–87，96–97頁．

74)　台湾銀行『台湾における肥料の現状並将来』78頁．

合計の甘蔗収穫面積・収穫高は全体の 30% 強に上った[75]．また，台湾産の特調肥料は日本産の調合肥料に比べて価格面で優位にあった．その結果，1917 年までは生産量と移入量がともに増大していたものの，1918 年以降は移入量を代替する形で生産量が増大し，調合肥料の供給における台湾産の特調肥料のシェアは，1914 年の 12% から 1919 年の 41% に上昇した[76]．

3.　土地生産性の向上と移入代替

3-1.　肥料消費の増大と多様化

米騒動に象徴される日本における米価の上昇と，台湾における蓬萊米の登場によって，台湾では稲作の収益性が高まったため，図 1 に示されるように，甘蔗の栽培面積は停滞・減少していった．したがって，製糖会社は，土地生産性の向上を通じて甘蔗生産量の増大を図らなければならなくなった．総督府は，1921 年に糖業試験場を中央研究所農業部糖業科へ，打狗検糖所を同研究所高雄検糖支所へ発展的に改組し（1932 年に糖業試験所へ改組），技術開発に取り組んだ．当該期の栽培技術の 1 つとして，高収量のジャワ大茎種の導入が挙げられる．総督府や製糖会社によって多様な大茎種が輸入されたが，なかでも台湾の自然環境に合致した 2725POJ 種は，1920 年代末には栽培面積の 75% に植えつけられるようになり[77]，肥料投入量の増大と相まって内包的深化を支えていった．製糖会社は耕作資金や肥料代を農民に前貸していたが，前貸金に占める肥料代の比率は 1920 年代後半に高まった（序章表 3）．肥料代の一部が未回収となる場合もあったが，製糖会社は農民に肥料代を融資し続けた[78]．1920 年代に土地生産性は 2.5 倍も向上したが，台湾が日本植民地下にあった 50 年の間，これほど生産性が向上した期間はなかった．

表 4 と表 5 に示されるように，当該期の会社指定肥料では以下 2 点の変化が

75）台湾総督府『台湾糖業統計』（第 16）37 頁．

76）打狗検糖所においても，内地品に加えて，台湾肥料の製品がほぼ毎年分析対象となった（台湾総督府中央研究所高雄検糖支所『拾週年報』45–46 頁）．

77）台湾総督府『台湾糖業統計』（第 24）1936 年，48–49 頁．

78）『糖業』第 13 年 9 月号，1926 年 9 月（「蔗農前貸金の輯出と回収」）；波越廉平「州下製糖会社の前貸制度に就て」台中州農会『農業経営研究会報』（第 1 報）台中州農会，1930 年，111 頁．

見られた．第 1 に，大豆粕が用いられなくなった．大豆粕の共同購買量は 1920 年の 3.5 万トンをピークに，1924 年には 2 万トンまで減少し，1929 年には購入されなくなった．また，施用面積・施用量は，1920/21 年期から 1929/30 年期にかけて，4.2 万 ha・2 万トンから 1,411 ha・83 トンへ減少した．大豆粕の施用量が減少した要因は，硫安に代替されたからである．大豆粕の窒素含有量を 6%，硫安のそれを 20% と想定した場合，窒素 1 kg 当りの価格は，1918 年までは大豆粕 1.60 円/kg，硫安 1.84 円/kg であったが，1919 年以降は硫安の方が安価となり，1924 年には大豆粕 1.69 円/kg，硫安 0.93 円/kg となった．硫安の共同購買量は 1919 年以降に急増して 1929 年には 3.4 万トンに達し，特調肥料の原料となった分を除いても，栽培面積の 70% に施用された．硫安の多くはヨーロッパ品であり，「本島農民は独逸硫安の使用に慣れ硫安と云へは独逸の「マーク」かなけれは喜はさる」[79] ほどであったという．

第 2 に，調合肥料一辺倒から調合肥料・硫安へと施肥の多様化が見られた．調合肥料の施用面積は，1923/24 年期の 12 万 ha（栽培面積の 91%）をピークに 1929/30 年期には 4.8 万 ha（同 49%）まで減少したが，施用量は約 5 万トンで安定した．その結果，調合肥料の単位面積当たり施用量は，1920/21 年期の 542 kg/ha から 1929/30 年期の 1,072 kg/ha へ増大していた．すなわち，調合肥料は限られた地域において多投されたのである．表 9 は，1928/29 年期の各工場の会社指定肥料と実際の施肥状況を，北に位置する工場から順に掲載している（地図 3 参照）．当該期には，調合肥料が主に台中州で，硫安が主に台南州で奨励されており，台南州の明治製糖（株）蒜頭工場以南の地域では，高雄州の台湾製糖（株）旗尾工場を例外として，調合肥料は施用されていない．一方，大日本製糖（株）北港工場以北の地域では，大日本製糖（株）斗六工場と台湾製糖（株）埔里社工場を例外として，全ての工場で調合肥料が施用された．

肥料消費が多様化した要因は複数あると考えられる．第 1 に，会社の方針である．たとえば，台湾製糖（株）は調合肥料を使用しない方針であり，それは調合肥料の施用が中心であった台中州において，台湾製糖（株）埔里社工場が調合肥料を使用しなかったことにも示されている．台湾製糖（株）と対極に位置する

79)　台湾銀行台北頭取席調査課「台湾に於ける販売肥料の需給関係と硫安工業の計画に就て」1934 年 4 月，29 頁（中央研究院台灣史研究所所蔵台湾銀行史料）．

表 9　工場別の「会社指定肥料」と施肥状況 1928/29 年期

州	会社工場	会社指定肥料	作付面積 (ha)	施用面積 (ha)・量 (1,000 ton)					
				調合肥料		硫安		過燐酸石灰	
				面積	量	面積	量	面積	量
台中	大日本 月眉	調合肥料	1,057	809	883	249	226	1,309	234
	大日本 烏日	調合肥料	1,240	1,201	1,507	19	10	39	15
	新高 彰化	調合肥料	2,983	3,170	5,161	0	0	0	0
	明治 渓湖	調合肥料 / 硫安	2,913	2,570	3,130	1,214	370	341	160
	台湾 埔里社	n.a.	1,187	0	0	1,006	405	940	214
	明治 南投	調合肥料	2,510	2,461	2,816	624	126	0	0
	塩水港 渓州	調合肥料・硫安・過燐酸石灰	3,867	3,867	1,000	3,867	998	3,867	680
台南	大日本 虎尾	調合肥料	11,097	11,098	12,040	820	601	820	574
	大日本 斗六	硫安・過燐酸石灰	1,621	0	0	1,620	1,145	1,605	170
	新高 嘉義	n.a.	2,417	2,114	2,250	1,190	530	545	165
	大日本 北港	調合肥料	5,514	5,165	3,749	259	161	219	107
	明治 蒜頭	n.a.	4,901	0	0	4,901	2,709	460	43
	明治 南靖	硫安	2,616	0	0	2,357	1,376	148	22
	塩水港 新営	硫安・過燐酸石灰	2,875	0	0	2,748	1,514	2,431	486
	塩水港 岸内	硫安・過燐酸石灰	3,444	0	0	3,371	1,849	3,172	401
	明治 烏樹林	硫安	2,006	0	0	1,957	996	32	12
	明治 総爺	硫安	1,966	0	0	1,902	1,241	14	25
	明治 蕭龍	硫安	2,762	0	0	2,762	1,722	5	1
	台湾 湾裡	n.a.	3,545	0	0	3,715	2,561	647	183
	台湾 三崁店	n.a.	3,022	0	0	3,000	1,911	6	3
	台湾 車路乾	n.a.	2,246	0	0	2,278	1,486	6	1
高雄	台湾 旗尾	n.a.	2,280	19	12	2,005	1,184	1,267	208
	台湾 橋仔頭	n.a.	3,737	0	0	3,731	2,291	1,958	216
	台湾 阿候	n.a.	4,223	0	0	4,224	2,200	1,208	351
	台湾 後壁林	n.a.	1,804	0	0	1,812	1,492	29	5
	台湾 東港	n.a.	2,959	0	0	2,915	2,000	1,477	229
	台湾 恒春	硫安など	988	0	0	988	755	0	0

出典）『糖業（臨時増刊蔗作奨励号）』169 号，1928 年 10 月；台湾総督府『台湾糖業統計』（第 19）1931 年，56–57 頁；台湾総督府『台湾糖業統計』（第 21）1936 年，45 頁.

のが，単一肥料よりも調合肥料を選好した大日本製糖(株) や新高製糖(株) である．新高製糖(株) は鈴鹿商店と大口契約を結んでおり，大日本製糖(株) は 1927 年の鈴木商店倒産の余波を受けた東洋製糖(株) の月眉・斗六・北港工場を買収することで砂糖の生産を拡大させたが，東洋製糖(株) は鈴木系の大成化学(株) から調合肥料の供給を受けていた．日本の肥料会社との関係があったため，これらの製糖会社は調合肥料を多く使用したのかもしれない．

第 2 に，自然環境の差である．蒜頭工場と北港工場の間には北回帰線が通り，それを境に気候帯が亜熱帯と熱帯に分かれる．1920 年代に総督府がおこなった調査によれば，甘蔗栽培に必要な肥料成分に占める土壌からの吸収率は，台中州で窒素の 60%，燐酸の 70%，台南州で窒素の 50%，燐酸の 80% であった[80)]．すなわち，台中州では窒素と燐酸が比較的バランスよく補給されなければならないのに対し，台南州では主に窒素が補給されなければならなかった．これら複数の要素が絡み合って，当該期には調合肥料と硫安の消費量が地域で多様化しながら増大するようになったのである．

3-2.　帝国内貿易からの自立

肥料貿易は，1920 年代も拡大の一途をたどった（図 2）．日本の肥料需要は，米価の上昇や都市化の進展を背景に，米・蔬菜・果物の生産が拡大したことによって増大した[81)]．最も需要を伸ばした肥料は硫安であった．大戦後のヨーロッパにおける大豆需要の増大が，大豆粕価格の下落を抑制する一方，技術革新を通じて大量に生産されるようになった硫安の価格は下落し続けたため，大豆粕よりも硫安が需要されたのである[82)]．その結果，1928 年には，大豆粕が大半を占める満洲・日本間の貿易額が 7,600 万円にまで減少する一方で，硫安が多くを占める日本・帝国外地域間の貿易額は 7,700 万円まで増大した．日本の肥料工業では，19 世紀末からガス業や鉄鋼業で副生硫安が生産され，第一次世界大戦期前後には日本窒素肥料(株) や電気化学工業(株) で変成硫安が生産されるようになり[83)]，1913 年に 7,400 トンに過ぎなかった硫安生産量は，1928 年には 23.2 万トンへ増大した[84)]．しかし，硫安需要の急増に生産は追い付かなかったし，1924 年以降はハーバー＝ボッシュ法（空中窒素固定法）によって安価に生産される合成硫安が大量にドイツから日本へ輸入されたため，1913 年

80）山村悦造『甘蔗地方肥料試験成績報告』（台湾総督府中央研究所農業部報告 13）台湾総督府，1925 年，216 頁．
81）暉峻衆三編『日本農業 100 年のあゆみ』有斐閣，1996 年，106 頁．
82）坂口「近代日本の大豆粕市場」．
83）石川一郎『化学肥料』（現代日本工業全集 13）日本評論社，1934 年，214–218 頁．
84）農林省『肥料要覧』（昭和 6 年版）1932 年，5 頁．

に8.4万トンであった輸入量は，1928年には28.4万トンまで増大した[85)]．なお，1921–28年にかけて，有機質肥料の消費量は絶対的には大きな変化はなく，魚肥（鰊搾粕）は5.1万トンから7.1万トンへ微増し，大豆粕消費量は126万トンから116万トンへ微減したに過ぎない[86)]．1920年代の日本における肥料需要は，代替を伴った増大というよりも，多様化を伴った増大であった．

大戦期に帝国内貿易に参入した朝鮮は，それへの依存度を強めていった．朝鮮では，1919年に販売肥料の奨励が開始され[87)]，1926年以降の第二次産米増殖計画において肥料購入資金の低利融資が開始された結果，肥料需要は急増した．朝鮮の肥料貿易額は1918年には200万円に過ぎなかったが，1928年には2,700万円となり，満洲から大豆粕が輸入されたほか，日本から硫安を中心とする多様な化学肥料が移入された．硫安の供給では，日本産硫安と海外産硫安の熾烈な販売競争が繰り広げられたものの，日本窒素肥料(株)の製品が主に供給された[88)]．一方，日本向け移出額は700万円まで増大し，その中心は1925年以降に米糠から魚肥（主に鰮（いわし）粕）へ移行した[89)]．朝鮮東岸の鰮回遊には数十年の周期があり，1920年代後半から大回遊期が開始された結果，鰮粕は主に従業員4人以下の零細工場において大量に生産され，日本へ移出された[90)]．朝鮮は需要と供給の両面で，帝国内貿易への依存を強めていったのである．

朝鮮と対照的な動きを示したのが台湾であった．1918年から1928年にかけて台湾の肥料貿易額は1,200万円から2,600万円へ増大したが，そのうち帝国内貿易は1,200万円から1,600万円への微増にとどまる一方，帝国外貿易が急増して1,000万円を占めるようになった．帝国外から輸入される肥料のほとんどは硫安であり，イギリスやドイツから合成硫安が輸入された[91)]．帝国内貿易

85）農林省『肥料要覧』（昭和6年版）8頁．

86）農林省『肥料要覧』（昭和6年版）20頁．

87）朴ソプ「植民地朝鮮における肥料消費の高度化」『朝鮮学報』第143輯，1992年4月，20頁．

88）安宅産業株式会社社史編纂室編『安宅産業60年史』安宅産業株式会社，1968年，250–251頁；朴永九「「朝鮮産米増殖計画」における肥料の経済効果研究」『三田学会雑誌』第82巻4号，1990年1月，197頁．

89）農林省『肥料要覧』（昭和6年版）14–15頁．

90）堀和生『朝鮮工業化の史的分析』有斐閣，1995年，83頁．日本へ移出された魚肥の一部はさらに欧米へ輸出され，日本の魚肥輸出の60%は朝鮮産であったとされる（朝鮮総督府『朝鮮貿易要覧』（昭和5年）1932年，336頁）．

91）台湾総督府『台湾貿易概覧』各年．

のうち，満洲からの輸入額は700万円から1,200万円に増大したが，その90%を占める大豆粕のほとんどは稲作で消費され[92]，甘蔗栽培で施用されたのは残り10%を占めるに過ぎない副生硫安であった．日本からの移入額は500万円から400万円に減少し，その要因は調合肥料の移入が減少したからであった．他方，当該期には新たに硫安が移入されるようになったが，そのほとんどは日本を中継地としたドイツ・イギリス品であった[93]．すなわち，1920年代に肥料需要が増大するなかで，肥料供給における帝国内貿易のプレゼンスはむしろ低下していたのである．

表8を用いて，台湾における肥料供給を詳しく見ていこう．過燐酸石灰は日本産と台湾産の双方が施用された．日本産については，三井物産が大日本人造肥料(株)，安部幸商店が日本化学(株)，鈴木商店が関東酸曹(株)の製品を移入していた[94]．しかし，住友肥料(株)の代理店であった賀田組に加え，台湾を活動基盤とする杉原商店が1922年にラサ島燐鉱(株)の台湾における販売代理店となることに成功したため[95]，在台日本企業の取扱いシェアが増大した[96]．表10に示されるように，1930年の取引高では，在台日本企業が63%のシェアを占め，日本企業のシェア(27%)を圧倒した．一方，台湾産は，1919年に基隆に設立された東亜肥料(株)の製品であった．東亜肥料(株)は，原料となる燐鉱石を輸移入によって調達し，硫黄は台湾内部で調達した．これら製品は一手販売権を有する盛進商行によって販売され，移入品に比べて「乱俵の少なき等好評」であった[97]．しかし，同社は1923年9月，三井物産の斡旋を受けて台湾肥料(株)と合併し，同社の基隆工場となった．同社の製品は，旧東亜肥料(株)の販売権を有していた盛進商行と旧台湾肥料(株)の販売権を有していた三井物

92)　台湾における大豆粕生産には一定の進展が見られた．藤田豆粕会社は1920年代の反動不況以降に経営が著しく悪化し，1923年に台湾銀行の管理下に入った．藤田豆粕では内部整理と事業改革が推進され，基隆から高雄へ工場を移転することになったが，経営は改善せず，1927に台湾銀行から依頼を受けた杉原商店が買収することとなった．杉原は工場設備を改良して日産300トンとし，供給量の数%を占めるに過ぎなかった生産量も1929年にはようやく10%に達した(高雄州『高雄州産業調査会商業貿易部資料』1936年，164頁；杉原『思い出の記』40頁)．

93)　たとえば，台湾総督府『台湾貿易概覧』(昭和2年) 1928年，314頁．

94)　三井物産台南支店長「支店長会議参考資料」85–86頁．

95)　杉原『思い出の記』30頁．

96)　三井物産台南支店長「支店長会議参考資料」85頁．

97)　東亜肥料株式会社「第4回営業報告書」4頁．

表10　取扱商別の肥料輸移入額1930年

（単位：1,000円）

	輸入		移入								合計	
	硫安	%	硫安		過燐酸石灰		調合肥料		小計	%		%
日本企業	4,147	(22)	5,020	(70)	891	(27)	1,542	(71)	7,453	(59)	11,600	(37)
三井台北	810	(4)	859	(12)	6	(0)	0	(0)	865	(7)	1,674	(5)
三井高雄	1,003	(5)	1,849	(26)	0	(0)	0	(0)	1,849	(15)	2,852	(9)
三菱台北	0	(0)	13	(0)	47	(1)	0	(0)	60	(0)	60	(0)
三菱高雄	2,334	(12)	1,494	(21)	429	(13)	0	(0)	1,922	(15)	4,256	(13)
安部幸商店	0	(0)	807	(11)	409	(12)	556	(26)	1,772	(14)	1,772	(6)
大成化学	0	(0)	0	(0)	0	(0)	986	(46)	986	(8)	986	(3)
海外企業	11,125	(58)	890	(12)	0	(0)	0	(0)	890	(7)	12,015	(38)
ハーアーレンス	7,519	(39)	890	(12)	0	(0)	0	(0)	890	(7)	8,409	(26)
ブラナーモンド	3,607	(19)	0	(0)	0	(0)	0	(0)	0	(0)	3,607	(11)
在台日本企業・個人	1,017	(5)	1,170	(16)	2,099	(63)	613	(28)	3,881	(31)	4,899	(15)
台湾肥料	212	(1)	698	(10)	205	(6)	0	(0)	903	(7)	1,116	(4)
多木合名	0	(0)	4	(0)	135	(4)	57	(3)	197	(2)	197	(1)
杉原産業	546	(3)	318	(4)	790	(24)	23	(1)	1,131	(9)	1,677	(5)
盛進商行	0	(0)	15	(0)	218	(7)	193	(9)	425	(3)	425	(1)
賀田組	0	(0)	111	(2)	388	(12)	177	(8)	676	(5)	676	(2)
南国産業	166	(1)	24	(0)	0	(0)	0	(0)	24	(0)	190	(1)
豊昌商行	0	(0)	0	(0)	11	(0)	0	(0)	11	(0)	11	(0)
山半商店	0	(0)	0	(0)	195	(6)	3	(0)	198	(2)	198	(1)
菅沼商会	0	(0)	0	(0)	0	(0)	92	(4)	92	(1)	92	(0)
島田敬次郎	93	(0)	0	(0)	0	(0)	0	(0)	0	(0)	93	(0)
古川勲	0	(0)	0	(0)	120	(4)	46	(2)	166	(1)	166	(1)
船橋武雄	0	(0)	0	(0)	37	(1)	3	(0)	40	(0)	40	(0)
佐藤龍雄	0	(0)	0	(0)	0	(0)	12	(1)	12	(0)	12	(0)
鈴木重獄	0	(0)	0	(0)	0	(0)	6	(0)	6	(0)	6	(0)
台湾企業・個人	2,789	(15)	96	(1)	337	(10)	4	(0)	438	(3)	3,226	(10)
和栄商会	45	(0)	67	(1)	117	(4)	0	(0)	184	(1)	228	(1)
義順商事	990	(5)	0	(0)	0	(0)	0	(0)	0	(0)	990	(3)
柯隆順商行	2	(0)	0	(0)	0	(0)	0	(0)	0	(0)	2	(0)
陳合発商行	80	(0)	0	(0)	0	(0)	0	(0)	0	(0)	80	(0)
林金福	8	(0)	0	(0)	0	(0)	0	(0)	0	(0)	8	(0)
林再生	132	(1)	2	(0)	0	(0)	0	(0)	2	(0)	134	(0)
何皆来	1,167	(6)	27	(0)	149	(4)	0	(0)	176	(1)	1,343	(4)
鄭再発	182	(1)	0	(0)	0	(0)	0	(0)	0	(0)	182	(1)
荘輝玉	95	(0)	0	(0)	0	(0)	0	(0)	0	(0)	95	(0)
陳金福	53	(0)	0	(0)	0	(0)	0	(0)	0	(0)	53	(0)
黄春木	36	(0)	0	(0)	0	(0)	0	(0)	0	(0)	36	(0)
黄玉麟	0	(0)	0	(0)	20	(1)	0	(0)	20	(0)	20	(0)
施金泉	0	(0)	0	(0)	25	(1)	4	(0)	29	(0)	29	(0)
王清標	0	(0)	0	(0)	27	(1)	0	(0)	27	(0)	27	(0)
合計	19,078	(100)	7,176	(100)	3,327	(100)	2,159	(100)	12,662	(100)	31,740	(100)

出典）台湾銀行台北頭取席調査課「最近三ヵ年間に於ける各営業者肥料種類別輸移入高」1934年4月（中央研究院台灣史研究所所蔵台湾銀行史料）.

産との協議の結果，濁水渓以北は盛進商行，以南は三井物産が販売することとなった．同社製品の主な販売先は製糖会社であり，1920 年代半ばの製糖会社の需要高の約半分を占めたとされる[98]．

硫安は，上述したように，日本から移入されるものも含めて，主にヨーロッパ品であった．ドイツ品はハー・アーレンス社 (H. Ahrens)，イギリス品はブラナー・モンド社 (Brunner Mond) によって主に輸入された (表 10)．硫安需要が持続的に増大することが予想されたため，総督府や台湾銀行は硫安工業について調査し，硫安製造に必要な電力供給をクリアすれば設立可能と判断した[99]．しかし，台湾電力(株) による日月潭水力発電所の建設が 1920 年代の不況の中で頓挫したため[100]，工場設立は実行に移されなかった．こうして，当該期間中の硫安供給は，全面的にヨーロッパ品に依存したのである．

調合肥料の移入では，鈴鹿商店が新高製糖(株)，鈴木商店が東洋製糖(株) と取引関係を結んだほか，三井物産と多木合名が，様々な製糖会社に調合肥料を販売していた[101]．台湾では，1920 年代に肥料会社の設立が相次ぎ，杉原商店，柏尾具包，和栄商会といった在台日本企業や台湾企業によって調合肥料が生産された[102]．杉原商店は当初，小売店向けに調合肥料を販売していたが，1927 年以降，製糖会社への販売を開始した[103]．また和栄商会は肥料製造を「代理」していたとされ，特調肥料を生産していたと思われる．1923 年に肥料生産量は移入量を凌駕し，1920 年代末には調合肥料の自給率は 80% を超えた．なお，1928 年以降については，台湾で生産された特調肥料 (甘蔗作用以外も含む) の原料が判明するが[104]，そのうち，帝国内貿易を通じて調達されたのは満洲産の大

98)　三井物産台南支店長「支店長会議参考資料」84 頁．

99)　台湾銀行『台湾に於ける肥料の現状並将来』85–97 頁．

100)　湊照宏「両大戦間期における台湾電力の日月潭事業」『経営史学』第 36 巻 3 号，2001 年 12 月．

101)　三井物産台南支店長「支店長会議参考資料」．

102)　熱帯産業調査会『工業に関する事項』台湾総督府，1935 年，12 頁．杉原商店が調合肥料生産を開始したのは，多くの資料では 1927 年となっているが，杉原佐一の回顧録によれば，1923 年とされており詳細は不明である (高雄州『高雄州産業調査会商業貿易部資料』164 頁，杉原『思い出の記』31 頁)．和栄商会は李境欉を代表取締役として 1927 年 3 月台北に設立され，資本金は 15 万円，1930 年の営業税は 2,061 円である (商業興信所『日本全国諸会社役員録』1928 年，下編 667 頁；大日本商工会編『大日本商工録』(昭和 5 年版) 1930 年，104 頁)．

103)　杉原『思い出の記』35 頁．

104)　台湾総督府『肥料要覧』(昭和 4 年度) 1930 年，2–5 頁．

豆粕と，日本産の過燐酸石灰に過ぎない．上述したように，甘蔗作用の調合肥料の原料として大豆粕がほとんど用いられなくなったことや，製糖会社が需要した過燐酸石灰の半分が台湾産であったことを考えれば，当該期の甘蔗作用の肥料は，製品面からも原料面からも帝国依存度を弱める方向に作用していたのである．

小　括

農業生産量の増大は，未墾地が豊富な段階では開墾による外延的拡大を通じて図られ，未墾地が希少な段階では新技術の導入による内包的深化を通じて図られるとされる．台湾糖業では，1910年代末まで外延的拡大を通じて甘蔗生産量の増大が図られた．総督府は，糖業試験場で開発した栽培技術を模範蔗園や肥料共同購買事業を通じて普及させたが，それ以上に効果をあげたのは，製糖会社による原料採取区域内の農民の甘蔗栽培への勧誘であった（第1節）．

1911–12年の暴風雨によって甘蔗が壊滅的な打撃を受けると，製糖会社も技術開発の必要性を痛感した．垂直統合型小農経済の下では，農民に供与した技術の成果は必ずその製糖会社に帰属したため，製糖会社は積極的に技術開発に務めることができた．製糖会社によって開発された栽培技術は，その使用が補助金給付の条件となることで，農民に使用されるようになった．技術開発の結果として農民に販売された「会社指定肥料」は，主に特調肥料であったが，それは特調肥料が，複数の単一肥料を施用するよりも利便性が高いという調合肥料の性質を備えながら，時々の経済環境（肥料間の相対価格や景気）や各地の地理環境（気候や土質）に応じて，含有成分を自由に操作できたからであった．そして，これら肥料は，帝国内地域（日本や満洲）から供給されていた（第2節）．

技術開発の効果は1920年代に発揮され，この間に土地生産性は2.5倍も増大した．その契機は，高収量品種であるジャワ大茎種の導入のほか，各地の土壌成分により合致するような形で施肥の多様化が見られたからであった．そして，当該期に施用された肥料のうち，満洲産大豆粕はヨーロッパ産硫安に代替されたほか，過燐酸石灰の約半分と調合肥料（特調肥料含む）の約80%も台湾産に代替されていった（第3節）．

表 11　硫安消費量の国際比較　1927/28 年期

	甘蔗栽培面積 (ha)	甘蔗生産量 (1,000 ton)	硫安消費量 (ton)	単位面積当たり	
				甘蔗生産量 (ton/ha)	硫安消費量 (kg/ha)
台湾	94,228	5,228	73,613	55	781
ジャワ	185,724	20,794	125,890	112	678
フィリピン	237,000		23,337	n.a.	98
ハワイ	51,278	6,996	22,786	136	444
モーリシャス	63,831	2,070	11,296	32	177
インド	1,195,000		2,799	n.a.	2

出典）International Institute of Agriculture, *International Yearbook of Agricultural Statistics 1928–29*, Rome: International Institute of Agriculture, 1929, pp. 62, 244.
注 1）甘蔗栽培面積と甘蔗生産量は 1927/28 年期，硫安輸入量は 1927 年である．
注 2）硫安消費量：台湾以外の地域では，硫安はすべて甘蔗栽培で用いられたと仮定し，硫安輸入量と同量．台湾では，硫安輸入量から甘蔗作以外での硫安消費量（台湾総督府『台湾農業年報』（昭和 2 年）1928 年，152 頁）を控除している．

1930 年代に入ると，金輸出再禁止と低為替放任策によって輸入品の価格が騰貴し，硫安はヨーロッパ産から日本・朝鮮産に切り替えられた (図 2 参照)．ただし，1930 年代の甘蔗生産量の増大は栽培面積の拡大を通じて実現されていたから (図 1)，生産性の向上に対する帝国内地域の肥料の寄与は限定的であったと言えよう．

最後に，台湾糖業の栽培技術の到達点を確認しておこう．ロジャー・ナイトは，ジャワ糖業の高い生産性は，天恵のみならず，技術導入と化学肥料の多投を通じた「肥料革命」(fertiliser revolution) の成果であり，ハワイ糖業やモーリシャス糖業も同様の経路をたどったと指摘する[105]．そこで，表 11 を用いて，アジア太平洋地域の甘蔗糖業における 1920 年代末の土地生産性と肥料消費量 (硫安) を比較すると，台湾では 1920 年代末に内包的深化が完結したが，そのレベンレ (55 ton/ha) はジャワ (112 ton/ha) やハワイ (136 ton/ha) に遠く及ばなかった．植民地糖業が関税で保護されなければならなかった理由はここにある．しかし，肥料投入量では，台湾 (781 kg/ha) はジャワ (678 kg/ha) やハワイ (444 kg/ha) よりも多かった．台湾糖業は天恵での劣位を技術で補おうとするな

105）Knight, “A precocious appetite”.

かで，世界の甘蔗糖業で最高レベルの「肥料革命」を経験したのである[106]．

106）本書脱稿後，次の論文が刊行された（Tsuru, Shuntaro, "embedding technologies into the farming economy: extension work of Japanese sugar companies in colonial Taiwan," *East Asian Science, Technology and Society: An International Journal*, published online July 5, 2017（DOI: 10.1215/18752160–4129327））．同論文は，製糖会社による技術導入が，それと衝突する農家経済に一部妥協しながら進められなければならなかったことを明らかにし，日本からの一方的な技術移転という従来の見方に修正を迫っている．

第6章　製糖技術の向上とエネルギー調達の危機

はじめに

本章の目的は，製糖工程で不可欠なエネルギーに焦点を当て，製糖技術の向上によるエネルギー需給の変容を考察し，台湾糖業の成長がどのような地域との関係のなかで達成されたのかを解明することにある．

エネルギーを安価かつ安定的に調達することは，工業化の成否を規定する重要な条件である．たとえば，イギリス産業革命について，産業革命とは有機資源（人力・畜力・風力・水力など）から鉱物資源（石炭など）への転換というエネルギー制約からの解放であり，最初の産業革命がイギリスで発生したのは，イギリスが世界で最も安価に鉱物資源を得られたからであることが指摘されている[1]．また，日本の産業化については，有機資源から鉱物資源への転換の議論に加え，森林資源（薪炭）と水資源（水車，水力発電）が，石炭利用の困難な地域における産業や中小企業の成長を可能にしたことが指摘されている[2]．

日本植民地では食品加工業を中心に工業化が進展し，第二次産業の比率は，台湾では1903–38年の間に20%から25%へ，朝鮮では1918–38年の間に8%

1）Wrigley, E. A., *Continuity, Chance and Change: The Character of the Industrial Revolution in England*, Cambridge and New York: Cambridge University Press, 1990（E. A. リグリィ『エネルギーと産業革命』同文舘，1991年）; Allen, Robert C., *The British Industrial Revolution in Global Perspective*, Cambridge: Cambridge University Press, 2009（Chapter 4）.

2）社会経済史学会編『エネルギーと経済発展』西日本文化協会，1979年（とくに，第II部所収の各論文）; 谷口忠義「在来産業と在来燃料：明治–大正期における埼玉県入間郡の木炭需給」『社会経済史学』第64巻4号，1998年11月; 杉山伸也，山田泉「製糸業の発展と燃料問題：近代諏訪の環境経済史」『社会経済史学』第65巻2号，1999年7月.

から17%へ上昇した[3]．植民地支配下における工業化は，日本植民地の世界史的な特徴の1つとされる[4]．しかし，日本植民地の工業化とエネルギーの関係については，エネルギー産業（炭鉱業や電力業）の分析に偏重し[5]，植民地に形成された様々な産業が，多様なエネルギーをどのように使い分けながら成長していったのかは，ほとんど明らかでない．

製糖業では，主に製糖工程においてエネルギーが必要とされ，バガス（甘蔗の圧搾殻），薪，石炭などの多様なエネルギーが用いられていた．製糖業は，帝国日本の最大の産業であっただけでなく，多様なエネルギーを利用したという意味でも，日本植民地のエネルギー利用を考察する格好の対象となり得る．なお，世界の製糖業史研究では，木材利用と環境破壊という環境史の文脈のなかで薪が取り上げられるにとどまり[6]，エネルギー利用の問題は正面から考察されてこなかった[7]．

以上の点を念頭に置いて，本章ではまず，台湾糖業における製糖技術の進歩

3）溝口敏行・梅村又次編『旧日本植民地経済統計』東洋経済新報社，1988年，234–235，238–239頁．

4）小林英夫「まえがき」小林英夫編『植民地化と産業化』（近代日本と植民地3）岩波書店，1993年，vi頁．

5）台湾に限定すれば，石炭産業を分析した研究として，Chen, Tu-yu, “the development of the coal mining industry in Taiwan during the Japanese colonial occupation, 1895–1945,” in Sally M. Miller et al. (eds.), *Studies in the Economic History of the Pacific Rim*, London and New York: Routledge, 1998，島西智輝「石炭産業の発展」（須永徳武編『植民地台湾の経済基盤と産業』日本経済評論社，2015年，第10章）があり，電力産業を分析した研究として，北波道子『後発工業国の経済発展と電力事業：台湾電力の発展と工業化』晃洋書房，2003年，湊照宏『近代台湾の電力産業：植民地工業化と資本市場』御茶の水書房，2011年，林蘭芳《工業化的推手：日治時期台灣的電力事業》國立政治大學歷史學系，2011年がある．

6）製糖業は，薪のみならず，工場の建設材，甘蔗や砂糖を輸送する鉄道の枕木として，木材を利用し，その成長がもたらす森林崩壊は世界中で見られた．たとえば，キューバの森林は製糖業の成長によって19世紀前半に崩壊し，キューバ糖業は木材や石炭を輸入しなければならなくなった（Fraginals, Manuel Moreno, *The Sugarmill: The Socioeconomic Complex of Sugar in Cuba 1760–1860*, New York and London: Monthly Review Press, 1976, pp. 73–77, 96–99）．19世紀のジャワでは，甘蔗を主とする輸出用作物の耕作地を獲得するため，オランダ東インド会社によって毎年17.5万本のチーク（丸太）が伐採された（Williams, Michael, *Deforesting the Earth*: From Prehistory to Global Crisis, Chicago and London: the University of Chicago Press, 2006, p. 347）．オーストラリアでは，製糖業による薪消費の増大によって，森林崩壊，土壌流失，生物多様性の喪失などの環境破壊が引き起こされた（Griggs, Peter, “deforestation and sugar cane growing in Eastern Australia, 1860–1995,” *Environment and History*, 13–3, Aug 2007）．

7）製糖業におけるエネルギー利用を考察した研究として，神田さやこ「近現代インドのエネルギー：市場の形成と利用の地域性」（田辺明生ほか編『多様性社会の挑戦』（現代インド1）東京大学出版会，2015年）が挙げられる．

が，エネルギー消費量に対してどのように作用したのかを考える．第1節では，台湾糖業史上の最大の技術進歩であった在来製糖業から近代製糖業への移行に焦点を当て，第2節では，近代製糖業における技術進歩に焦点を当てる．次に，エネルギー調達について考察する．序章で指摘したように，甘蔗は伐採すると腐敗が始まるため，24時間以内に製糖工程を経て砂糖に加工される必要があるとされる．したがって，製糖工程を停止させないためにも，エネルギーの安定調達は，製糖会社の重要な課題であった．第3節では，製糖会社がエネルギーの安定調達をどのように図ったのかについて，「供給力の強化」（供給先の拡大や調達方法の改善など）と「需要力の低下」（エネルギー節約技術の導入）の両面から検討する．

1.　在来製糖業から近代製糖業へ

1-1.　在来製糖業とエネルギー

砂糖は，砂糖原料（甘蔗・甜菜）を製糖することで作り出される．製糖工程は，工場へ甘蔗を運び込む「刈取・運搬工程」，運び込まれた原料から糖汁を得る「圧搾工程」，圧搾された糖汁から不純物を取り除きつつ結晶を作成する「煎糖工程」，そこから糖蜜を分離する「分離工程」に分かれ，砂糖の生産量は刈取・運搬工程と圧搾工程に，砂糖の品質は煎糖工程と分離工程に左右される（序章図2）．

これらの製糖工程では，エネルギーが必要となるが，19世紀初頭までの世界各地の製糖業（在来製糖業）は自然エネルギーに依存していた．すなわち，圧搾工程では人力・畜力・風力などを動力源にして石臼を挽いて糖汁を搾りだし，煎糖工程では薪を熱源にして鍋に入れた糖汁を直火で熱して砂糖を生産していた．しかし，フロンティアが限られてくると，その土地で甘蔗を生産するのか，動力源となる家畜の飼料を生産するのか，あるいは熱源となる薪炭林を造成するのかという土地利用の問題が発生し，製糖業は持続的な成長が困難となった．こうした制約は，圧搾工程で生み出される甘蔗の搾り滓であるバガス（bagasse）を，エネルギーや飼料として使用することによって緩和された[8]．たとえば，カ

8）Galloway, J. H., *The Sugar Cane Industry: An Historical Geography from Its Origin to 1914*, Cambridge: Cambridge University Press, 1989, pp. 93, 97.

リブ海地域の砂糖プランテーションにおけるバガス利用は，17 世紀後半にバルバドス島で開始され，森林の枯渇と競うように拡大して 18 世紀にはほぼ全域でみられるようになった．煎糖工程でも，開放釜よりもエネルギーロスが小さい「ジャマイカ・トレイン」が発明された[9)]．これら技術進歩の結果，キューバでは同量の薪で従来の 2 倍の煎糖が可能になったという[10)]．

台湾糖業は，大陸から流入した漢民族によって開始され，砂糖は「糖廍」と呼ばれる簡易な工場で生産された[11)]．1637 年に中国で成本された『天工開物』によれば，回転する 2 本の石製ローラーの間に甘蔗を差し込んで糖汁を搾出し（圧搾工程），その糖汁を釜に入れて煮沸することで砂糖の結晶を作り出していた（煎糖工程）[12)]．この過程もやはり自然エネルギーに依拠しており，圧搾用の動力源には牛が用いられ，煎糖用の熱源には薪とバガスが用いられた．台湾は中国に比べて農地開発が遅れた分だけバガス利用が遅かった可能性があるが，日本植民地化直後に台湾総督府（以下，総督府）が実施した『臨時台湾旧慣調査』によると，糖廍に雇われた 13 人の労働者のうち，4 人は「火工」と呼ばれるバガスを扱う労働者であったから[13)]，台湾でもバガスが熱源として広く利用されていたと言える．中国や台湾の煎糖工程のエネルギー効率はカリブ海地域のそれよりも高く，「ジャマイカ・トレイン」は，中国やインドで広く利用されていた技術がヨーロッパ人によって持ち込まれたものであった[14)]．

1-2.　近代製糖業とエネルギー

製糖業で利用されるエネルギーは，19 世紀前半頃に，自然エネルギーから人工エネルギーへと移行し始めた．ヨーロッパで圧搾機・多重効用缶・真空結晶

9）Galloway, *The Sugar Cane Industry*, p. 98；糖業協会編『製糖技術史』丸善プラネット，2003 年，81 頁．

10）Fraginals, *The Sugarmill*, p. 74.

11）糖業協会編『近代日本糖業史』（上巻）勁草書房，1962 年，215 頁．

12）宋應星（藪内清訳注）『天工開物』平凡社，1969 年，124 頁．

13）臨時台湾旧慣調査会『臨時台湾旧慣調査会第二部調査経済資料報告』（上巻）1905 年，159 頁．

14）Mazumdar, Sucheta, *Sugar and Society in China: Peasants, Technology, and the World Market*, Cambridge and London: Harvard University Asia Center, 1998, pp. 160–161. また，甘蔗栽培技術の多くも中国起源であるとされる（クリスチャン・ダニエルス「明末清初における甘蔗栽培の新技術」神田信夫先生古稀記念論集編纂委員会『清朝と東アジア』山川出版社，1992 年）．

缶・遠心分離機などが相次いで発明され，これらの機械は蒸気力や電力を動力源・熱源として，砂糖（分蜜糖）の大量生産を可能とした（近代製糖業）．たとえば，1800年頃にキューバで使用されていた圧搾機では，糖度搾出率（甘蔗に含まれる糖分の何％を搾り出せたか）は最高で50％に過ぎず，一製糖期の圧搾量は170トンに過ぎなかった[15]．しかし，新たに発明された圧搾機と圧搾方法を利用すれば，一日に数百トンの甘蔗を圧搾することができ，糖度搾出率も90％に達した．

これら製糖作業で用いられたエネルギーは，エネルギー効率の上昇や，真空結晶缶の登場による100℃以下での煎糖などによって，基本的にはバガスのみで自給することが可能となった．たとえば，1903年にハワイ糖業を視察した草鹿砥祐吉は，「何れの工場も（中略）搾殻も直に汽缶に燃料として供給され，補助燃料の必要なく」[16]と記録しているし，世界有数の産糖地の1つであるインドでは，1920年代末まで在来の製糖法の下で大量の薪をエネルギーとして使用していたものの，1930年代の関税改正の影響を受けて成立した近代製糖業は，バガスだけでエネルギーを賄えるようになった[17]．

台湾では，日本植民地化後に人工エネルギーが使用されるようになった．まず，圧搾動力の機械化によって生産量の増大を目指す「改良糖廍」が登場した（以後，在来の糖廍を「旧式糖廍」と呼ぶ）．総督府は，1904年に圧搾能力40トンを有するユーレカ式圧搾機を購入し，その原動力として石油発動機を付設して希望者に貸し付けることにした[18]．1904年4月に鳳山庁に設立された振祥製糖所は最初の改良糖廍であり，その後，原動力に蒸気機関や電動機を備えた改良糖廍が陸続として設立された．1908年の時点で既に53の改良糖廍が設立され，動力源別の工場数・総製糖能力は，石油発動機22工場・1,040トン，蒸気機関29工場・2,336トン，電気2工場・160トンであった[19]．

15）糖業協会『糖業技術史』100頁．
16）草鹿砥祐吉「橋仔頭の思い出と砂糖雑話」樋口弘『糖業事典』内外経済社，1959年，「思い出の糖業」の部，10頁．
17）Ray, Rajat K., *Industrialization in India: Growth and Conflict in the Private Corporate Sector, 1914–47*, Delhi: Oxford University Press, 1979, pp. 141–143.
18）糖業協会『近代日本糖業史』（上巻）295頁．
19）台湾総督府編『台湾糖業一班』1908年，70–74頁．

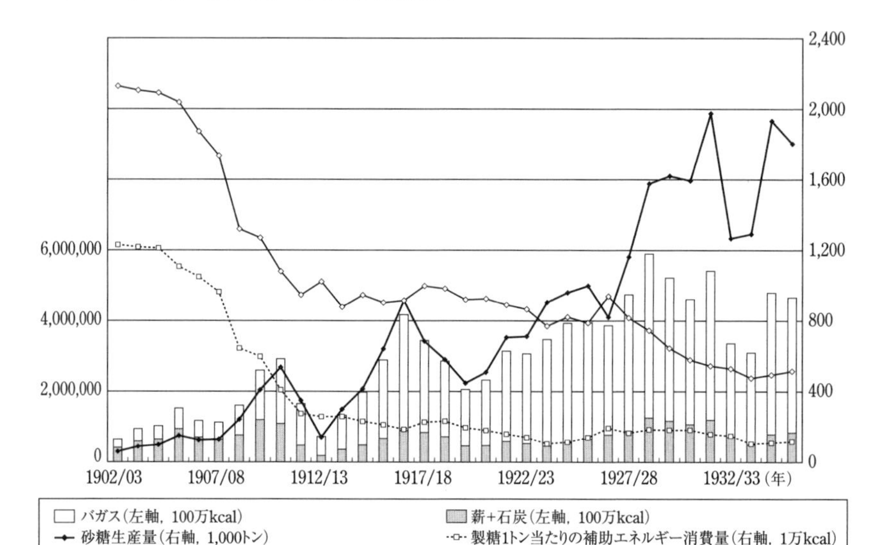

図 1　台湾糖業における砂糖生産量とエネルギー消費量 1902/03–1935/36 年期

注 1)　砂糖生産量は，台湾総督府『台湾糖業統計』各年.
注 2)　エネルギー消費量の算出方法は，本章末の付録 1，付録 2 を参照.

ただし，総督府は改良糖廍の発展を長期的に望んだわけではなかった．煎糖工程や分離工程が改善されていない改良糖廍は，旧式糖廍と同様に，日本での需要が限定的な含蜜糖を主に生産したからである．台湾総督府は，刈取・運搬工程から分離工程までをすべて機械化し，粗糖を大量生産する新式工場（製糖会社）の設立を積極的に奨励した．総督府による一連の糖業政策や日本の関税政策によって，製糖会社の設立が相次いだことは，第 1 章で指摘した通りである．各製糖会社は，圧搾機や遠心分離機などの製糖機械を海外から購入して，分蜜糖を大量に生産していった．

台湾糖業では，技術不足のためにバガスだけで必要なエネルギーを得ることが出来ず，バガスを主要エネルギーとしながらも，薪や石炭を補助エネルギーとした．図 1 は，台湾糖業で使用された資源別のエネルギー量を示している．在来製糖業から近代製糖業への移行は，エネルギー消費量の減少につながったわけではないことがわかる．たしかに，製糖 1 トン当たりのエネルギー消費量は，1900年代初頭は約2,100万kcalであったが，1910年前後には1,000万kcalに減少した．しかし，製糖量そのものの増大によって，総エネルギー消費量は増大していった．また，エネルギー構成を見ると，当初は薪・石炭などが主であったが，甘蔗栽培量が増大した1909年以降は，バガスが過半を占めるようになった．ただし，薪・石炭などの補助エネルギーが全エネルギー量に占める比率は約20%であり，1920年代後半には上昇した．なぜ，台湾糖業は，エネルギー節約的な方向へ進まなかったのだろうか．

2.　近代製糖業の技術進歩とエネルギー

台湾糖業の最大の課題は，増産とコストの低下を通じて，日本市場に輸入されていたジャワ糖を駆逐することであった．砂糖の生産量は，原料である甘蔗の生産量に決定的に左右されるが，甘蔗を多く収穫しても製糖歩留（甘蔗1単位から製造できる砂糖の量）が低ければ，増産は困難となる．したがって，各製糖会社は製糖技術の開発・導入を進めていった．また，1915年4月に各製糖会社の技術者によって組織された「製糖研究会」も，製糖技術の向上に重要な役割を果たした．製糖研究会では例会が年に3回開催され，そこでは加盟各社の製糖技術者が様々な実験結果を持ち寄って議論するというスタイルが採られ，各社で開発・導入された製糖技術の多くは，業界全体で共有されることとなった[20]．製糖技術の向上によって，台湾の製糖技術は戦前の段階に「世界水準」に達したとされる[21]．そこで本節では，製糖技術の進歩がエネルギー消費に対してどのように作用したのかについて，考察していく．

2-1.　増産技術――ハンド・リフレクトメーターとシュレッダ

まず，製糖歩留の向上に寄与した増産技術を考察しよう．第1に，刈取工程におけるハンド・リフレクトメーター（hand-reflect meter）の導入である．甘蔗に含まれる糖分量は生育と共に増すが，適期を過ぎると低下してしまう．したがって，製糖歩留を向上させるには，含有糖分量が最も多い時期に入った甘蔗

20）　製糖研究会編『製糖研究会二十年誌』1936年．
21）　糖業協会『糖業技術史』160頁．

表1　台湾製糖(株)後壁林工場におけるハンド・リフレクトメーターの導入と製糖歩留

		導入前	導入後
12月	下旬	12.39	15.70
1月	上旬	12.50	14.54
	下旬	12.68	14.91
2月	上旬	13.10	14.69
	下旬	14.06	14.65
3月	上旬	14.39	14.89
	下旬	14.51	14.98
4月	上旬	14.71	14.72
	下旬	13.76	14.65
5月	上旬	12.69	
平均		12.38	14.80

出典）伊藤重郎『台湾製糖株式会社史』台湾製糖株式会社，1939年，附表（250–251頁の間）．

を刈り取る必要がある．しかし，肉眼では含有糖分量を把握できないため，甘蔗の刈取時期は製糖会社から派遣された原料係員（第5章参照）の「経験と勘」に基づいて決定されており[22]，製糖歩留は製糖時期で一定しなかった（表1）．こうしたなか，台湾製糖(株)が，ハンド・リフレクトメーターを用いて甘蔗の含有糖分量を把握することに成功した．ハンド・リフレクトメーターを携帯した原料係員が，毎年11月上旬から月に1度のペースで担当地域の甘蔗の含有糖分量を検査し，その結果に基づいて糖分量の多い地域から刈取りを開始するようになると[23]，製糖歩留は時期に関係なく向上した（表1）．この効果は，製糖研究会第23回例会（1922年4月開催）でも取り上げられ[24]，1920年代中葉には台湾糖業全体でハンド・リフレクトメーターが使用されるようになった[25]．

第2に，圧搾工程におけるシュレッダの導入も重要な技術進歩であった．甘蔗の圧搾に際してすべての糖汁を搾出することはできず，搾り滓であるバガスに糖汁が残留する．これをバガス損失と言う[26]．バガス損失を少なくするためには，圧搾する前の段階で，シュレッダを用いて甘蔗を細かく破砕して表面積を増やす必要がある．従来は，コストの問題を理由として，多くの製糖会社はシュレッダを導入していなかったが，第一次世界大戦期における経営環境の好転に加え，栽培技術の向上に伴う新品種の導入によって，シュレッダの導入が進むこととなった．第5章で指摘したように，台湾糖業に導入された主な品種

22）岡出幸生「台湾糖業試験所について」樋口『糖業事典』「思い出の糖業」の部，52頁．
23）浜口栄次郎「台湾糖業の技術的進歩」樋口『糖業事典』「思い出の糖業」の部，55頁．
24）製糖研究会『製糖研究会二十年誌』11頁．
25）糖業協会『糖業技術史』154頁．
26）糖業協会『糖業技術史』157頁．

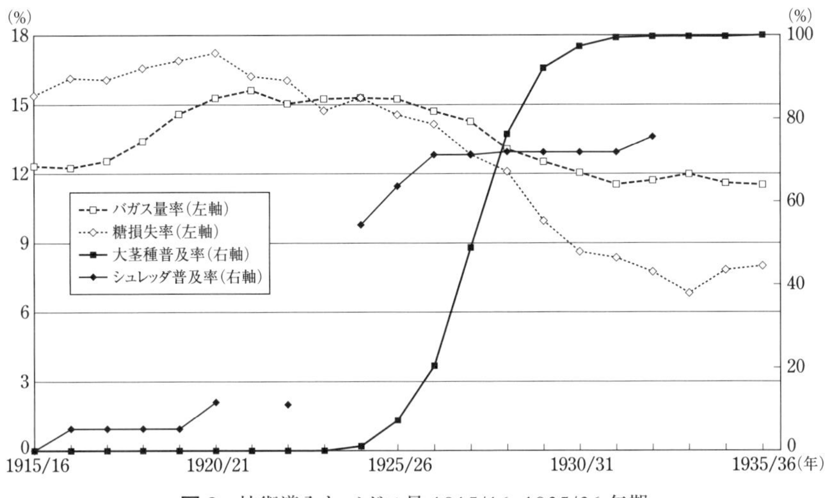

図 2　技術導入とバガス量 1915/16–1935/36 年期

出典）　糖業協会編『糖業技術史』丸善プラネット，2003 年，158，162 頁．
注）　バガス量率は，甘蔗当たりバガス率にセンイ率を乗じて算出．糖損失は，全損失より不明損失を除いたものであり，バガス損失，ケーキ損失，糖蜜損失の合計である．

は，最初はハワイから導入されたローズバンブー種であったが，1910 年代初頭の暴風雨による被害を受けて耐風性・耐病性に優れたジャワ実生種へ，さらに 1920 年代には生産性も高いジャワ大茎種へと移行した．図 2 に示されるように，1925/26 年期以降，ジャワ大茎種は急速に普及するようになった．しかし，1920 年代に導入されたジャワ大茎種は外皮が固く，圧搾が難しいという問題を抱えており，この問題を解消するために注目されたのが，シュレッダであったのである．シュレッダに関する研究は，総督府はもちろんのこと，製糖研究会第 17 回例会（1920 年 4 月）で委員会社に指定された東洋製糖(株) や明治製糖(株) においてもすすめられ[27]，四重圧搾機を単用するよりもシュレッダと三重圧搾機を併用したほうが搾汁率は高くなるなど，最適な圧搾方法が明らかにされていった[28]．シュレッダは，1917 年に台湾製糖(株) 台北工場，東洋製

27）　製糖研究会『製糖研究会二十年誌』25 頁．
28）　『糖業』第 10 年 5 月号，1923 年 5 月（「甘蔗細裂機の設置を勧む」）．

糖(株)南靖工場と烏樹林工場が導入したのを嚆矢として，1920 年代前半に次々と導入され，ジャワ大茎種の普及を準備した．そして，図 2 に示されるように，シュレッダの導入率の上昇と反比例するように，バガス損失は低下していったのである．

これらの増産技術の進歩は，しかしながら，補助エネルギーの安定調達にネガティブに働いた．ハンド・リフレクトメーターによる刈取最適期の把握は，製糖作業の短期集中化につながり，それは補助エネルギーの調達の短期集中化を意味した．また，シュレッダの導入によるバガス損失の低下は，エネルギーである糖汁がバガスから失われることを意味したため，その分を補助エネルギーで補充しなければならなくなった．製糖会社は，従来よりも限られた期間に，より多くの補助エネルギーを調達しなければならなくなったのである．

2-2.　非増産技術——白糖とパルプ

台湾糖業で導入された製糖技術は増産技術に留まらず，非増産技術にも及んだ．第 1 に，白糖の製造である．台湾糖業では主に粗糖が生産されていたが，製造コストが粗糖と同程度でありながら高い価格で販売できる白糖の生産が 1900 年代から試みられた．しかし，白糖の生産は高い技術を要したため生産に失敗した[29)]会社もあったが，塩水港製糖(株)が，ジャワから招聘したオランダ人技師シュミッドの指導の下で，1910 年に岸内工場で炭酸法による白糖製造に成功すると[30)]，東洋製糖(株)や台湾製糖(株)などでも漸次成功した．白糖の製造装置を有する工場は，1921 年に 8 工場 (全 48 工場)，1930 年に 10 工場 (全 48 工場)，1935 年には 12 工場 (全 50 工場) に達した[31)]．また，第一次世界大戦期の砂糖価格の上昇を背景に，塩水港製糖㈱や台湾製糖(株)を中心として，主にジャワから輸入した粗糖を加工する再製白糖が生産されるようになった．再製白糖は主に中国輸出を目的としたため，砂糖価格の下落や中国の政情不安と日貨排斥によって 1920 年代末に衰退し始めたが，最盛期の 1926/27 年期に

---

29)　糖業協会編『糖業技術史』(下巻) 勁草書房，1997 年，76–77 頁．
30)　岡田幸三郎「塩水港製糖の各時代」樋口『糖業事典』「思い出の糖業」の部，30 頁．
31)　台湾総督府『台湾糖業統計』1922 年，44–46 頁；台湾総督府『台湾糖業統計』(第 18) 1930 年，6–8 頁．

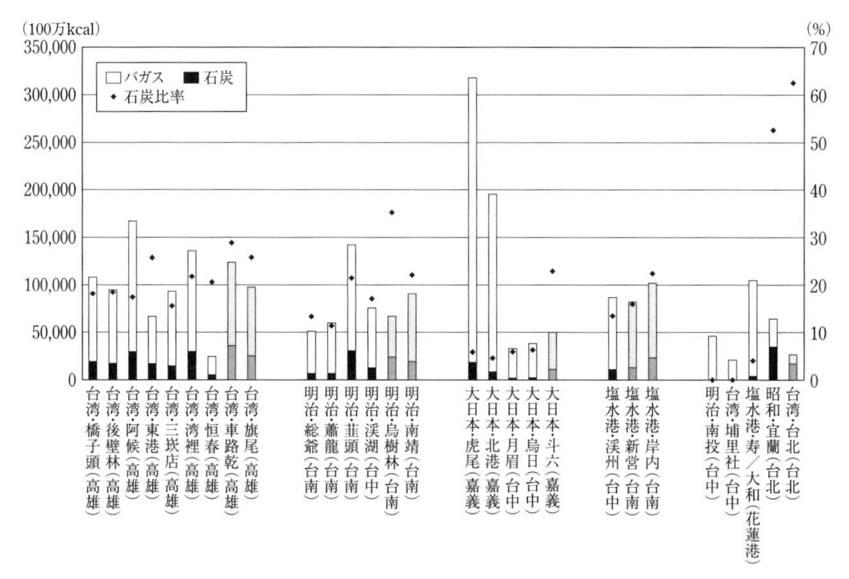

図3　各工場におけるエネルギー消費量 1932/33 年期

出典）手島康編「昭和七，八年期各製糖会社燃料消費一覧表」1933 年（国立台湾大学図書館蔵）.
注）網かけは，白糖も製造していることを示す.

は5社12工場で約3万トンが生産された[32]．これら白糖の生産量は，1935年には全生産量の15%を占めた.

白糖の生産は，粗糖の生産に比べて多くのエネルギーを必要とした．ある試算によれば，60 kgの砂糖を製造するために必要な石炭量は，粗糖では6.6–9 kgであったのに対し，白糖では14.1–21.6 kgであった[33]．図3は，各製糖会社の工場別のエネルギー消費量をエネルギー源別に示したものである．このうち，台湾製糖(株)の車路乾工場と旗尾工場，明治製糖(株)の烏樹林工場と南靖工場，大日本製糖(株)の斗六工場，塩水港製糖(株)の新営工場と岸内工場は，白糖製造設備を有している工場であり，これらの工場ではエネルギーに占める石炭の比率が高かったことがわかる．また，輸入糖を原料とする再製白糖の生産では，

32）台湾総督府編『台湾の糖業』1930年，69–70頁；台湾総督府『台湾貿易概覧』各年；台湾総督府『台湾糖業統計』(第16) 1928年，88–91頁.
33）『糖業』第17年3月号，1930年3月(「補助燃料節約」).

所要エネルギーのすべてを補助エネルギーから得なければならなかった．製糖会社は，より付加価値の高い砂糖の生産に努めるなかで，より多くの補助エネルギーを調達しなければならなくなったのである．

エネルギーとの関係で注目すべきもう1つの非増産技術が，バガスのパルプ化である[34)]．製糖会社はバガスと補助エネルギーを用いて製糖作業をおこなっていたが，もしエネルギー1単位当たりのバガスの価格が補助エネルギーの価格を上回れば，バガスを販売して補助エネルギーを購入したほうが製糖コストは低下する．バガスの販売方法として期待されたのが，製紙用パルプ原料としてのバガス利用であった．

日本では明治以降，金融制度や郵便制度の整備に伴う紙幣や切手・はがきの発行数の増加や，教育制度の整備による国定教科書の印刷，新聞・雑誌・書籍の発行数の増加によって，洋紙に対する需要が増加した．洋紙の原料は主に木材パルプであったが，森林伐採の進展によって伐採地域の奥地化や木材の枯渇が意識されると[35)]，工場という限られた空間で毎年大量に生産されるバガスが，新たなパルプ原料として注目されるようになったのである[36)]．

バガスパルプの開発を積極的に進めたのは，台南製糖(株)（1927年に昭和製糖(株)）宜蘭工場と台湾製糖(株)台北工場であった．台南製糖(株)は，自社でバガスパルプを生産することを目的に，1915年に研究を開始し，1919年には洋紙の生産を開始した[37)]．しかし，当時はシュレッダが導入されていなかったため，バガスには多量の糖汁が含まれており，それはパルプ原料としての品質が低いことを意味した[38)]．1920年に始まる戦後不況の影響でパルプ相場が暴落すると，採算が取れなくなったバガス製紙の技術開発は「悉く失敗」[39)]した．しかし，台南製糖(株)は製紙部門を切り離して三亜製紙(株)を設立し，同社に

34）台湾におけるバガスパルプの概要については，高淑媛「植民地期台湾における洋紙工業の成立：バガス製紙を中心として」（『現代台湾研究』第18号，1999年12月）がある．

35）日本製紙業の原料調達については，山口明日香『森林資源の環境経済史：近代日本の産業化と木材』慶應義塾大学出版会，2015年（第6章）．

36）『紙業雑誌』第22巻7号，1927年9月（「台湾バガス製紙原料の研究につきて」）．

37）『糖業』第5年2月号，1918年2月（「南糖製紙進捗」）；『紙業雑誌』第13巻1号，1918年3月（「台南製糖会社の製紙事業」）．

38）『紙業雑誌』第14巻11号，1920年1月（「バガス変質と予防法」）．

39）『紙業雑誌』第17巻8号，1922年10月（「我バガス製紙の失敗」）．

バガスを提供しながら，洋紙生産の産業化を目指して研究を続けた．

バガスパルプによる洋紙生産の実現を望んだのは，製糖会社にとどまらなかった．帝国全体で森林枯渇が意識されるなかで，バガス製紙業の基幹産業化を目論む総督府は試験補助金を予算に計上し，台湾銀行も三亜製紙(株)に積極的に投資しようとしたほか，石炭や電力などの補助エネルギーに対する需要の増大を見込んだ炭鉱や台湾電力(株)も，バガス製紙業の実現に期待した[40]．しかし，シュレッダの導入によってパルプとしての品質が向上したものの，バガスパルプを用いた洋紙生産は，1930年代に入っても研究段階の域を出ることはなかった．

一方，台湾製糖(株)台北工場は，自社で研究開発を進めるのではなく，台湾製紙(株)にバガスを販売することを選択した．台湾製紙(株)は稲藁を原料として洋紙を製造していたが，1920年代半ばに盛んに栽培された蓬莱米の包装材として稲藁の需要が高まったため，新たな原料や製品を必要としていた．台湾製紙(株)はバガスパルプを用いて，洋紙よりも容易に製造できる板紙や断熱材を製造することを計画し，台湾製糖(株)台北工場からバガスを譲り受ける代わりに，同工場が必要とする石炭を補償する契約を締結した[41]．台湾製糖(株)は台湾製紙(株)に対して，約6,000トンのバガスを毎年譲り渡し，石炭の供給を受けていたとされる[42]．これ以後，バガスパルプは，洋紙ではなく断熱材の原料として注目され，1933–35年の間に設立された製紙会社7社において用いられるようになった[43]．

バガス・石炭交換をおこなった場合，所要エネルギーに占める石炭の比率は当然高くなる．図3に示されるように，台湾製糖(株)台北工場と昭和製糖(株)(旧台南製糖)宜蘭工場の石炭比率は高かった．しかし，1935年に台湾糖業全体で140万トンのバガスが産出されたのに対して，パルプ原料となったバガスは

---

40)『糖業』第17年5月号，1930年5月(「バガス製紙引受」)；『糖業』第17年6月号，1930年6月(「バガス製紙の奨励に就て」)；『糖業』第17年6月号，1930年6月(「バカス製紙着手」)．

41)『糖業』第12年9月号，1925年9月(「バカス新利用」)．

42)『紙業雑誌』第24巻12号，1930年2月(「バガスの紙料価値に就て」)．ただし，台湾製紙(株)の営業報告書の「原料事項」によれば，1930年1月を最後に，バガスを製紙原料として使用した形跡はない．

43) 台湾総督府『台湾糖業統計』(第28) 1941年，144頁．

2 万トンに過ぎなかっように[44]，製紙会社との間のバガス・石炭交換は，業界挙げての動きとはならなかった．この要因として，第 1 に，洋紙と比較して，板紙や断熱材の需要が大きくなかったことが挙げられる．とくに西洋建築が少ない帝国内の建造物では，断熱材の使用領域は限定された．第 2 に，バガスパルプは，北部に位置する製糖会社にとって有利であったに過ぎなかった（地図 3 参照）．台湾北部は産炭地に近いため，バガスの代償となる石炭の調達コストが低く，パルプ生産に必須の豊富な水量の確保も容易であるなど，地理的環境に恵まれていた[45]．一方，製糖業の中心である中南部はこうした地理的環境になく，バガスパルプの生産は困難であった．第 3 に，補助エネルギーへの依存度を上げることは，燃料釜の変更，山元の売渋り，輸送能力など，様々な副次的コストの増大につながることが想定された[46]．したがって，エネルギー以外の目的でのバガス利用はほとんど進展せず，バガスは製糖作業の主要エネルギーであり続けたのである．

以上のように，台湾糖業の成長を支えた種々の製糖技術は，エネルギー多消費型技術であった．バガスパルプ技術の未熟によって，補助エネルギーが主要化することはなかったが，製糖会社は，製糖技術の向上を図るなかで，より多くの補助エネルギーを調達する必要性に迫られたのである．では，製糖会社は，補助エネルギーを安定的に調達することができたのだろうか．

3.　エネルギー調達の危機と克服

3-1.　薪の枯渇

砂糖生産量の増大や製糖技術の向上が補助エネルギーに対する需要を増大させるなかで，製糖会社はエネルギー調達の危機に直面した．最初の危機は，薪不足であった．1900 年代まで，エネルギーに占める薪の比重は高かった．図 4 は，新式工場のエネルギー消費量の推移とその内訳を示している．1900 年代

44）台湾総督府『台湾糖業統計』（第 28）144 頁．
45）『商工彙報』第 3 号，1930 年 10 月（「バガス製紙に関する調査」）．
46）台湾銀行調査課『調査資料蒐録』（第一輯）1936 年 9 月，92 頁（中央研究院台灣史研究所所蔵台湾銀行史料）．

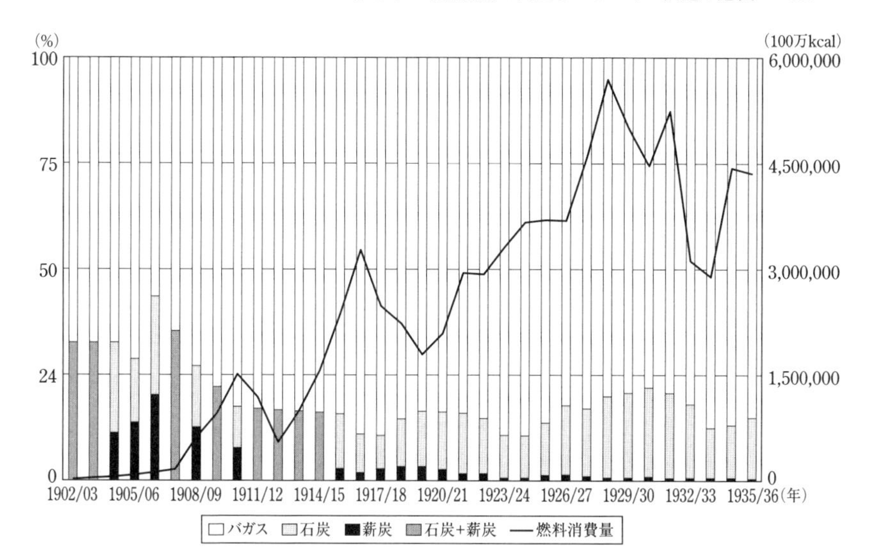

図4　近代製糖業におけるエネルギー消費量1902/03–1935/36年期

注1)　本章末の[付録1]を参照.

注2)　以下の年期の補助エネルギー消費量は，以下の方法で算出した補助エネルギー率（補助エネルギー量÷全エネルギー量）をバガス消費量に乗じて算出した．1902/03–1903/04年期は，1904/05年期の補助エネルギー率．1907/08年期は，1906/07年期と1908/09年期の補助エネルギー率の加重平均値．1909/10年期は，1908/09年期と1910/11年期の補助エネルギー率の加重平均値．1911/12–1914/15年期は，1910/11年期と1915/16年期の補助エネルギー率を単線接続．

の製糖エネルギーに占める補助エネルギーの比率は30–45%と高く，その約半分が薪であった．新興製糖(株)は1905年期と1906年期の製糖では薪のみを使用し，1907年期にようやく石炭を使用するようになった[47]．たしかに，石炭の方が薪よりも熱量が高いが，縦貫鉄道や築港が未整備な段階で石炭を使用するとすれば，高いコストを負担して，基隆近郊に分布する炭鉱から台湾炭を陸送・海送するか，内地炭を移入しなければならなかった．勃興当初の台湾糖業において，薪は重要なエネルギー源であったのである．

製糖会社の薪調達について，台湾製糖(株)を事例に考察しよう．1900年に設立された台湾製糖(株)は，操業当初から石炭と薪を併用しており，薪については「第1回，第2回の製糖迄は運搬の便利な地域で龍眼肉，相思樹等を主と

47)　臨時台湾糖務局『臨時台湾糖務局年報』(第4) 1906年；臨時台湾糖務局『臨時台湾糖務局年報』(第5) 1907年；臨時台湾糖務局『臨時台湾糖務局年報』(第6) 1908年.

して種々の雑木を買って間に合はせ」ていたが，3 回目の製糖では「附近の樹木が減少して了って，どうしても間に合ひません」という状態に陥ったという．台湾製糖(株)は「恒春地方（中略）の蕃産物交換所に依頼し，生蕃（清朝統治時代に漢人との交流が希薄であった，主に山地に居住する原住民）を使役して相思樹を切出させ，其の払下手続を取」ったほか，「社宅の周囲の竹垣まで焚いてしまい，翌朝夫婦ものの社宅から苦情が出て大急ぎで，垣根のたて方に追われた」というように，「惨憺たる苦心」をしながら薪を調達した[48]．

多くの薪が必要とされたのは，技術不足によるところが大きい．台湾製糖(株)に設立当初から勤務していた草鹿砥祐吉は，「搾殻（バガスを指す）は直に汽缶の燃料に供給すべきものだが，圧搾不十分なため燃料になりかねるので，大籠に受けて工場裏の広場に広げて干す．（中略）汽缶は石炭用の普通の多管式なので搾殻はたきにくく，石炭，薪木を補給せざるを得ない．製糖期は丁度都合よく乾燥期なので雨はめったになく，コンナ風の事がやり得るのだが，若し雨が降ると大変である」[49] と回想し，丸田治太郎も「当時の甘蔗は素質が不良なのと，ロールの圧搾力も不十分であり（中略）従て搾り殻は只平たく押潰した程度の儘ボイラーに送られるので，ブスブス燻っていて燃焼が極めて悪く，一向蒸気が上らず，石炭と薪とで其燃焼を助けねばなりませんでした．（中略）夜半になるとボイラー焚の苦力が睡魔に襲はれて薪をくべなくなるので蒸気が下る，（中略）其の都度監督岸に叱られ，狼狽して急に蒸気を上げようとして沢山の薪を焚いて了ふ為に薪の予定量に狂ひが生じ，其の補充の買集めに困ったことが度々ありました」[50] と回想している．このように製糖技術（圧搾・燃焼）の不足が，薪の消費量を増大させていたのである[51]．台湾製糖(株)では，1906 年度の事業計画において燃料乾燥小屋建築に 2,250 円，火炉焚口改良工事に 1,000 円，蔗殻輸送装置に 5,000 円を計上して，バガスの品質の向上に努めた[52]．

1900 年代半ばに製糖会社が台湾の中南部に相次いで設立されると，薪に対

48) 丸田治太郎『台湾製糖株式会社創業当時の追憶』台湾製糖株式会社，1940 年，27–28 頁．
49) 草鹿砥祐吉「橋仔頭の思い出と砂糖雑話」樋口『糖業事典』「思い出の糖業」の部，9 頁．
50) 丸田『台湾製糖株式会社創業当時の追憶』27 頁．
51) そのほか，中川和白糖製造所も「初期に於て雨湿多く燃料の蔗粕乾燥に困難」していたという（臨時台湾糖務局『臨時台湾糖務局年報』（第 3）1905 年，185 頁）．
52) 臨時台湾糖務局『臨時台湾糖務局年報』（第 3）179–180 頁．

する需要はますます増大した．1908/09年期に操業を開始した大日本製糖(株)と東洋製糖(株)は「燃料の準備を欠きたるより往々止むなき休業」を余儀なくされ，大日本製糖(株)は急遽，ジャンク船主に薪の調達を依頼しなければならないほどであったという[53]．

薪に対する需要の増大は，森林枯渇をもたらした[54]．資料の制約から，その全貌を明らかにすることはできないが，少なくとも1909年には台湾南部の「搬出に便なる山地の薪炭木は悉く皆伐採し尽し」ており，台湾南部の最大の薪供給地である恒春では「最早や供給すべき薪炭なく」という状態に陥った[55]．薪価格の高騰を受けて，多くの農民は「終に自家敷地内の樹木を伐採して売払」ったほか，「甚だしきは果樹若くは庭園木迄も伐採」した[56]．製糖会社は，1908年の縦貫鉄道の全通（地図3参照）によって調達コストが低下した台湾炭の利用を進めたが，薪から石炭へ完全に転換したわけではなく，「低廉なる炭価を以てしてすら製糖の燃料として薪材を使用する者多き有様」[57]であり，1911年の薪価格は「珍無類の高値を唱へ」るに至った[58]．

一部の製糖会社は，総督府から森林の払い下げを受けて，植林に努めた．たとえば，台湾製糖(株)は1912年に東港の土地約1,300 haの払い下げを受けて，相思樹やビルマ合歓の混合林を造成した[59]．また，台南製糖(株)も薪や枕木を得るために，1915年ごろから総督府に工場付近の森林の払い下げを請願

53）『台湾日日新報』1909年1月7日（「製糖工場の燃料」）．

54）日本植民地時代の森林賦存については，戦後の森林崩壊との対比で，ポジティブな評価が与えられている．たとえば，陳國棟は，林業の発展が森林減少に与えた影響は深刻なものではなかったとするほか，劉翠溶・劉士永は，台湾総督府の植林政策（保安林）が，戦後の台湾に引き継がれた点を高く評価する（Ch'en, Kuo-tung, "nonreclamation deforestation in Taiwan, c. 1600–1976," in Elvin, Mark and Liu, Ts'ui-jung (eds.), *Sediments of Time: Environment and Society in Chinese History*, Cambridge and New York: Cambridge University Press, 1998; Liu, Ts'ui-jung and Liu, Shi-yung, "a preliminary study on Taiwan's forest reserves in the Japanese colonial period: a legacy of environmental conservation"『台灣史研究』第6巻1期，1999年6月）．ただし，いずれの研究も，林業以外の産業や家庭で消費された木材（用材・燃材）については議論していない．

55）『台湾日日新報』1909年1月30日（「薪炭の大欠乏」）．

56）『台湾日日新報』1909年6月13日（「製糖業と燃料」）；『台湾日日新報』1909年9月2日（「製糖業と燃料」）．

57）『台湾日日新報』1910年11月18日（「糖業燃料問題」）．

58）『台湾日日新報』1911年2月18日（「山野の利用法」）．

59）『台湾日日新報』1913年3月14日（「製糖燃料自営」）．

し，造林可能地域 2,330 ha に対して，相思樹や龍眼などの植林を開始した[60)]．

3-2. 第一次石炭危機

薪の調達コストの上昇と縦貫鉄道の全通による石炭の調達コストの低下を背景に，補助エネルギーの対象が薪から石炭へと移行していったが，製糖会社は石炭の調達においても困難に直面した．

台湾鉄道の輸送力は，急増する商品生産量に対して常に低位であり[61)]，はやくも 1910 年代半ばには製糖用炭の輸送問題が指摘されるようになった[62)]．また，製糖会社の調達方法も輸送問題の一因であった．たとえば，1916/17 年期の製糖用炭は「山元の供給は順調」であり，「貨車不足を見越して石炭商人は契約炭引取の一日も早いことを切言」したが，製糖会社は「莫大の貯炭は金利を食う」うえに「産糖高の見込みも十分でない」ことから，11 月末日を引取期限とする 10 万トンの契約を破棄して，約 3 万トンを残して越年した[63)]．1917/18 年期の製糖用炭の輸送では，製糖会社と炭鉱との間で，11 月末日を期限とする夏季輸送炭約 10 万トン，冬季輸送炭 7 万トンの契約が締結されていたが，10 月下旬に入っても夏季輸送炭 4.5 万トンが未送で，「鉄道部で運輸上全能力を発揮させるとしても到底全部を輸送し終えないのは明瞭」となった[64)]．

製糖用炭の輸送問題は，製糖作業に深刻な影響を与えた．1916/17 年期には「台湾製糖三崁店の如きは圧搾能力を半減して新高製糖大甫林工場の如きは薪を燃料として思わしからず，他社の貯炭を融通してかろうじて機械を運転している窮状」[65)] に陥り，1917/18 年期には「昨年の如く今やその燃料に窮し，中南部各製糖会社はついに製糖を休止しなければならない有様」となった[66)]．

石炭調達が困難となるなか，1919/20 年期の製糖に向けて対策が採られた．まず，輸送力の改善が図られた．糖業連合会台湾支部（以下，連合会）は 1918 年

60） 台南製糖株式会社『台南製糖株式会社第五期報告書』21 頁．
61） 高橋泰隆『日本植民地鉄道史論』日本経済評論社，1995 年（第 1 章）；蔡龍保『推動時代的巨輪：日治中期的台灣國有鐵路』台灣古籍出版，2004 年．
62） 『台湾日日新報』1915 年 12 月 2 日（「製糖用炭窮乏」）．
63） 『台湾日日新報』1917 年 3 月 17 日（「製糖石炭問題」）．
64） 『台湾日日新報』1917 年 10 月 24 日（「製糖用炭問題」）．
65） 『台湾日日新報』1917 年 3 月 17 日（「製糖石炭問題」）．
66） 『台湾日日新報』1918 年 2 月 3 日（「非常輸送如何」）．

6月に開催された「第3回製糖会社農事主任会議」(第5章を参照) の席上，総督府鉄道部 (以下，鉄道部) に対して輸送力の強化を要求したが，鉄道部は「各製糖会社の石炭，肥料，甘蔗苗に付ては，鉄道部は現在の輸送力に付て極力御便宜を図って居」るうえに，「機関車及汽車も相当増加します」から，「是れ以上に御便宜を図る余地は恐くはあるまい」と答えた[67]．しかし，1918/19年期の製糖用炭の輸送で改善が見られなかったため，連合会が1919年3月に鉄道当局と直接面会し，1919/20年期の製糖に向けて輸送設備の充実を再度要求した[68]．その結果，鉄道部は貨車400車および機関車10台の増設を約束した[69]．

また，炭鉱各社によって石炭輸送組合 (以下，輸送組合) が設立された．輸送組合は，炭鉱から製糖会社までの陸送炭について低運賃期間 (5–10月) に10万トン，高運賃期間 (11–翌4月) に5万トン，合計15万トンの輸送に責任を負う一方で，1ヵ月に10万斤 (60トン) 以上を消費する工場と契約する場合には契約量の3分の2を10月までに輸送し，貨車不回りの場合には基隆港から海送するとした[70]．輸送組合は連合会に対して7ヵ年の契約を申し込んだが，連合会で「議論百出」した結果，契約を1年とすること，出来る限り陸送すること (海送は炭質を下落させる) を条件に，1919/20年期製糖用炭として1919年5–11月に10.9万トンを輸送する契約を締結した[71]．

しかし，これらの対策は，鉄道輸送力の不足を要因として失敗した．10.9万トンの輸送契約に対し，10月末までの輸送量は4.6万トンに過ぎず，残余6.3万トンを11月末までに陸送することは不可能であることが決定的となった[72]．鉄道部・輸送組合・連合会の交渉の結果，1.5万トンが海送されることとなったが，連合会は海送による追加費用や炭質の低下を危惧し，輸送組合と鉄道部に対して，一日550トンの陸送を実行すること，1.5万トンを超える分の海送の経費は負担しないこと，の2点を要求した[73]．鉄道部はその後，海送量が3.1

67) 台湾総督府編『第三回製糖会社農事主任会議答申』1919年2月，245–247頁．
68) 糖業連合会台湾支部「第45回支部会仮決議」1919年11月25日 (糖業協会所蔵)．
69) 『台湾新聞』1919年4月29日 (「糖業連合会緊張したる会合」)．
70) 『台湾日日新報』1919年3月25日 (「輸送組合設立案」)．
71) 『台湾新聞』1919年4月29日 (「糖業連合会緊張したる会合」)．
72) 糖業連合会台湾支部「第43回支部会仮決議」1919年10月11日 (糖業協会所蔵)．
73) 糖業連合会台湾支部「第44回支部会仮決議」1919年11月4日 (糖業協会所蔵)．

万トンまで増大する可能性があることを示唆したため，連合会は超過分に対する費用は負担しないという従来の方針を貫いて鉄道部と対立した[74]．種々の対策は効果を上げることなく失敗し，1920 年 5 月 11 日，輸送組合は臨時組合員総会を開いて解散を決議した[75]．

輸送組合に代わる方法を見出す必要性に迫られた連合会は，製糖会社間の石炭貨車獲得競争を抑制するため，石炭輸送部を設けて各社の所要石炭の輸送を統一することとした．石炭輸送部は，① 嘉義以北の工場が需要する石炭はすべて陸送すること，② 11 月 30 日までは輸送量を各工場の需要量に按分して平等に陸送すること，③ 12 月 1 日以降は嘉義以北の工場が需要する石炭は陸送し，残余の輸送力を以て嘉義より南に位置する工場へ陸送し，不足する場合は海送することを原則として，石炭輸送を統制することとした[76]．また，総督府は，輸送問題（石炭に限らない）の最大の要因とされた縦貫鉄道の中部にある勾配地域を迂回するため，平坦線（海岸線）を 1919–22 年にかけて 1,500 万円の事業費で建設し（地図 3 参照），輸送力の向上に努めた．

こうした供給力の強化によって，石炭調達の危機は克服されていった．台湾総督府は，輸送力の向上を理由に，非製糖期間中の割引運賃制度を 1920 年度限りで撤廃したが，連合会はそれに理解を示した[77]．1921/22 年期の製糖用炭は「北部炭の南送か案外に進捗」[78] したほか，1923/24 年期の製糖用炭も「往年のように製糖期以外の閑散期に石炭を南送してく必要はなく」[79] なった．

3–3.　第二次石炭危機

しかし，1920 年代後半に入ると，石炭調達の危機が再燃した．前節で考察した製糖技術の向上によって，補助エネルギーに対する需要が増大したほか，

74）　糖業連合会台湾支部「第 45 回支部会仮決議」1919 年 11 月 25 日（糖業協会所蔵）．
75）　糖業連合会台湾支部「第 47 回支部会仮決議」1920 年 5 月 24 日（糖業協会所蔵）．
76）　糖業連合会台湾支部「第 48 回支部会仮決議」1920 年 6 月 10 日（糖業協会所蔵）．連合会で統一した輸送計画を立てるべきことは，第 3 回製糖会社農事主任会議（1918 年）のなかで，殖産局長によって提案されている（台湾総督府『第三回製糖会社農事主任会議答申』247 頁）．
77）　糖業連合会台湾支部「第 65 回支部会仮決議」1922 年 7 月 10 日；糖業連合会台湾支部「第 66 回支部会仮決議」1922 年 8 月 22 日．
78）　台湾総督府『台湾貿易概覧』（大正 10 年・11 年）1924 年，172 頁．
79）『台湾日日新報』1924 年 7 月 25 日（「製糖用炭」）．

蓬莱米の登場も原因であった．日本の米不足に対応すべく開発された蓬莱米は，日本へ移出するために基隆や高雄まで鉄道で輸送する必要があったが，その輸送のピークが製糖用炭の輸送期と重なったのである．炭鉱や鉄道部は，蓬莱米の輸送と製糖用炭の陸送が衝突することを恐れて，契約した石炭の早期引取を製糖会社に要求した[80]．しかし，製糖会社は「会社所要の石炭は可成非製糖の閑散時期中に輸送し置くを便宜なり」としつつも，やはり「金利其他の関係上非製糖期中の輸送に対しては特に有利の条件を具せさる以上其実際容易ならさる」ものがあり，「甘蔗の発育状況とかバガスの出来具合とか砂糖価格の関係，あるいは金融関係その他の事情」[81] から，製糖期に入るまで，契約した石炭の受取を拒否し続けた．

その結果，製糖期における石炭不足が再発した．台湾製糖(株) 橋子頭工場は鶯歌・大渓炭を使用していたが，1925/26 年期製糖では十分な量を確保できなかったため，産炭地から高雄港まで南送された四脚亭炭を「逆送」させて，かろうじて工場を稼働させていた[82]．また，明治製糖(株) の「某工場」は「燃料炭の配車よろしきを得ず，ついに作業を中止する」に至った[83]．

製糖用炭の調達が不安定化するなかで，一部の製糖会社は撫順炭を利用するようになった．統計上の撫順炭の輸入は 1912 年の 145 トンを嚆矢とし，製糖会社を中心とする南部の工業で使用されたほか，船舶焚料としても使用されていた．製糖会社のなかでは，塩水港製糖(株) が撫順炭の利用に積極的であった．塩水港製糖(株) は補助エネルギーを多消費する白糖や，再製白糖の生産に積極的であったからである．

1930 年代に入ると，種々の理由で塩水港製糖(株) 以外の会社も撫順炭を使用するようになった．第 1 に，撫順炭の価格下落によって，台湾炭との値開きが縮小した．1929 年の日本の撫順炭の輸入制限による需要の減退，船腹過剰に陥った大連汽船(株) と辰馬汽船(株) による割安運賃での輸送[84]，銀相場の下

80)　『台湾日日新報』1926 年 11 月 27 日 (「年末を前に糖用炭の引取遅延は輸送の大障碍」).
81)　糖業連合会台湾支部「第 64 回支部会仮決議」1922 年 5 月 7 日;『台湾日日新報』1926 年 2 月 3 日 (「製糖用炭輸送の協調を図れ」).
82)　『台湾日日新報』1926 年 1 月 28 日 (「製糖用炭輸送渋滞」).
83)　『糖業』第 13 年 2 月号，1926 年 2 月 (「製糖用炭不廻」).
84)　台湾総督府『台湾貿易概覧』(昭和 5 年) 1931 年，155 頁.

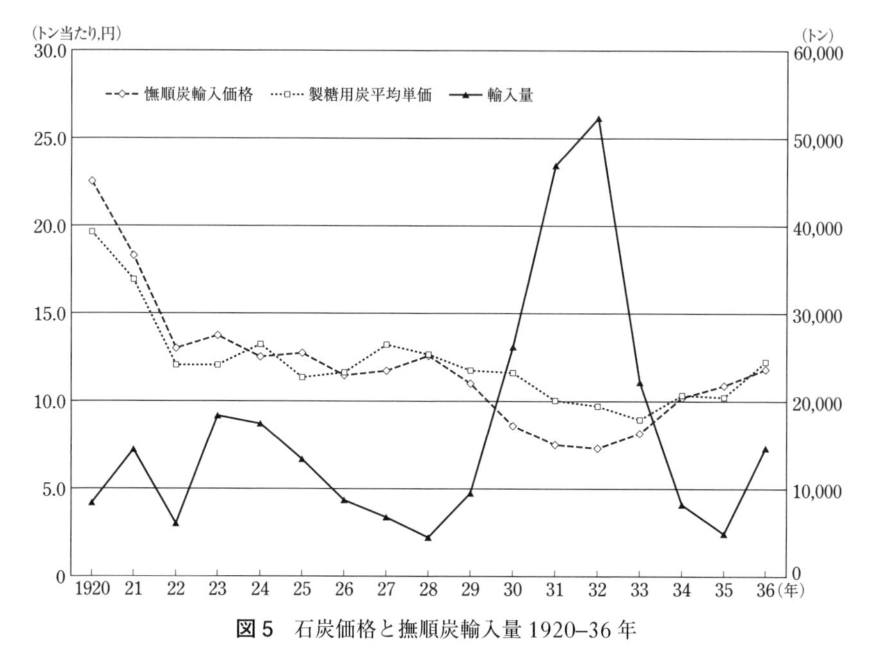

図 5　石炭価格と撫順炭輸入量 1920–36 年

出典）台湾総督府『台湾貿易年表』各年；台湾総督府『台湾糖業統計』各年.

落などの理由によって撫順炭価格は急落し（図 5），多くの製糖会社が需要するところとなった．第 2 に，撫順炭の存在は台湾炭の契約に際して，製糖会社のバーゲニング・パワーを高めた．たとえば，1932/33 年期製糖用炭の契約に際して，炭鉱側は「前期よりも少くとも二，三十銭は高く売り上げんとの意向は充分」あったものの，「撫順炭が製糖会社の仄めかす処では前期よりも反対に一噸につき二，三十銭安価に契約して居る模様」であったため，炭鉱は「製糖会社の方針通りに追従して販売するより外途はない」状況に陥った[85]．1930 年代前半における撫順炭の使用比率は，台湾糖業全体では 7–15% に過ぎなかったが，会社別にみると，台湾製糖(株) で 26%，塩水港製糖(株) では 28–46% に

85）『糖業』第 19 年 11 月号，1932 年 11 月（「今期用石炭商談」）.

86）台湾総督府『台湾糖業統計』（第 23）1935 年，106–107 頁；台湾総督府『台湾糖業統計』（第 27）1940 年，104–105 頁；『糖業』第 18 年 9 月号，1931 年 9 月（「五，六年期製糖炭」）；手島康編「昭和七，八年期各製糖会社燃料消費一覧表」1933 年；台湾銀行台北頭取席調査課「本島に於ける石炭の将来に就いて」1930 年（中央研究院台灣史研究所所蔵台湾銀行史料）.

達した[86].

ただし，撫順炭鉱が再び好況になると撫順炭の価格は上昇したため（図5），1934年以降は塩水港製糖(株) 以外に撫順炭を使用する製糖会社はなくなってしまった．撫順炭は一部の製糖会社の一時期の石炭調達において効果を発揮したに過ぎなかったと言える．

1930年代に発生した「過剰糖問題」への対応として，1932/33年期および1933/34年期に台湾糖業で生産制限が実施されたことを背景に（第3章），1920年代の不況の下で進められていた合理化への意識が一層高まった．エネルギーについては，エネルギー効率の向上を通じて製糖作業での石炭消費量の減少を目指す「No Coal工場」の登場を指摘することができる．「No Coal工場」は，1930年代初頭に一部の会社で実現されており，とりわけ積極的であったのは大日本製糖(株) であった．たとえば，大日本製糖(株) 虎尾第二工場は，「燃焼炉の改造をなし第二次ボイラー二台を増して五台とし余熱の利用に依って汽缶効率の向上を図り蒸気の冗費を防ぎ（中略）製糖開始以来殆んどノーコール」[87] であったほか，その他の工場でも汽缶の改造・増設によってエネルギー効率を上げてバガスのみで熱源・動力源を得ることができるようになっており，図3に示されるように，大日本製糖(株) の工場では石炭の使用比率が低かった．

「No Coal工場」は，1930年代中葉にはほぼ全社で実施されるようになった．バガスの燃焼を通じて発生させた蒸気を余すことなく利用するためには，蒸気と糖汁との熱交換量を上げる必要があり，熱交換量は汽缶の伝熱面積に比例して増大する．各製糖会社は設備の更新・改造によって，汽缶，糖汁加熱機，効用缶，結晶缶などの伝熱面積を増大させた[88]．その結果，バガスの燃焼によってほとんどの熱源と動力源を得ることが可能となり，1935年ごろには「今更ら粗糖工場のノーコールを叫ぶのも事新しい事ではない」[89] という状態になった．図1に示されるように，1930年代中葉の圧搾1トン当たりの補助エネルギー消費量は，1930年代初頭のそれの約半分にまで減少した．

87）『台湾日日新報』1934年3月11日（「日糖の今季産糖二百八万担を下らぬ：斗六の外殆んどノーコール」）．
88） 台湾総督府『台湾糖業統計』各年（「新式製糖場主要機械」の項目）．
89）『若葉』第4号，1935年9月（「百二十万斤圧搾とノーコール」）．

生産制限が解除された 1934/35 年期製糖以降，輸送問題の再燃が懸念されたが，1934 年 10–11 月の早期輸送分を対象に，鉄道部が運賃割引制度を復活させることで対応された[90)]．本制度は，1934 年には割引対象となる最低輸送量が過大に設定されたために失敗に終わったが，設定量と期間が是正された 1935 年以降は成功した[91)]．鉄道輸送統計を用いて，割引対象内の 10–11 月と対象期外の 12–翌 1 月における石炭輸送比率を，1932–34 年平均と 1935–37 年平均で比較すると，10–11 月の輸送比率は 16.2% から 17.7% へ約 1.5 ポイント上昇し，12–翌 1 月の輸送比率は 22.2% から 19.3% へ約 3 ポイント低下している[92)]．輸送される石炭がすべて製糖会社で用いられたわけではないが，鉄道輸送される石炭の多くが製糖用炭であったことに鑑みると，運賃割引制度は一定の効果をもたらしていた可能性が高い．これらの対策の結果，約 20 年に及ぶ石炭調達の問題はようやく解決に向かったのである．

小　括

エネルギー利用という点から見れば，製糖業は極めて「幸運」な産業であった．製糖業では，甘蔗から砂糖を製造する製糖工程において多くのエネルギーを消費するが，その多くは甘蔗の圧搾殻であるバガスから調達することができ，製糖業はエネルギーへのアクセスが未整備な環境の下でも，相対的に存立可能であったからである．製糖業が日本植民地最大の産業となった要因として，輸入代替化という帝国利害や地域開発という地域利害に加えて，エネルギー制約からかなりの程度自由であったことを指摘できる．

ただし，市場から調達する薪や石炭を補助エネルギーとして利用しなければならなかったため，台湾糖業がエネルギー市場から自由であったわけではない．しかも，台湾糖業における製糖技術の進歩は，補助エネルギーへの需要を高めていたことが明らかとなった．第 1 に，在来製糖業から近代製糖業への移行は，

90)　台湾銀行台北頭取席調査課「本島に於ける石炭の将来に就いて」15 頁．

91)　『台湾日日新報』1934 年 11 月 15 日（「今期の製糖用炭契約十万噸に達す」）；『台湾日日新報』1935 年 8 月 8 日（「運賃割引と製糖用炭の南送」）；『台湾日日新報』1935 年 12 月 3 日（「製糖用炭の早期割引輸送」）．

92)　台湾総督府『台湾総督府交通局鉄道年報』各年．

たしかに製糖1単位当たりのエネルギー需要量を著しく低下させたものの，エネルギー制約からの解放による砂糖生産量の増大によって，総エネルギー需要量は増大した（第1節）．第2に，近代製糖業への移行後に導入された主な増産技術（ハンド・リフレクトメーターとシュレッダ）および非増産技術（白糖とバガスパルプ）を検討した結果，これら技術はエネルギー多消費型の技術であり，補助エネルギーに対する需要を高める方向に作用していたことが明らかとなった．エネルギー市場から如何に安定して補助エネルギーを調達するかという問題に，台湾糖業は常に直面しなければならなかったのである（第2節）．

補助エネルギーの安定調達のためには，エネルギー節約技術を導入して「需要力の低下」を図るか，エネルギーの調達範囲・方法を改善して「供給力の強化」を図るかの2つの選択があったが，製糖会社は「供給力の強化」を優先した．製糖会社は当初は薪を需要し，調達地域を拡大させながら安定確保を図ったが，森林枯渇による薪の調達コストの増大とインフラ整備（縦貫鉄道や築港）による石炭の調達コストの低下を受けて，台湾炭を主に需要するようになった．低位な輸送力と製糖会社のコスト意識によって台湾炭が払底し，製糖作業が中止に追い込まれるという問題が何度も引き起こされた．

しかし，撫順炭の輸入による石炭不足への対応は，撫順炭価格が急落した1930年代初頭に限って広まったに過ぎず，基本的には鉄道輸送力や調達方法の改善を通じて台湾炭の供給力の強化を図ることで解決された．台湾糖業で消費されたエネルギー（バガス，薪，石炭）は，すべて台湾内部で調達されたのである[93]．さらに，1932/33年期と1933/34年期に台湾糖業で生産制限が実施されると，合理化を強く意識するようになった製糖会社は，石炭の使用を抑制する「No Coal工場」化を通じて「需要力の低下」を図ったため，台湾炭の消費

93）そのほか，特に1930年代には製糖作業の電化が模索された．しかし，主エネルギーであるバガスは蒸気機関で利用されたほか，電気機械の使用は，移行コストや非製糖期間におけるメンテナンスの難易を考慮した場合，蒸気機関に対して優位性を持てないと判断された（安部昇「製糖工場と動力の電化」『台湾電気協会会報』第3号，1933年7月，16頁）．また，製糖電化の最大の魅力は圧搾率の向上による増産であり，それは過剰糖の処分が問題視される1930年代においてはマイナス要素でしかなかった（山本轍「製糖用圧搾機の電化（その二）」『台湾電気協会会報』第2号，1933年3月，59頁）．1939年5月の段階で電化した工場は，昭和製糖(株)玉井工場，同苗栗工場，帝国製糖(株)崁子脚工場の3工場に過ぎず，完全電化は帝国製糖(株)崁子脚工場のみであった（「帝国製糖株式会社崁子脚製糖所電気設備概要」『台湾電気協会会報』第15号，1939年5月，73頁）．

量も減少した．1930 年代の台湾糖業は，基本的にエネルギーをほぼ自給できるようになったのである．

［付録 1］　新式製糖工場におけるエネルギー消費量の算出方法

1. バガス

1925/26 年期以前は，各年の甘蔗圧搾量に 0.25 を乗じて算出した．1926/27–1937/38 年期は，台湾総督府編『台湾と電力』(1941 年) 7–8 頁による．

2. 薪

(1)　1904/05 年期，1905/06 年期

1904/05 年期は台湾製糖(株)・台南製糖(株)・新興製糖(株)・塩水港製糖(株)における薪消費量の合計値 (臨時台湾糖務局『臨時台湾糖務局』(第 4) 1906 年)，1905/06 年期は台湾製糖(株)・台南製糖(株)・新興製糖(株)・塩水港製糖(株)・南昌製糖(株)・蔴豆製糖(株) における薪消費量の合計値 (臨時台湾糖務局『臨時台湾糖務局年報』(第 5) 1907 年) による．

ここでの最大の問題は，砂糖生産量が最も多い台湾製糖(株) における薪消費が「鉱油その他消耗品」の項目に組み込まれていることである．そこで，台湾製糖(株) の薪消費量は，以下の方法で推計した．まず，1906/07 年期の「鉱油・薪炭消費額」に占める「薪炭消費額」の比率を算出した (61%)．次に，その比率は 1904/05–1905/06 年期も同様であると仮定し，各年の「鉱油その他消耗品」の合計金額に 61% を乗じて，各年の「薪炭消費額」とした．一方，薪の単価は，1904/05 年期は塩水港製糖(株) で使用されたものについて，1905/06 年期は新興製糖(株)・塩水港製糖(株)・南昌製糖(株)・蔴豆製糖(株) で使用されたものについて判明する．そこで，各年の「薪炭消費額」を，1904/05 年期は塩水港製糖(株) の薪価格を用い，1905/06 年期は各製糖会社の薪価格の加重平均で除して，算出した．

(2)　1906/07 年期

台湾製糖(株)・台南製糖(株)・新興製糖(株)・塩水港製糖(株)・蔴豆製糖(株) における薪炭消費量の合計値である (臨時台湾糖務局『臨時台湾糖務局年報』(第 6)

1908年).

（3）　1908/09年期，1910/11年期，1915/16年期

1908/09年期は『台湾日日新報』1909年9月22日（「製糖業と燃料」），1910/11年期は台湾総督府編『台湾糖業の発展が経済界に及ぼせる影響』1914年，87頁，1915/16年期は杉野嘉助編『台湾糖業年鑑』（第4版，台湾新聞社，1921年）127頁による.

（4）　1916/17–1937/38年期

台湾総督府『台湾糖業統計』（第23，1935年）106–107頁，台湾総督府『台湾糖業統計』（第27，1940年）104–105頁による.

3. 石炭

（1）　1904/05–1906/07年期

1904/05年期は，台湾製糖(株)・台南製糖(株)・新興製糖(株)・塩水港製糖(株)における石炭消費量の合計値である（臨時台湾糖務局『臨時台湾糖務局年報』（第4）1906年）．1905/06年期は，台湾製糖(株)・台南製糖(株)・新興製糖(株)・塩水港製糖(株)・南昌製糖(株)・蔴豆製糖(株)における石炭消費量の合計値である（臨時台湾糖務局『臨時台湾糖務局年報』（第5）1907年）．1906/07年期は，台湾製糖(株)・台南製糖(株)・新興製糖(株)・塩水港製糖(株)・蔴豆製糖(株)における石炭消費量の合計値である（臨時台湾糖務局『臨時台湾糖務局年報』（第6））.

（2）　1908/09年期，1910/11年期，1915/16年期

1908/09年期は『台湾日日新報』1909年9月22日（「製糖業と燃料」），1910/11年期は台湾総督府『台湾糖業の発展が経済界に及ぼせる影響』87頁，1915/16年期は杉野嘉助『台湾糖業年鑑』（第4版）127頁による.

（3）　1916/17–1937/38年期

台湾総督府『台湾糖業統計』（第23）106–107頁，台湾総督府『台湾糖業統計』（第27）104–105頁による.

4. カロリー換算

バガス2,750 kcal/kg，石炭6,500 kcal/kg，薪2,800 kcal/kg（台湾銀行『調査資料蒐録』（第一輯）96頁；鉄道省編『木材に関する経済調査』1925年，10頁）.

[付録 2]　糖廍におけるエネルギー消費量の算出方法

台湾総督府『林業統計書』(大正 7 年度，1918 年) 49 頁に記載されている，1916 年の補助エネルギーの消費量を同年の甘蔗圧搾量で除して，「熱効率」(甘蔗 1 トンの圧搾に要する熱量) を算出した結果，旧式糖廍は 13 万 kcal，改良糖廍は 7.37 万 kcal であった．各年のエネルギー消費量は，各年の甘蔗圧搾量に，それぞれの熱効率を乗じて算出した．

第7章　砂糖の増産と包装袋変更問題

はじめに

本章の目的は，砂糖の輸送工程で不可欠な包装袋に焦点を当て，砂糖生産量の増大による包装袋需給の変容を考察し，台湾糖業の成長がどのような地域との関係のなかで達成されたのかを解明することである．

包装材は，商品の変敗防止と品質保持，微生物・ゴミなどの付着防止，商品生産の合理化と省力化，流通・輸送の合理化と計画化にとって，重要な商品である[1)]．したがって，世界的な一次産品に対する需要の拡大，機械制工場工業と蒸気船による一次産品の大量生産と輸送は，袋，樽，木箱などの多様な包装材に対する需要を増大させていったが，先行研究において，包装材が考察されたことはなかった．

台湾糖の包装材として使用されたのは，インド産・日本産・台湾産のガニーバッグ（Gunny Bag）と中国産の包蓆（ほうせき）という2種類の袋であった．しかし，その使用比率は時代によって異なり，およそ2つの分岐点（1916年と1924年）を持ちながら，包蓆からガニーバッグへと移行していった．特に1924年の分岐点は，糖業連合会（以下，連合会）によってもたらされた．すなわち，連合会の第354回協議会（1924年7月14日開催）において，

> 大正13年11月以降の台湾産糖中二種分蜜直消糖の包装は150斤入り麻袋（ガニーバッグ）とし絶対にアンペラ（包蓆）を使用せさる事（中略）アンペ

1）　芝崎勲・横山理雄『新版食品包装講座』日報出版，1993年．

ラを包装に使用せしものある時は，1 担に付き金 1 円也の違約金を徴収するものとす[2)]

ることが決議され，包装袋の変更が強制されたのである．この決議は，台湾糖を需要する日本の糖商組合，消費地の砂糖組合，製菓組合から強い反発を受けたが[3)]，取り消されることはなかった．なぜ，連合会は砂糖包装袋の変更を強行しなければならなかったのだろうか．包装袋の変更は，台湾糖業にとってどのような意味を持ったのだろうか．

本章の第 1 節では，アジアにおける包蓆とガニーバッグの供給について概観する．第 2 節では，台湾糖の包装袋の変容を，包装率という概念を用いて考察する．第 3 節では，砂糖用の包装袋がなぜ変更されなければならなかったのかを考察する．

1.　アジアにおける包装袋の生産と流通

1-1.　包装袋の生産

砂糖用の包装袋のうち，包蓆の産地は広東省の雷州府（民国期以降，海康県）である（地図 1 参照）．包蓆の原料は，広東省で「竹仔」と呼ばれる藺草（いぐさ）の一種であり，湿地を適作地としたため，水はけの良い高地において米が生産され，湿地の多い低地において藺草が生産されていた[4)]．第一次世界大戦までの藺草生産は，粗放的であったとされる．藺草の植付け時期は一定せず，藺草が約 1–2 年かけて 5–8 尺ほどに成長すると収穫され[5)]，明治末期に雷州を視察した前田吉次郎は，「人糞尿及豆粕を適肥とすと言ふも原産地に於ては実際施肥するもの

2)　糖業連合会「第 354 回協議会議案」1924 年 7 月 14 日（糖業協会所蔵）．

3)　糖業連合会「第 355 回協議会議案」1924 年 7 月 25 日；同「第 356 回協議会議案」1924 年 8 月 8 日；同「第 357 回協議会議案」1924 年 8 月 22 日；同「第 358 回協議会議案」1924 年 9 月 12 日；同「第 359 回協議会議案」1924 年 9 月 26 日；同「第 361 回協議会議案」1924 年 11 月 10 日；同「第 372 回協議会議案」1925 年 5 月 15 日；同「第 374 回協議会議案」1925 年 6 月 5 日；同「第 375 回協議会議案」1925 年 8 月 7 日（すべて，糖業協会所蔵）．

4)　忍頂寺誠一「南支那におけるアンペラ」神戸高等商業学校『大正七年夏期海外旅行調査報告』1918 年，17 頁．

5)　台湾総督府編『台湾包蓆草栽培要説』1921 年，6 頁．

あるを聞かず」と報告している[6]．しかし，第一次世界大戦期から大戦後にかけて包蓆の価格が上昇するなかで，植付けや収穫の時期が一定するようになったほか，肥料も人糞尿や大豆粕が施用されるようになった[7]．また，米から藺草への作付け転換が行われた[8]．ただし，藺草の生産に適した低湿地の面積は限られており，作付面積の拡大には限界があった．

包蓆の製造は，包蓆商によるものと農民の家庭内副業によるものの 2 種類に分かれていた．包蓆商による生産の場合，彼らは原料の収穫時期に生産地へ店員を派遣するか，あるいは代理店を通じて藺草を購入し，自前の職工（多くは農民）や近隣の農民に一定の工賃を支払って製織させた．ただし，大部分は家庭内副業として行われ，農民は自ら栽培するか市場において購入した藺草を，農閑期や雨天及び夜間に製織し，各地で開かれる定期市で販売した．いずれの方法にせよ，生産に織機が用いられることはなく，組合も存在しなかったため，包蓆は規格及び品質の統一が困難であったとされる[9]．

もう 1 つの砂糖用包装袋であるガニーバッグの原料は黄麻であり，クリミア戦争（1853–56 年）によって生産量が激減した亜麻の代替品として注目され，19 世紀中葉に生産が急増した[10]．黄麻の産地はインド東部のベンガル州であり，農民は主要な現金獲得手段として黄麻を栽培し，冬穀との輪作を意識しながら 2–3 月頃に播種し，7 月中旬から 8 月末に収穫した[11]．収穫された黄麻は，様々なルートを経由して最終的にはカルカッタ（地図 1 参照）に運ばれ，約 30% はそのまま輸出され，約 60% が製麻工場（jute mill）でガニー布やガニーバッグに加工された[12]．

ガニーバッグの生産は，1855 年にカルカッタ北部のリシュラに設立された工場で開始された．製麻工場では，女子・児童を含むインドの低賃金労働力が

6）台湾総督府『台湾包蓆草栽培要説』7 頁．

7）台湾総督府編『福建，広東両省に於ける各種産業の実況』1918 年；外務省『在広東帝国総領事館管轄区域内事情』1923 年，40 頁．

8）陳基「雷州蒲苞業的一此史料」『広東文史資料』第 21 輯，1965 年，72 頁．

9）外務省『在広東帝国総領事館管轄区域内事情』40 頁．

10）Goswami, Omkar, *Industry, Trade, and Peasant Society: The Jute Economy of Eastern India, 1900–1947*, Delhi: Oxford University Press, 1991, p. 1.

11）Goswami, Omkar, *Industry, Trade and Peasant Society*, pp. 27–28.

12）Goswami, Omkar, *Industry, Trade and Peasant Society*, p. 43.

不断に供給され，製品は強い価格競争力を有していた[13]．世界的な一次産品生産の拡大による包装袋需要の増大と，スコットランド人による積極的な投資によって，製麻工業は順調に拡大し，紡績錘数・織機台数は1901年に32万錘・1.5万台，1913年に71万錘・3.4万台，1928年に111万錘・5.2万台，1938年に134万錘・6.7万台へと増大していった[14]．ガニーバッグは包蓆と異なり，大量生産が可能であったほか，組合の活動を通じて規格統一や品質の維持が厳格化に図られていた[15]．

1-2.　包装袋貿易

包蓆の一大市場は香港にあった．しかし，砂糖用包蓆の集荷に当たっていた雷州商人は，集荷した包蓆をまず澳門へ輸送した．澳門を経由した理由として，第1に，澳門のほうが倉庫料などの経費が安価であったこと，第2に，雷州・澳門商人間の金融関係が強固であったこと，第3に，慣習上の点で澳門を経由することでトラブルが低減されたことが指摘されている[16]．したがって，中国から澳門向けが砂糖用の包蓆，香港向けは広東付近で生産される生糸・茶用の包蓆であったと考えてよい．澳門から砂糖用包蓆を輸入した香港の包蓆商は，市況や外国商の要求に応じて雑多の包蓆を分別するのみならず，必要であれば加工して外国商に販売した．香港からの輸出先は不明であるが，その中心は日本・台湾であり，第一次世界大戦後には供給量の7割を占めていたという[17]．

ガニーバッグの一大市場は，インド東部のカルカッタである．カルカッタのガニーバッグ輸出商は，製麻工場または仲介者を通じてバザールでガニーバッ

13）杉原薫『アジア間貿易の形成と構造』ミネルヴァ書房，1996年，198，200頁．

14）Goswami, Omkar, *Industry, Trade and Peasant Society*, p. 260.

15）また，製麻工場組合の規定により，取引をめぐる問題はベンガルの商業会議所の裁定によって解決されることとなっており，賠償金の制度もあった（三井物産『Juteの産地並に需要地事情』1920年，25頁）．

16）忍頂寺「南支那に於けるアンペラ」23頁．第一次世界大戦による包蓆価格の上昇のなかで，香港商人が，産地との直接取引を試みるようになったが，「原産地取扱業者並に澳門商人によりて烈しき妨害を被り，直接買入れ継続をなすに堪へざるに至りたるのみならず，遂に原産地同業組合は雷州斯業商人以外に一切販売せずとの規定を設け澳門商人の利益を保存せんとの協議をさへなすに至れり，故に今香港商人は依然原産地製造者と取引すること能はざるの状態にあり，専ら従前の如く澳門商人の手を経て輸入するを通例とす」ることとなった（東亜同文会『支那省別全誌』（第1巻）1918年，953頁）．

17）陳「雷州蒲苞業的一此史料」72頁．

グを購入し，世界各地へ輸出した．アジア向けでは，砂糖用がジャワへ，米用が仏領インドシナをはじめ東南アジア地域へ，砂糖用を含む多様な用途のガニーバッグが東アジアへ輸出された．東アジアにおけるガニーバッグの主要輸入港は，上海，漢口，大連，香港，神戸，ウラジオストクなどの商品集散地であり，神戸は大連・ウラジオストクへの中継港としても機能していた[18]．

図1を用いて，アジアにおける各種包装袋の貿易量の変遷を考察しよう[19]．1913年の中国産包蓆の対アジア輸出量は1,900万袋，インド産ガニーバッグの対アジア輸出量は7,000万袋であり，ガニーバッグがアジアに供給される包装袋の約80%を占めていた．しかし，ガニーバッグ輸出の約75%は東南アジア向けであり，東アジアに限れば1,880万袋が供給されるに過ぎなかった．東アジアでは包蓆への需要が高かったのである[20]．

次に，1920年の貿易量を見ると，包蓆の輸出量は1,700万袋まで減少し，ガニーバッグの対アジア輸出量は9,700万袋へ増大した．当該期のガニーバッグ輸出の特徴は，東アジア向けが増大したことであり，東南アジア向けが停滞・減少しているのに対し，東アジア向けは4,880万袋へ約2.6倍増大した．第一次世界

18） 三井物産『Juteの産地並に需要地事情』59–60頁．

19） 図1の作成に当たり，以下の3点を断わっておく．第1に，本章の主旨である砂糖用包装袋の貿易量のみを統計から把握することは困難であるという点である．包蓆については広東省の拱北（Lappa）海関から澳門への輸出が主に砂糖用であったことが判明するが，ガニーバッグについては用途が不明である．したがって，本図では全ての用途に対する包装袋の貿易量を取上げている．第2に，輸出側の作成した統計の数字と輸入側が作成した統計の数字が一致しないという問題である．とりわけガニーバッグに顕著であり，インド側の統計において日本・台湾向けの輸出量は1,000万袋単位であるが，日本・台湾のガニーバッグ輸入量は100万袋単位となり，かなりの開きがある．こうした問題は，輸出手続きを経た商品の包装に用いられる場合，その包装袋は輸入として計上されないことから生じる．したがって，輸出量を用いるのが妥当であるが，ここで香港における中継貿易の存在が問題となる．香港の貿易量を知ることは不可能であり，香港へ直接・間接に輸出された包蓆がどこへ再輸出されたかはわからない．そこで，中国から香港・澳門への輸出量は中国側統計の輸出量を用い，澳門へ輸出される包蓆は全て香港へ再輸出されると仮定した．香港から日本・台湾への輸出量は，日本・台湾側統計の輸入量を用いた．ガニーバッグは，インド側統計の輸出量と日本・台湾側統計の輸入量を併記し，日本・台湾側統計の数字には括弧を付記した．第3に，時期の問題である．インドの統計において，ガニーバッグのアジアへの輸出先が把握できるのは1925年までである．そこで，第一次世界大戦前夜の1913年，大戦特需・船舶不足が終結した1920年，そして1925年を取り上げた．

20） 1910年代前半の雷州産包蓆の仕向先は，華北・上海向け塩包装用200万枚（100万袋に相当），東京（トンキン）米包装用50–60万枚（25–30万袋に相当），日本・台湾向け400–500万枚（200–250万袋に相当）であった（『台湾農事報』第87号，1914年2月（「広東省産「アンペラ」蓆商況」））．

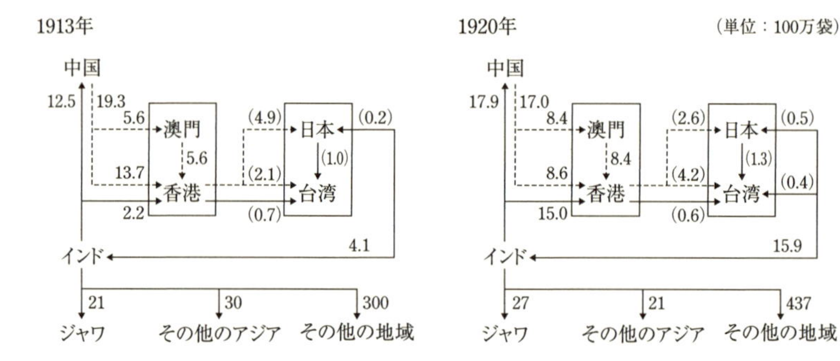

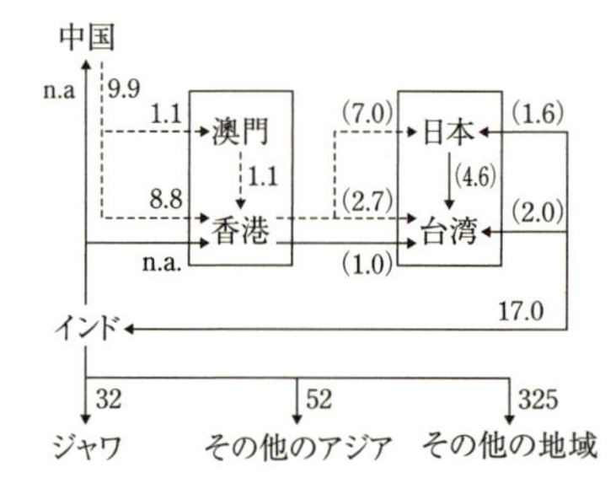

図1　アジアにおける包装袋貿易 1913年，1920年，1925年

注1)　包蓆：「中国→香港」「中国→澳門」は，CIMCの“Bag of all kinds”および“Mat”の項目を用い，「香港→日本」「香港→台湾」は，東洋経済新報社編『日本貿易精覧』(1935年) 336頁，および台湾総督府『台湾貿易概覧』(各年) を用いて算出した．

注2)　ガニーバッグ：インドからの輸出はDepartment of Commercial Intelligence and Statistics, India, *Review of the Trade of India. Calcutta*, Government of India Central Publication Branch. 1907–25. の“Bag of Sacking”の項目を用いた．1913年は「各地域への輸出量＝総輸出量×(各地域への輸出額÷総輸出額)」で推計した．日本・台湾側の統計は東洋経済新報社編『日本貿易精覧』(1935年) である．ただし，日本に関する統計は1911年以降，単位が担に変更されるため，統計記載の数字に60を乗じた (ガニーバッグ1袋は約1キロ)．「日本→台湾」は台湾総督府『台湾貿易概覧』(各年)．

注3)　1925年の「その他アジア」には，中国・香港が含まれる．

注4)　実線はガニーバッグ，破線は包蓆の流通を示す．

大戦を境として，東アジアにおける包装袋の需要構造が大きく変化したのである．

さらに，1925年になると包蓆の輸出量は990万袋へ減少したのに対して，ガニーバッグの対アジア輸出量は1億袋を突破した．東アジアへのガニーバッグ輸出量に関して，中国・香港への輸出量は史料の関係上明らかにしえないが，中国・香港を含む「その他のアジア」が急増したことを考えると，当該期に東

表1　包装袋の供給量 1896–1936 年

（単位：1,000 袋）

	包　蓆	ガニーバッグ				
	中　国	インド	満　洲	その他	日　本	台　湾
1896–02	490	n.a.	0	n.a.	n.a.	0
1903–09	1,372	991	0	50	374	0
1910–15	2,955	901	0	0	743	625
1916–19	3,257	2,035	0	43	713	916
1920–23	4,049	1,184	0	25	1,582	875
1924–30	2,551	4,353	316	5	3,758	1,280
1931–36	2,464	4,420	1,948	936	8,256	3,292

出典）台湾総督府『台湾貿易年表』各年；台湾総督府『台湾貿易概覧』各年；台湾総督府『台湾商工統計』各年.
注）包蓆は「2枚＝1袋」のため，原資料の数値を2で除している.

アジアにおける包装袋需要の中心がガニーバッグとなったことが想起される．そして，包蓆のなかでも，中国から香港へ直接輸送される茶・生糸用が860–880万袋で推移したのに対して，澳門を経由する砂糖用が840万袋から110万袋へと顕著に下落していることから，東アジアにおける主要包装袋の包蓆からガニーバッグへの移行において，砂糖用の包装袋の影響が大きかったと言える．

2.　台湾糖業における包装袋需給の変遷

本節では，台湾糖業で使用された包装袋が，どの地域から供給されたのかを考察する．表1は，台湾における包装袋の供給量を示したものであるが，本表を用いて，砂糖用包装袋の供給構造を議論することは難しい．包蓆は主に製茶業と製糖業で使用され，茶用の包蓆は基隆港・淡水港から，砂糖用の包蓆は安平港・高雄港から輸入されるから，安平港・高雄港への輸入量をそのまま製糖業での消費量と見なすことができる．一方，ガニーバッグは製糖業と米穀業で使用されるが，包蓆のように輸移入港から用途を類推することはできないため，以下2つの理由で，日本，台湾，満洲からの供給量が過大評価されるという問題が発生する．第1に，インド産のガニーバッグは主に製糖業で利用されたが，日本，台湾，満洲産のガニーバッグは主に米穀業で利用された．たとえば，1920年代に急増する日本産は主に米用であり，1930年前後から供給が開始される満洲産も米用がほとんどであった．また，後述のように，台湾産も大半は米用であった．第 2 に，ガニーバッグは 150 斤 (90 kg) 入であるが，1931 年以降の日本産，台湾産，満洲産のガニーバッグには 100 斤入 (60 kg) が登場するということである．各種統計では 150 斤入と 100 斤入は分類されておらず，1 枚の袋としてカウントされているため，これら地域からの供給量は最大 1.5 倍に水増しされることになる．

したがって，表 1 を用いて，それぞれの包装袋の重要性を評価することは難しい．また，包装袋という商品の特徴からすれば，包装袋そのものの供給量や額を指標とするよりも，その包装袋が，移出される砂糖の何 % を包装したのかという「包装率」を指標として用いる方が適しているであろう[21]．各種砂糖の移出額と，各包装袋の包装率を種類別または産地別に示したものが表 2 である．当初は，全種類の台湾糖が包蓆に包装されていた (後述のように，原料糖の一部がガニーバッグに包装された時期もあるが，ここでは捨象する) が，1916 年には原料糖がガニーバッグへ，1924 年には直消糖もガニーバッグに包装されるようになった．そこで以下では，1915 年までを第 I 期，1916–23 年を第 II 期，1924–36 年を第 III 期として，考察していく．

2-1.　包蓆の独占と包装率 (第 I 期)

表 2 によると，1915 年までの第 I 期中，砂糖の年平均移出額は約 2,980 万円であり，その内訳は，含蜜糖 451 万円，直消糖 1,484 万円，原料糖 948 万円，白糖 96 万円であった．これらはすべて包蓆で包装されていたため，種類別の包装率は包蓆 100%，ガニーバッグ 0% となる．

包蓆はすべて中国から輸入されており，産地別で見た包装率は中国が 100% であった．すなわち，1915 年までの台湾糖の対日移出は，中国から供給される包蓆に 100% 依存していたということである．一方，包蓆の輸入の担い手は，1900 年代には香港商人である昌隆によって独占されていたが，1910 年代には

21)　たとえば，海外から輸入した袋 10 枚で 90 万円分の商品を包装し，自国で生産した袋 90 枚で 10 万円分の商品を包装したとする．袋に焦点を当てると自給率は 90% (90 枚 ÷ (10 枚 + 90 枚)) となるが，包装された商品に焦点を当てると自給率は 10% (10 万円 ÷ (10 万円 + 90 万円)) となる．本章では後者を重視するということであるが，このように考えるのは，第 1 に，砂糖移出に焦点を当てているからであり，第 2 に，複数の用途に用いられるガニーバッグについて，用途を特定できないという問題を軽減できるからである．

表2　砂糖移出額と種類別・地域別の包装率　1910–36年

砂糖移出額 (1,000円)		含蜜糖 (a)	直消糖 (b)	原料糖 (c)	耕地白糖 (d)	合　計 (e)
Ⅰ期	1910–15年平均	4,515	14,846	9,485	962	29,809
Ⅱ期	1916–23年平均	2,953	41,493	30,200	9,102	83,748
Ⅲ期	1924–36年平均	245	64,702	41,578	18,002	124,527

包装率 (%)		種類別		産地別			
		包　蓆	ガニーバッグ	中　国	インド	日　本	台　湾
Ⅰ期	1910–15年平均	100	0	100	0	0	0
Ⅱ期	1916–19年平均	65	35	65	33	0	2
	1920–23年平均	63	37	63	13	21	3
Ⅲ期	1924–30年平均	14	86	14	47	37	2
	1931–36年平均	16	84	16	49	32	4

出典）①台湾総督府編『台湾貿易四十年表』1936年，504–507頁；②日本糖業連合会編『内地精製糖製造高及引取高表』1935年；③台湾総督府『台湾貿易概覧』各年；④台湾総督府『台湾商工統計』各年；⑤台湾総督府『台湾糖業統計』各年.

注1）原料糖移出額は，資料①，②を用いて，「粗糖移出額×(原料糖使用量÷粗糖移出量)」，直消糖移出額は「粗糖移出額－原料糖移出額」として算出した.

注2）包装率の算出方法は本文を参照.

三井物産・鈴木商店・大澤洋行・湯浅洋行が参入し，製糖会社に売り込むようになった[22].

台湾では，早期から包蓆の輸入代替化が試みられた. 1902年に糖業政策を開始した台湾総督府(以下，総督府)は，包装袋の需要が増大することを予測し，中国における藺草の栽培状況を調査するとともに，その種苗を輸入して農事試験場で試作した[23]. また，1910年には，前田吉次郎が雷州に赴いて種苗を輸入し，嘉義の山仔頂にある7坪の土地で試作を開始したほか，総督府の命令を受けた嘉義庁技手の古川末太郎も雷州を視察している[24]. さらに，1912年，総督府は海南島在住の勝間田善蔵の斡旋を受けて8,000株の種苗を輸入し，台湾各地9ヵ所に配布した. 主な配布先は，農事試験場1,000株，糖業試験場1,019株，各地の農会農場3,887株であり，前田吉次郎農場にも430株が配布されて

22)『台湾農事報』第87号，1914年2月(「広東省産「アンペラ」蓆商況」).

23)『台湾農事報』第66号，1912年5月(「雷州産アンペラ種苗の輸入及其の発育状況」)；台湾総督府『台湾包蓆草栽培要説』3–4頁.

24) 台湾総督府『台湾包蓆草栽培要説』4–5頁；古川末太郎「アンピラ草の調査復命書」1910年(國立台灣大學田代安定文庫所蔵).

いる[25]．ただし，農民への配布は進んでおらず，第一次世界大戦前夜における包蓆の輸入代替化は，未だ種苗の輸入と試験の段階にあった．

2-2. 原料糖包装の変更と包装率（第 II 期）

表 2 によると，1916–23 年の第 II 期中，砂糖の年平均移出額は約 8,374 万円にまで増大し，その内訳は，含蜜糖 295 万円，直消糖 4,149 万円，原料糖 3,020 万円，白糖 910 万円であった．上述したように，原料糖の包装は 1916 年に包蓆からガニーバッグへ変更されたため，種類別の包装率は包蓆 64%，ガニーバッグ 36% となった．

包蓆は依然として，中国からの輸入に依存していた．当該期には種苗試験地の集約化が図られ，農事試験場，台中庁・嘉義庁農会，前田吉次郎農場，糖業試験場で試作されるようになった[26]．総督府は，1914–17 年の試作結果を受けて，台湾において「栽培の可能にして原料自給の途本島内に於て過つことなき」という認識を持つに至り，台中・嘉義・台南・阿緱庁下の稲作地のうち約 1,000 ha を藺草生産に転換させて，藺草並びに包蓆を自給することを計画した[27]．当面の課題は農民に対する種苗の供給であり，総督府は種苗を養成するため，1919 年度以降の臨時部勧業費に「包蓆草苗養成費」を計上したほか，技師の増員を日本政府に要請し，技師 2 名が増員された[28]．しかし，「包蓆草苗養成費」は 1922 年を最後に途絶え[29]，台湾で包蓆が生産されることはなかった[30]．この要因として，第一次世界大戦後における米価高騰によって稲作地の転換という当初の計画に狂いが生じたこと，「アンペラ疫病」がしばしば発生していたこと，生産力を高めるための織機の開発が遅れたこと，藺草の背丈が低

25）台湾総督府『台湾包蓆草栽培要説』4–5 頁．

26）台湾総督府『台湾包蓆草栽培要説』4–5 頁．

27）「包蓆草養成に関する事務に従事せしむる為台湾総督府に臨時職員を増置す」(Ref. A01200158600，国立公文書館)．

28）「包蓆草養成に関する事務に従事せしむる為台湾総督府に臨時職員を増置の件」JACAR（アジア歴史資料センター），Ref. A03021186500（国立公文書館）．

29）台湾総督府『台湾総督府統計書』各年．

30）管見の限り，『台湾商工統計』では包蓆生産の実態を確認できず，1930 年の『台湾日日新報』では「輸入品に対し国産品皆無のもの」として，包蓆が挙げられている（『台湾日日新報』1930 年 7 月 23 日（「本島の重要輸入品と国産品の関係」））．

く，100斤入の袋が生産できなかったことなどが指摘されている[31]．包蓆の輸入代替化は失敗したのである．

ガニーバッグは，インドからの輸入，日本からの移入，台湾での生産を通じて供給されたが，それぞれの使用量を特定することは困難であり，記述資料を用いながら推計する必要がある．

当初はインド産が圧倒的な比重を占めていたと考えられる．日本産が原料糖の包装用として使用されなかったわけではないが[32]，「主として移出米の包装用に供するもの」であり，1910年代末においても日本産の「大部分は一番故と称する故がんにー袋（中古品を指す）にして従来多くは本島米，輸入米等の包装に供せられるもの」であった[33]．また，台湾産もほとんど利用されなかった．台湾では1905年に台中庁豊原に黄麻紡績工場が資本金20万円を以て設立され，製麻工業が開始された．同社は1912年12月に解散して資本金200万円の台湾製麻(株)として改組され[34]，黄麻の多くをインドから輸入してガニーバッグを生産し[35]，1912–15年の平均生産量は約60万袋にのぼった．生産されたガニーバッグは，一手販売契約を締結した三井物産を通じて，米用や砂糖用として南部一帯に販売されたが[36]，その多くは米用であったと考えられる．なぜなら，会社の発起人は「米の主産地であり水利に恵まれたる台中庁楝東上堡葫蘆墩街を最適当と定め」[37]て工場を建設していたし，同社製品の販売量は「移出米」の状況で左右されていたからである[38]．また，台湾産の用途別生産量が判明する時期は多くないが，1933年の台湾全体の生産量のうち，砂糖用は13%を占めるにすぎず，1935–40年の台湾製麻(株)の生産量のうち，砂糖

31）台湾総督府農事試験場「アンペラ疫病（予報）」1919年1月；『台湾日日新報』1919年4月17日（「包蓆草苗養成：本年度より実行」）；『台湾日日新報』1919年4月24日（「アンペラ草栽培」）；『台湾日日新報』1922年7月20日（「砂糖笈包用のアンペラ織機が発明された」）；『台湾事業界』昭和8年3月号，1933年3月（「時局と麻袋問題」）．

32）台湾総督府『台湾貿易概覧』（明治44年）1914年，246頁．

33）台湾総督府『台湾貿易概覧』（明治44年）245頁；『台湾貿易概覧』（大正8年，9年）1923年，276頁．

34）帝国繊維株式会社台湾事業部「豊原廠四十年之回顧」1946年，1–6頁．

35）細田勝次郎『台湾に於ける黄麻』台湾総督府，1918年，23頁．

36）三井物産台南支店長「支店長会議参考資料」1926年（三井文庫所蔵，物産387）167頁．

37）帝国繊維株式会社台湾事業部「豊原廠四十年之回顧」2頁．

38）たとえば，台湾製麻株式会社『第一回事業報告書』（5頁）や，台湾製麻(株)『第三回事業報告書』（4頁）などを参照．

用はやはり 13% を占めるに過ぎなかった[39]．

以上から，1916–19 年については，日本産の使用量は 0 袋，台湾産の使用量は生産量の約 10% とし，それを製糖会社におけるガニーバッグ使用量[40]から差し引いてインド産の使用量を算出した[41]．そして，ガニーバッグの包装率 35% をこれら使用量の比率で配分すると，産地別の包装率は，インド産 33%，日本産 0%，台湾産 2% となった（表 2）．包蓆の包装率と合わせると，1910 年代末までの台湾糖の対日移出の 98% は，依然として輸入包装袋に依存していたのである．

こうした状況に変化が見られるのは 1920 年代に入ってからであり，日本産の「新物は主として移出向米及原料糖の包装用」[42] とされるようになった．日本では第一次世界大戦以前から製麻工業が成長していたが，その多くは帝国製麻(株) などを中心とした亜麻工業であり，ガニーバッグを生産している会社は小泉合名会社だけであった[43]．小泉合名会社は 1890 年に資本金 15 万円で設立され（旧名「都賀浜麻布会社」，1893 年改称），生産能力は精紡機 722 錘・織機 40 台であったが，1913 年には精紡機 2,196 錘・織機 95 台まで拡張された．同社は 1918 年に資本金 300 万円の小泉製麻(株) に改組され，能力を精紡機 5,396 錘・織機 152 台にまで拡張して増産を図った[44]．第一次世界大戦中に，軍需用や商品輸送用として包装袋に対する需要が増大すると，1915 年に東洋製麻(株)，1916 年に大阪製麻(株) が新たにガニーバッグ生産に参入し，砂糖用，豆用，セメント用，羊毛用などの包装袋が盛んに生産され，その一部は台湾へ移出された[45]．一方，台湾のガニーバッグ生産は順調に増大しなかった．台湾製麻(株) は，大戦中の需要増大を受けて 1919 年に生産能力を 2 倍に拡張する方針を決

39）熱帯産業調査会『工業に関する事項』台湾総督府，1935 年，78 頁；帝国繊維株式会社台湾事業部「豊原廠四十年之回顧」71 頁．

40）台湾総督府『台湾糖業統計』各年（「新式製糖場製糖作業主要消耗品」の項目）以下，同様．

41）推計されたインド産使用量は，当該期間中のインド産輸入量の約半分に相当した．インド産が移出米の包装用などにも用いられたことを考えれば，推計値はかなりの程度実態を反映していると思われる．

42）台湾総督府『大正十年及十一年台湾貿易概覧』1924 年，289 頁．

43）農商務省編『主要工業概覧』（第 1 部繊維工業）1922 年，44 頁．

44）小泉製麻株式会社「小泉製麻百年のあゆみ」編纂委員会編『小泉製麻百年のあゆみ』1990 年，16–17，21，122 頁．

45）農商務省『主要工業概覧』46，49 頁．

定し，1921年には織機が増設された[46]．しかし，1920年から始まる戦後恐慌の影響を受けて生産量は減少し，「折角増設したる機械にも自から織った麻布を以て覆ふの惨状」[47] に陥った．そのため，1920–23年平均の生産量は約87万袋にとどまった（表1）[48]．

以上のように，1920年代に入ると，インド産に加えて日本産のガニーバッグ使用が広範に見られるようになったと考えられるが，どちらについても，どれだけが砂糖用とされたかはわからない．そこで，1920–23年については，製糖会社におけるガニーバッグ使用量から台湾産の使用量（生産量の約10%と想定）を差し引き，その残量をインドからの輸入量と日本からの移入量の比率で配分して，インド産と日本産の使用量を算出した[49]．ガニーバッグの包装率37%をこれら使用量の比率で配分すると，産地別の包装率は，インド産13%，日本産21%，台湾産3%となった（表2）．輸入代替化の進展が見られるが，1920–23年の自給率は，包蓆の包装率を加えても24%に過ぎず，依然として多くの台湾糖の対日移出が輸入包装袋に依存していたという構図は変わらない．

2-3.　直消糖包装の変更と包装率（第Ⅲ期）

表2によると，1924–36年の第Ⅲ期中，砂糖の年平均移出額は1億円を突破し，その内訳は，含蜜糖24万円，直消糖6,470万円，原料糖4,157万円，白糖1,800万円であった．これらのうち，原料糖に加えて直消糖もガニーバッグで包装されるようになったため，種類別で見た包装率は，包蓆が16%まで急減し，代わってガニーバッグが84%へ急増した（表2）．

包蓆は，前述のとおり輸入代替化に失敗しており，引き続き中国からの輸入に依存していた．包蓆輸入の担い手は，三井物産，鈴木商店，盛進商行などの

---

46)　帝国繊維株式会社台湾事業部「豊原廠四十年之回顧」14頁；台湾総督府熱帯調査会『工業に関する事項』54頁．

47)　帝国繊維株式会社台湾事業部「豊原廠四十年之回顧」14頁．

48)　この間の経営状況を見ると，1921年上期には38万円の損失が計上され，1924年上期に法定積立金を捻出してようやく返済するなど概して不振であり，原料黄麻を供給していた三井物産も「充分の警戒を加へ売掛金及約定残に対し相当制限を加ふる」ようになった（台湾製麻「事業報告書」各期；三井物産台南支店長「支店長会議参考資料」155頁）．

49)　ただし，1920/21年期のガニーバッグ使用量は不明のため，すべて1921–23年平均値で算出．

日本商と，瑞香園・東勝・昌隆などの香港商であった[50]．とりわけ，台湾製糖(株)や塩水港製糖(株)に直接販売していた瑞香園のシェアが高く，1925年の輸入量271.8万袋のうち，瑞香園が157万袋を占め，残りを三井物産37.9万袋，昌隆29万袋，鈴木商店26.5万袋，盛進商行13万袋，その他8.4万袋で分け合った[51]．包蓆取引では，日本商は最後まで支配的なシェアを握ることができなかった．

ガニーバッグについては，インド産の取引では，三井物産と鈴木商店を中心とする構図に変化はなかったが，三井物産台南支店が「台湾製糖引合にては香港中旭割安当店引合困難を極む香港支店引合値段に比し常に安値なり」[52] と報告しているように，輸入量が増大するなかで，香港経由の輸入では，香港商との競争が続いていた．日本におけるガニーバッグ生産は順調に拡大し，黄麻布(帆布除く)生産量は1922年の380万ヤードから1925年には730万ヤードへと増大し[53]，台湾への移出量も1924–30年平均で375万袋となった．他方，台湾におけるガニーバッグ生産は不安定に推移した．1924–25年における台湾製麻(株)のガニーバッグ生産量は約270万袋であり，順調に生産量を拡大していた[54]が，同社は1926年5月の失火によって建物1,200坪，機械108台を焼失したため，一時休業へ追い込まれた．1927年8月には早くも営業を再開することとなったが，火災の影響により資本金を140万円に減資しなければならず[55]，1928–29年の生産量は200万袋へと減少した[56]．1924–30年の産地別の包装率を，1920–23年と同様の方法で算出すると，ガニーバッグ包装率86%のうち，インド産47%，日本産37%，台湾産2%となり，輸入代替化は第II期に比して一層進展した(表2)．

日本産ガニーバッグの使用は，1930年前後に変化した．まず，原料糖の包

50）三井物産台南支店長「支店長会議参考資料」128–129頁．

51）三井物産台南支店長「支店長会議参考資料」129–130頁．

52）三井物産台南支店「支店長会議参考資料」1926年(三井文庫所蔵，物産352–3)．

52）商工大臣官房統計課『商工省統計表』(第2次)1927年，27頁．『農商務統計表』は1922年を境に「黄麻原料使用高」の項目が消滅し，新たに「黄麻布」の項目(生産量(ヤード)，生産額)が登場する．これは後継史料である『商工省統計表』にも用いられる．また，1926年以降は生産額のみが記載され生産量の記載は消滅する．

54）台湾総督府『台湾商工統計』(昭和3年版)1928年，68頁．

55）熱帯調査会『工業に関する事項』55頁．

56）台湾総督府『台湾商工統計』(昭和3年版)68頁．

装に用いられた日本産は従来は新品であったが，1928年以降に「内地に精製工場を有する製糖会社に於ては自家用として多大の故物（中古品）を移入し以て経費の節減を図」るようになり，中古品が「一部雑用を除き殆ど原料糖の包装に使用せらる」こととなった[57]．また，ガニーバッグは150斤入（90 kg）であったが，輸入代替化策として1930年7月に米用ガニーバッグが100斤入（60 kg）に改定され，1931年に設立された台湾製麻組合の加盟会社（台湾製麻（株），小泉製麻（株），大阪製麻（株），東洋麻糸紡織（株），満洲製麻（株））によって，盛んに100斤入ガニーバッグが生産されるようになった[58]．その結果，1930年代前半には，直消糖の包装はインド産の新品，原料糖の包装は日本産の中古品（一度使用されたものが日本から移入されることを意味し，元々どこで生産されたかは不明），米の包装は日本産，台湾産，満洲産の新品が使用されるようになった[59]．貿易統計では1928年以降，日本からの移入が新品と中古品に分類されるようになるし，原料糖消費量からそれに要した日本産の使用量を推計することも可能である．また，1931年以降はインド産の米用としての使用はほぼ見られなくなるから，インド産＝砂糖用と見なしても問題はない．

そこで，1930–36年について，原料糖消費量から日本産の中古品の使用量を算出し（原料糖消費量（kg）÷90），それに台湾産の新品の使用量（生産量の約10%と想定）とインド産の新品の輸入量を合算した結果，その量は1930/31–1936/37年期の製糖会社のガニーバッグ使用量とほぼ一致した．これらの比率を基に，当該期のガニーバッグ包装率84%をそれぞれに配分すると，産地別の包装率は，インド産49%，日本産32%，台湾産4%となる（表2）．包装袋の帝国自給率は年々増大していったが，「約3分の1」というのが到達点であった．

ただし，日本や台湾で生産されるガニーバッグの原料である黄麻が，主にインド産であった点に留意する必要がある．この点は，1930年代に日本が国際的に孤立していくなかで意識されるようになった．たとえば，1933年2月に日本の国際連盟からの脱退が決定的になると（正式な脱退通告は3月27日），雑誌

57）台湾総督府『台湾貿易概覧』（昭和3年）1929年，289頁；台湾総督府『台湾貿易概覧』（昭和6年）1932年，277頁；台湾総督府『台湾貿易概覧』（昭和8年）1936年，281頁．

58）小泉製麻株式会社『小泉製麻百年のあゆみ』30頁．

59）台湾総督府『台湾貿易概覧』（昭和9年）1937年，306頁；熱帯調査会『工業に関する事項』93頁．

『台湾実業界』は「時局と麻袋問題」と題する記事を掲載し，「若し日本が，連盟国と絶縁し，経済絶交の日が実現した暁，之れら巨多の包装用麻袋は，何にを以て代用せんとするのであらうか」[60] として，1922 年を最後に途絶えた藺草の試作を再開するよう訴えた．また，1933 年 6–7 月に開催されたロンドン世界経済会議が不調に終わり，世界経済のブロック化の傾向が強まることが予想されると，同年 8 月の『中外商業新報』には「台湾に黄麻を栽培せよ：日印関係の将来に備へて」と題する記事が掲載され，「国際経済会議の行詰りによって起り来る各国の経済ブロックの尖鋭化，殊にインド通商問題の悪化等に想到するならば黄麻原料問題は大ひに考へなくてはなるまい」[61] と指摘された．台湾では，米穀統制法の施行を受けて，米の代作として，甘蔗はもちろんのこと黄麻も注目され，黄麻の生産量が増大した．しかし，インド産の黄麻が日本へ輸出されなくなった 1941 年末，黄麻・代用黄麻に対する帝国全体の需要量が約 20 万トンであったのに対して，台湾を含む供給量は 5 万トンに過ぎなかったし[62]，台湾で砂糖用ガニーバッグがほとんど生産されない以上，台湾糖の対日移出が輸入品に依存する構造に変わりはなかった．砂糖用包装袋の帝国自給率は，実質的にはゼロであったのである．

3.　包蓆収支の天井

3–1.　包蓆の優位性

本節では，砂糖用包装袋が包蓆からガニーバッグへ移行した要因を考察するが，そもそもガニーバッグが世界的に使用されるなかで，台湾ではなぜ 1920 年半ばまで包蓆が使用され続けたのだろうか．包蓆が主流であった第 1 の要因は，台湾が包蓆産地の中国と近接しており，砂糖生産が漢人によって行われた

60）『台湾事業界』昭和 8 年 3 月号，1933 年 3 月（「時局と麻袋問題」）．

61）『中外商業新報』1933 年 8 月 22 日（「台湾に黄麻を栽培せよ：日印関係の将来に備へて」）．同連載記事は，その後『南日本新報』や『台湾時報』に転載され，最終的に田中重雄『台湾に黄麻栽培奨励を提唱す』（加藤豊吉，1933 年）と題するパンフレットとして頒布された．

62）小泉製麻株式会社『小泉製麻百年のあゆみ』37–38 頁．したがって，第二次世界大戦中に日本が占領した東南アジアでは，軍需用や商品輸送用のガニーバッグの原料となる黄麻の栽培が急がれた（同，38 頁）．

表3　開港期の包装袋輸入量と価格 1881–95 年

（単位：袋，海関両）

	麻袋		包蓆		ガニーバッグ	
	量	価格	量	価格	量	価格
1881	223,051	0.034	568,190	0.034	0	
1882	151,340	0.035	666,420	0.035	0	
1883	133,250	0.037	541,850	0.032	0	
1884	196,320	0.036	1,183,000	0.033	0	
1885	208,750	0.038	534,640	0.036	0	
1886	163,400	0.039	379,710	0.031	0	
1887	228,870	0.030	636,200	0.023	0	
1888	254,720	0.037	619,450	0.023	4,300	0.046
1889	184,900	0.035	503,195	0.027	0	
1890	251,700	0.034	547,300	0.032	8,000	0.037
1891	167,160	0.038	299,825	0.030	1,800	0.047
1892	153,700	0.038	489,950	0.025	0	
1893	236,907	0.040	315,000	0.026	0	
1894	144,788	0.053	727,090	0.024	0	
1895	124,400	0.058	454,050	0.026	0	

出典）黄富三，林滿紅，翁佳音『清末台灣海關歷年資料（Ⅰ）』台北：中央研究院台灣史研究所，1997 年；黄富三，林滿紅，翁佳音『清末台灣海關歷年資料（Ⅱ）』台北：中央研究院台灣史研究所，1997 年.

という，地理的・歴史的背景が挙げられる．表3は，中国海関統計に記載されている，日本植民地化前の台湾の包装袋輸入量を示したものである[63]．当該期の台湾で用いられていた包装袋は，包蓆・麻袋・ガニーバッグの3種類であり，包蓆の輸入量が圧倒的に多く，次いで麻袋が多かった．一方，世界的に使用されるガニーバッグは，1880 年代末から 1890 年代初頭にかけて若干輸入されたのみで，ほとんど用いられていなかった．また，これらの包装袋貿易は外国商人ではなく，台南商人によって行われており[64]，台湾・中国間の強固な包装袋取引が窺える．

第2の要因は価格である．表3からは，1888 年，1890 年，1891 年について，包蓆とガニーバッグ（中国産）の1袋当たり輸入価格を比較することができ

63）海関統計における包蓆の名称は時代によって異なる．1880 年までは “Mats, of all kinds”, “Mats” と記載されており，包蓆と共に花筵も含まれていると考えられる．袋のみの記載となるのは，1881 年以降の “Bags, Mat and Straw” (1881–86 年), “Bags, Grass and Straw” (1887–95 年) であり，ここでは 1881–95 年について考察する．

64）黄富三，林滿紅，翁佳音『清末台灣海關歷年資料（Ⅰ）』台北：中央研究院台灣史研究所，1997 年総 462 頁.

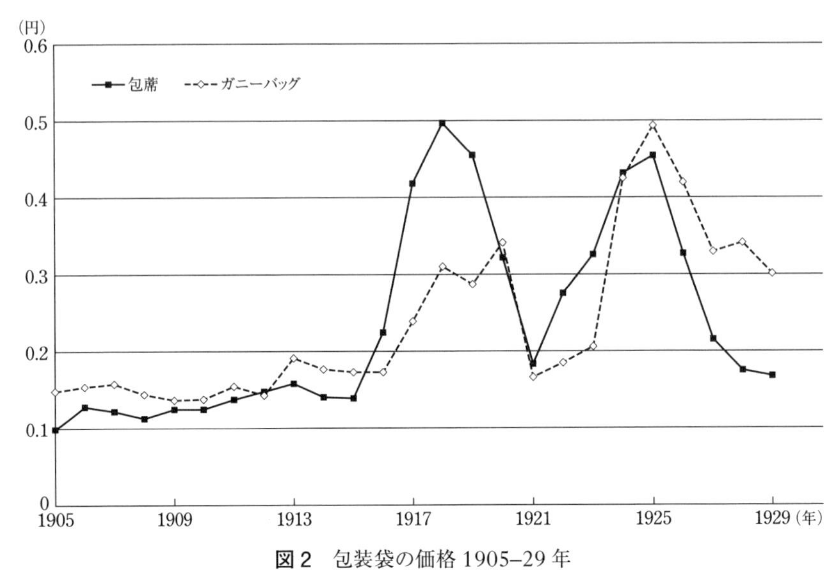

図2　包装袋の価格 1905–29 年

出典）台湾総督府編『台湾貿易四十年表』1936 年，258，301 頁．

るが，これら 3 ヵ年において，包蓆価格はガニーバッグ価格よりも安かったことがわかる．また，日本植民地期における包蓆・ガニーバッグの 1 袋当たり価格を比較した図 2 を見ると，第一次世界大戦期と 1920 年代の前半を除けば（この点については後述），やはり包蓆の方が廉価であったことが読み取れよう．

第 3 の要因は品質である．食品の包装という点に限れば，包蓆はガニーバッグに比べて優位にあった．たとえば，1911 年に本格的に生産が開始された原料糖は，当初はガニーバッグに包装されていたが，1914 年頃には包蓆による包装へと変更された[65]．この理由について当時の史料では「従来原料糖の包装としてがんにー袋（ガニーバッグ）を使用したるものも荷痛みを虞れ本品（包蓆）の使用を増加」[66] させるに至ったとある．

本章の冒頭で紹介した連合会の決議に反対した多くの砂糖問屋は，ガニーバッグへの包装によって発生する「荷痛み」について説明している．たとえば，連

65）1911–13 年にガニーバッグ移入量は増大した．
66）台湾総督府『台湾貿易概覧』（大正元年–5 年）1918 年，257 頁．

合会の第356回協議会に提出された大阪糖業組合の請願書には,

(直消糖包装をガニーバッグに変更するという連合会の) 不合理な決議は
①　直費 (直消糖) 包装麻袋は毎年入梅以後は全国を通じて在庫品にぬれ,染めを生じ市場取引の核子たる受渡は事毎に紛憂を来たす.
②　麻袋包装は倉庫の出入及汽車汽船積に際し必ず手鍵を使用し其結果破損目欠を生じ従って常に是等の責任及弁金負担問題に付て紛憂絶へず.
③　地方への積出には全部縄掛の必要起り買主に費用負担を増さしむ.
④　麻袋は直費向として非衛生的なるのみならず菓子其他の製造に麻の小毛を混じ製品を粗悪にし及び仕上げに手数を要す.

とある[67]. ここでは, まず, 包蓆とのサイズの違いから来る問題が指摘されている (②). 包蓆は100斤入 (60 kg) であるのに対し, ガニーバッグは150斤入 (90 kg) であったため, 手鍵の使用による袋の破損が問題視されたのである. 連合会の第361回協議会に提出された, 包装袋変更の中止を求める岡崎市砂糖商組合の請願書にも,「150斤入詰麻袋は余り過重量にて遠隔の地亦は山間地への輸送困難なるのみならず品痛之欠斤等生しやすく且つ地方経済にては取引不便を感し可申亦取扱方も大会社等と其趣を異し徒弟婦女子の取扱多く主たる者は菓子製造に日も足らず活動致し居る」[68] とあり, 消費地においては運搬上の問題はより深刻であった.

また, 袋自体の品質の問題も指摘されている (①, ④). 図3に示されるように, 包蓆の原料である藺草の繊維と, ガニーバッグの原料である黄麻のそれは大きく異なり, 黄麻はしばしば変色したり毛屑が生じたりした. 米がガニーバッグによる包装であったのに対し, 砂糖が包蓆による包装であったのは, 米が「磨ぐ」という作業を通じて毛屑を除去できるのに対し, 砂糖ではそのようなことができなかったためであろう. このように, ガニーバッグは砂糖包装において包蓆よりも劣位にあったのである.

ではなぜ, 砂糖の包装はガニーバッグへ変更されなければならなかったので

67)　糖業連合会「第356回協議会議案」1924年8月8日 (糖業協会所蔵).
68)　糖業連合会「第361回協議会議案」1924年11月10日 (糖業協会所蔵).

藺草

黄麻

図 3　藺草と黄麻の繊維質

出典）著者所有の包蓆とガニーバッグを，爲近英恵氏が撮影（撮影日 2017.07.17）.

あろうか．以下では，1916 年の原料糖包装の変更と，1924 年の直消糖包装の変更過程を考察していく．

3-2.　包装袋の変更過程

1910 年代初頭はガニーバッグに包装されていた原料糖は，1914 年に包蓆に包装されるようになったが，1916 年に再びガニーバッグに包装されるようになった．当該期の包蓆輸入の状況は，以下のように説明されている．

> 【1916 年】原産地広東省下にては前年大洪水の被害未た癒えす産額減少し南北政争の騒乱は搬出の困難を来したるに尚ほ本島産糖の増収に因り需要増加を気構え香港市価常に高調を保ち銀貨の騰貴と相俟って輸入を抑制し原料糖及消費糖に於てもがんにー袋使用の増加を見或は故包蓆を用ふるものあるに至り[69].

69）台湾総督府『台湾貿易概覧』（大正元年–5 年）257 頁.

【1917年】産地広東省下の生産予想激減せるに基因し益々暴騰を呈し（1916年）年末には四十銭見当を唱ふるに至り愈々高気配なるより俄に補充品の買付に焦慮せる向ありしも品払底及相場高等の為取引捗々しからさりしか如く本年に入り輸入意外に多からす．又本年九月銀貨の奔騰に際しては相場愈々昂騰し島内六十銭以上を唱へ需要を控制し前年来の傾向たるがんに一嚢使用を助長し原料糖の如きは殆んと本品の使用を見す[70]．

【1918年】本年期砂糖包装向輸入品の普通買約期たる前年八，九月頃には銀貨の奔騰と相俟って益々先高を予想せられたれは概して取引を急き前年十月以降入荷多かりし後を承け本年春季の輸入閑散に陥り又五，六月頃には産地広東省雷州地方に於ける擾乱険悪を加へ出回杜絶し香港在庫品も払底を来した[71]．

これらの記述から，原料糖包装の変更の要因は，需給逼迫，銀相場の変動，政情不安による価格の上昇にあったことがわかる．

1910年代後半は台湾糖の生産量が増大した時期であった．従来，砂糖価格の維持を目的として，総督府によって製糖能力の使用制限措置が執られていた．しかし，第一次世界大戦期の砂糖価格の上昇を受けて，1917年に制限措置が撤廃されたため，それまで20–30万トンで推移した台湾糖生産量は，46万トンへ急増した．一方，広東省では洪水の発生によって，包蓆原料の藺草生産量が1916–17年の2年間減少した．また，中国における「南北政争」[72]が，1916年と1918年に包蓆の流通の杜絶をもたらした．とくに1918年は産地での生産量では回復したものの，流通杜絶によって香港の在庫が払底した．

こうした需給の逼迫によって，ガニーバッグよりも低廉であった包蓆の価格は，1916年を境にガニーバッグよりも高くなった（図2）．ガニーバッグ価格も，大戦による軍需品需要の増大を受けて高騰したが[73]，包蓆価格に比べれば安価であった．市場の変化は，包蓆を取り扱う貿易商の活動にも影響を与え，「湯浅

70）台湾総督府『台湾貿易概覧』（大正6年）1919年，159頁．
71）台湾総督府『台湾貿易概覧』（大正7年）1921年，167頁．
72）辛亥革命後の「臨時約法」をめぐる争いのなかで広東に成立した護法軍政府の内紛を指すと思われる（横山宏章『中華民国：賢人支配の善政主義』中公新書，1997年，67，72頁）．
73）台湾総督府『台湾貿易概覧』（大正元年–5年）226頁．

三井等は大いに努力せるか如きも鈴木，サミュール等は其の前途を危険視して進んで買契を求めざる」ようになり，「包糖材料の供給は糖界近来の一問題と」なった[74]．

包蓆市場の変化を受けて，各製糖会社は自発的に原料糖の包装を包蓆からガニーバッグへ変更した．原料糖が選ばれた理由は，原料糖は生産者間で取引され，品質の差が消費者に直接影響することはなかったからであると思われる．変更の結果，需給の逼迫は改善した．1919–21 年の包蓆貿易について当時の史料では，

【1919 年】本年は銀高関係の不利存したるも動乱小康を保ち出回り順調に復し諸費緩和せる等にて相場漸落し（中略）（1920 年）本島の産糖額が前年に比し約百万担の大減退なりし上経済界の動揺に際会し直接消費糖の売行宜しからす原料糖を増産せるに連れがんにー袋の使用高を増加し（中略）持越品潤沢なりし[75]．

【1921 年】糖価の暴落に依り内地に於ける白糖（精製糖の意）の需要盛にして原料糖の移出活況を呈しがんにー袋の使用多く（中略）本年の輸入激退を来せり[76]．

とある．広東省では政情不安が一時的に収束して包蓆の供給量が増大し（1919 年），台湾では原料糖需要の増加による直消糖需要の減少によって，包蓆の需要量が減少した（1920，1921 年）．その結果，需給の逼迫は改善され，包蓆・ガニーバッグ間の価格差は収束に向かったのである（図 2）．

しかし，1922 年以降，包蓆の需給関係は再び逼迫した．1922 年の台湾糖の生産量は前年に比べて 10 万トン増の 35 万トンとなり，1921 年末に「各社（包蓆の）在庫品の払底に傾きたる」ところに「（1922 年）二，三月の交香港に於け

74）『台湾農事報』第 118 号，1916 年 9 月（「包蓆購入益々困難」）．
75）台湾総督府『台湾貿易概覧』（大正 8 年・9 年）1923 年，172 頁．
76）台湾総督府『台湾貿易概覧』（大正 10 年・11 年）187–188 頁．
77）台湾総督府『台湾貿易概覧』（大正 10 年・11 年）188 頁．香港海員大罷工については，横山宏章『孫中山の革命と政治指導』（研文出版，1983 年，227–259 頁），人民出版社編輯部『鄭中夏文集』（人民出版社，1982 年，459–479 頁）に詳しい．

る海員大罷業」が発生した[77]．連合会台湾支部は，即座に包蓆輸入の担い手である三井物産・鈴木商店に対して調査を依頼し，1922年2月21日に開催された連合会台湾支部会において，

(1) 三井物産株式会社及鈴木商店をして香港，澳門，広州湾並に雷州地方に於ける「アンペラ」の貯蔵状況，其輸出方法，現在事情の下に於ける輸出特別費及び罷業の現状と今後の成行等に就き迅速にして詳細なる調査を為し之れを報告せしむる事

(2) 各社「アンペラ」の手持数量よりすれば一時は「ガンニー」包装の免る可らざること明らかなるを以て本部に対し■（判読不能）電を発送し至急糖商側と折衝し応急方法として「ガンニー」150斤包装の受渡を容認せしむる様協定方を請求する事

を可決した[78]．台湾支部は同日，東京本部に対して，各社の包蓆手持高が「少きは7日多くも30日を支へる位に過ぎ」ないため，「糖商側に対し応急策として「ガンニー」150斤包装に同意せしむる様大至急交渉」するよう依頼した[79]．2月26日にもほぼ同じ内容が打電されており，直消糖の包装に対するガニーバッグの使用をめぐって，連合会東京本部と糖商との折衝が続いていたことが推察される．ただし，香港海員大罷工は3月8日に終結し，3月下旬には契約品が輸入されるようになり[80]，供給不足問題は解消に向かった．

しかし，それも一時的なものにすぎず，1923年には「広東省政情の不安にて兎角出廻り薄を告げ勝なる一方両三年来本島産糖の漸増に伴ひ需要進捗の傾向を呈せる為年初の二十九円処より漸騰歩調を辿りつつありしが来期糖が著しく増産を予想せられ各製糖会社の買付旺盛なりしと産地雷州地方が動乱にて二割減産を報じ供給不足なり」[81] となり，1924年には「産地雷州の作柄不良にして製品粗悪減産を来し価格の暴騰甚しく糖業者は之か仕入に不少困難」[82] と

78） 糖業連合会台湾支部「第61回台湾支部議事録」1922年2月21日（糖業協会所蔵）．
79） 糖業連合会台湾支部「第61回台湾支部議事録」．
80） 糖業連合会台湾支部「第62回台湾支部議事録」1922年3月26日（糖業協会所蔵）．
81） 台湾総督府『台湾貿易概覧』（大正12年）1925年，156頁．
82） 台湾総督府『台湾貿易概覧』（大正13年）1926年，162頁．

なった．台湾の砂糖生産量は，1923年に35万トン，1924年に45万トンへと増大していった．一方，包蓆供給量は，広東における生産量の減少（1922年）および広東・香港における政情の不安定（1922，1923年）によって減少し，1922–23年の広東からの包蓆輸出量は，平均352万袋となった．包蓆1袋＝60 kg入とすれば，352万袋では約21万トンの砂糖を包装できるに過ぎない．同時期の台湾糖移出量は約40万トンであったから，包蓆の供給不足は深刻であった．価格面からも当時の状況を窺うことができる．図2を見ると，1920–21年に収束した包蓆・ガニーバッグ間の価格差が，1922年以降，再び開き始めることが読み取れよう．その結果，本章冒頭で紹介したように，1924年7月14日に開催された連合会の第354回協議会において直消糖包装をガニーバッグにすることが決議されるに至った．

3-3.　包装袋の変更要因

以上，包装袋変更の過程を見てきた．そこから垣間見えた変更要因には価格の問題があった．しかし，1925年以降，包蓆価格は再びガニーバッグ価格を下回るようになった（図2）．こうした事実と砂糖需要者からの包蓆による包装への回帰を望む声にもかかわらず，直消糖包装が包蓆へ再変更されることはなかったし，連合会では議題にすら上っていないことからすれば，価格は副次的な問題に過ぎなかったと言える．

1924年6月の連合会第352回協議会に，各製糖会社の営業担当者で構成される水曜会から，「台湾分蜜糖包装用としてガンニー袋使用の件」と題する請願書が提出された．そこでは

> 支那政情不安定に依り常に産地安平（包蓆を指す）の蒐集に困難を生じ為めに輸入途絶の事往々有之候処殊に昨年より本年に掛けては産地甚だ不作にして品質頗る劣等為めに包装の不体裁は固より中味脱漏を来し（中略）斯かる状態依然たるに於ては作業場の不安常に絶えざる次第なれば今日に於て其の調節方法に就き考究し安平の使用量を可成減少して平時在荷の潤沢を計り併せて品質の選択を行ふ事最も肝要の事と存候，之れには台湾分蜜糖の包装用としてガンニー袋を使用し其の所用数量に相当する安平の使用を

減少

するべきであると指摘されている[83]．また，包装袋変更から2年後の1926年，三井物産の包蓆取引を担当していた台南支店長が，支店長会議で提出した「参考資料」には，

台湾分蜜糖の包装材料を麻袋に変更して以来本品需要著しく減退し僅に耕地白糖及び車糖の包装にアンペラを使用せるに止まり（中略）産地の現況を見るに南支一帯殊に雷州半島の地打続く動乱に耕地多く荒廃に帰し農民又植付を怠れる結果は産額の激減を来し品位の低下著しきものあり．若し夫れ麻袋使用の事なかりせば供給は到底需要を充たす能はず相場の暴騰以外各製糖会社の困憊は全く想像に余りあるべく我糖業連合会が糖商団の囂々たる反対意見に顧みる事なく包装変更の決議を敢てしたる果断は誠に敬服に堪えず

とある[84]．さらに製糖業の業界雑誌『糖業』では，

台湾分蜜糖に包蓆使用を禁じたので左なきだに産地雷州は包装上物の最大得意を失いたる打撃は頗る甚大なるものがあるので雷州産地仲買組合香港包蓆輸出業者の同業組合は寄々協議の結果並に雷州に於ける包装仲買組合を連絡を取り第一品質の昂上を図る事に重を置き其の結果として今後半箇年乃至一箇年間は粗製品を輸出せざる前提として供給の限定を断定するに決し（中略）両組合は糖業連合会なり我が糖商団に対して日本製出の砂糖包装用に包蓆使用の復活を運動する計画なるが（中略）糖業連合会が包蓆を廃止したるは品質の粗悪となりたるも確かに一つの原因なるも随時随所にて購入出来ざる一点が最も有力なる理由であったから果して仲買組合及び香港包蓆商の運動其の効を奏するや否やは目下の処一寸疑問とされて居る

83）糖業連合会「第354回協議会議案」．
84）三井物産台南支店長「支店長会議参考資料」127–128頁．
85）『糖業』第12年1月号，1925年1月（「包蓆産地の狼狽」）．

とある[85]．これらの史料で特に注目したいのは，価格の問題がほとんど指摘されない一方で，第 1 に包蓆の品質の低下が指摘されていることである．上述したように，包蓆がガニーバッグに対して持っていた優位性の 1 つは，砂糖の品質を維持する機能であった．しかし，政情不安の中で耕作地が荒廃した結果，包蓆の品質が低下し，砂糖が漏れる事態を招いた．包蓆はガニーバッグに対する品質の面での優位性を失ったのである．ただし，1925 年に香港において品質改善運動が展開されて以降も包蓆需要が増大しなかったことを考えれば，品質も副次的な問題であったと言うことができる．

包装袋が変更された最大の要因は，供給力の問題にあった．水曜会は中国の政情不安が産地における包蓆の集荷を困難にさせていること，三井物産台南支店長は包蓆の供給量が需要量に全く追いついていないこと，『糖業』の記事は包蓆の供給範囲に限界があることを指摘している．第 I 部で考察したように，台湾の砂糖生産量は増大の一途をたどり，1920 年代には 36 万トン以上をキープしていた．それに対する包蓆の 1910 年代から 1922 年における供給量は，約 600–800 万袋に過ぎなかった（約 36–48 万トンの砂糖の包装が可能）．一方，1920 年代のカルカッタの製麻工業はブーム期にあり，1920 年代に製麻工場の数は 76 ヵ所から 98 ヵ所へ増大し，ガニーバッグの生産量も 37% 増大した[86]．また，輸出量は約 4–5 億袋（同，3,600–4,500 万トン）の間で安定しており，十分な供給能力があった．ガニーバッグへの変更なくしては，台湾糖移出のさらなる増大，すなわち帝国としての輸入代替は不可能となっていた．これこそが，包装袋変更の最大の要因であったのである．

小　括

19 世紀中葉に形成された国際分業体制の下，アジアにおける一次産品の生産が増大していくなかで，その輸送に必要な包装袋に対する需要が増大していった．アジアでは中国産の包蓆とインド産のガニーバッグが二大包装袋として使用された．東アジアでは包蓆が支配的な包装袋であったが，時代が下るにつれ

86） Goswami, *Industry, Trade, and Peasant Society*, pp. 97–98.

てガニーバッグのシェアが拡大していった（第1節）．

第一次世界大戦期まで，日本へ移出される台湾糖は，一時期の例外を除いてすべて包蓆に包装されていた．しかし，製糖会社は1916年に原料糖の包装をガニーバッグへ変更するようになり，1924年には連合会が直消糖の包装をガニーバッグへ変更することを決議した．その結果，金額ベースで見れば，1930年代に移出された台湾糖の84%がガニーバッグに，残り16%が包蓆に包装されるようになった．これらの包装袋は，海外からの供給に依存していた．輸入代替化が試みられなかったわけではない．総督府は砂糖移出を海外産の包装袋に依存していることを問題視して，包蓆の輸入代替化を試みたし，ガニーバッグは帝国内（台湾と日本）の製麻工業で生産されるようになった．しかし，包蓆は原料栽培の段階で失敗し，ガニーバッグもその多くが米用とされた．さらに，日本産と台湾産のガニーバッグの原料のほとんどは，インド産の黄麻であった．砂糖用包装袋の帝国自給率は実質的にはほぼゼロであったと言ってよい（第2節）．

市場の評判を落としてまで包装袋が包蓆からガニーバッグへ変更された根本的な要因は，台湾糖業の急激な成長によって，包蓆の安定調達が不可能となったことにあった．政情や治安が不安定な当該期の広東省において，農家副業として手工制家内工業で生産され続けた包蓆の供給能力には限界があった．包装袋が変更された1916年と1924年は，包蓆需要量（砂糖生産量）が包蓆の安定供給ラインを突破した時期を指し示しており，包装袋変更は，市場における評判を落としてまでも，増産を最優先した結果であった（第3節）．

終章　日本植民地の国際的契機

はじめに

本書の課題は，19 世紀末から 20 世紀前半のアジアに形成された日本植民地経済の「国際的契機」(経済成長の外的要因) を，製糖業の分析を通じて明らかにすることであった．

本書は，日本植民地経済の成長が，アジア経済 (あるいは世界経済) とどのような関係にあったのかを問うことから出発した．日本植民地の特徴は，宗主国である日本との緊密な経済関係を保ちながら，世界平均を上回る高い経済成長が見られたことである．ここからは，そもそも日本植民地経済とアジア経済との関係を考察することに何の意味があるのか，という反論があろう．しかし，日本植民地経済史研究においては，日本植民地経済を捉える視角は「支配と抵抗」から「侵略と開発」へ，あるいは帝国内諸地域を比較史的・関係史的に分析するなど多様化してきたが，いずれも日本植民地経済の展開を帝国日本の枠内で説明しようとするものであった．また，アジア国際分業体制を議論してきたアジア経済史研究においては，日本植民地とアジアとの関係は考察の対象外であったし，たとえ考察される場合でも，その対象は日本の影響が及ばなかった限られた領域であった．先行研究は，日本植民地経済の「国際的契機」の有無を分析する枠組を持ちあわせてこなかったのであり，日本植民地経済とアジア経済との関係がなかったのか否かは，決して自明なことではない．

そこで，本書では，対日関係・植民地相互の関係・対帝国外関係の「連関」という視角から，日本植民地経済の「国際的契機」を解明しようと試みた．言い換えれば，日本植民地の経済成長の軸であった対日関係の強化において，他の日本植民地や帝国外地域（とりわけアジア）が，それぞれどのような影響を及ぼしたのかということである．

具体的な考察対象として，砂糖（製糖業）を取り上げた．先行研究では，製糖業は日本植民地と日本との経済的紐帯の強さを示す象徴的な産業として捉えられてきたが，本書の考察で明らかにしたように，実際には日本植民地とアジアをつなぐ産業でもあったからである．16 世紀頃にはアジア各地域で在来製糖業が営まれていたが，19 世紀にヨーロッパで誕生した近代製糖業が植民地支配と共にアジアに移植されると，アジアの砂糖市場は大きく変容した．東アジアでは，ジャワや香港に移植された近代製糖業で生産された砂糖が中国や日本へ輸出され（東アジア間砂糖貿易），世紀転換期には砂糖は蘭領東インドの輸出貿易の第 1 位，中国の輸入貿易の第 3 位，日本の輸入貿易の第 3 位を占めた．さらに，20 世紀に入ると，帝国日本の内部にも砂糖貿易が形成された．砂糖の輸入代替化を図りたい日本の「帝国利害」と，地域開発を進めたい日本植民地の「地域利害」が合致した結果，すべての日本植民地に製糖業が勃興し（植民地糖業），そこで生産された砂糖（植民地糖）は日本へ移出されていった（帝国内砂糖貿易）．東アジア間砂糖貿易と帝国内砂糖貿易は相互に独立していたのではなく，日本市場を結節点として影響しあう可能性を有していた．

本書では，砂糖を取り上げて，「連関」のあり方を 2 つの点から検討した．第 1 に，「植民地の対日貿易」と「日本の対帝国外貿易」との連関（序章図 2 の連関 α）であり，植民地糖の唯一の販売先である日本市場の環境が，東アジア間砂糖貿易と帝国内砂糖貿易の相互作用のなかで，どのように変化していったのかについて，第 I 部（第 1 章－第 4 章）で検討した．第 2 に，「植民地の対日貿易」と「植民地の対帝国外貿易」との連関（序章図 2 の連関 β）であり，植民地糖業の中心であった台湾を事例に，砂糖の増産と対日移出のために必要とされた主要資材（肥料・エネルギー・包装材）がどの地域から供給されていたのかについて，第 II 部（第 5 章－第 7 章）で検討した．

以下では，本書での分析を通して明らかとなった植民地糖業の展開を時系列にまとめ（第 1 節），そこから日本植民地経済のどのような姿が浮かび上がるのかを指摘する（第 2 節）．

1. 植民地糖業の展開

1-1. 台湾糖業の形成——第一次世界大戦期まで（1900–10 年代）

日本は，東アジア間砂糖貿易を通じて流入するジャワ糖の輸入代替を「帝国利害」とし，近代製糖業の勃興と帝国内砂糖貿易の形成を企図した．第一次世界大戦期までに近代製糖業が勃興した日本植民地は，台湾に限られた．台湾では日本植民地化以前に在来製糖業が展開していたが，1900 年に設立された台湾製糖(株) を嚆矢として近代製糖業が移植され，大量に生産されるようになった台湾糖は，日本へ移出されていった．

台湾糖の生産量の増大を支えていたのは，「製糖場取締規則」であった．台湾糖業の特徴は，プランテーションではなく小農によって甘蔗が生産された点にあり，製糖会社主導による栽培面積の拡大や栽培技術の改善は不可能であった．1905 年に施行された製糖場取締規則は，製糖会社に工場周辺の一定地域を原料採取区域として割り当て，当該会社をその区域内で栽培された甘蔗の独占的な買い手とするものであった．農民が何をどのように栽培するかは自由であり，独立経営という小農経済が維持された点でプランテーションとは異なるものの，甘蔗栽培では製糖会社・農民間の「垂直統合型小農経済」が形成された．製糖会社は，甘蔗の買収価格や前貸金・奨励金の給付を明記した「甘蔗栽培奨励規程」を農民に提示し，彼らを甘蔗栽培に勧誘するとともに，栽培技術をコントロールしようとした．

初期の製糖会社は甘蔗栽培への勧誘に重点を置いており，第一次世界大戦期までの約 15 年間で栽培面積は 5 倍に拡大したが，栽培技術への関心が低かったわけではない．1910 年代初頭に台湾を襲った暴風雨を契機として，製糖会社は，台湾総督府と協力しながら栽培技術の改善に努め，各地の土壌に最適な品種や肥料成分を発見した．そして，これらの栽培技術は，その使用が製糖会社からの前貸金・奨励金の給付条件となったために，農民の間で急速に普及した．台湾総督府は種々の技術政策（糖業試験場における技術開発，模範蔗園を通じた技術の普及，共同購買の実施など）を講じたが，技術導入の主体を農民から製糖会社に移転させた「製糖場取締規則」こそ，最大の政策であったと言える．

新しく導入された栽培技術は大量の肥料を必要とした．帝国日本は域内で様々な肥料が取引されており，台湾の甘蔗栽培でも，満洲から輸入される大豆粕や，日本から移入される過燐酸石灰や調合肥料が直接施用されたほか，特調肥料（製糖会社が調合比率を定めた調合肥料）の原料として用いられた．

製糖会社は農民から買収した甘蔗を，製糖工程を通じて砂糖へ加工したが，そこでは大量のエネルギーが必要となる．在来製糖業から近代製糖業への移行は，製糖1単位当たりのエネルギー消費量を半減させたが，製糖量（＝甘蔗圧搾量）が増大したため，総エネルギー消費量は増大していった．ただし，甘蔗糖業は所要エネルギーの多くを甘蔗の圧搾殻であるバガスで賄うことができ，台湾糖業では所要エネルギー量の75%がバガスで賄われた．エネルギー制約の大小は近代産業の重要な存立条件であるが，エネルギー制約が小さいというメリットは，台湾を含む世界中の植民地・後進地域の主要な近代産業として，甘蔗糖業が選択された要因であったと言える．

ただし，台湾糖業はエネルギー制約からまったく自由であったわけではなく，所要エネルギーの25%は外部から調達されなければならなかった．当初，製糖会社は工場周辺の森林を伐採して薪を調達していたが，1910年頃に早くも森林枯渇を招いたことと，台湾縦貫鉄道の全通による輸送コストの低下が相まって，調達の対象を台湾炭へ切り替えていった．

砂糖の輸送に必要となるのが包装材である．台湾では日本植民地化以前から中国広東省の手工制家内工業の下で生産される包蓆が用いられており，それは日本植民地化後も変わらなかった．しかし，台湾糖が近代製糖業の下で大量生産されるようになると，包蓆の供給量がそれに追いつかなくなったため，包蓆の安定調達は次第に困難となった．その結果，製糖会社は1916年頃に，工場間で取引される（消費市場には出回らない）原料糖の包装袋をガニーバッグへ切り替えるようになり，ガニーバッグはその独占的な生産地であるインドから輸入された．

台湾総督府は包蓆の輸入代替化を試みたが，包蓆の原料である藺草の栽培が困難であったことや，織機の開発が遅れたことによって失敗した．また，ガニーバッグの輸入代替化では，台湾製麻(株)の設立や黄麻の栽培が見られるようになったが，その生産量は非常に少なかった．その結果，第一次世界大戦期に移出された台湾糖の98%は，海外から輸入された包蓆やガニーバッグで包装されていた．

以上のようにして生産・移出された台湾糖は，日本市場においてジャワ糖との競争に曝された．国際競争力に乏しい植民地糖業を成長させて輸入代替化を図るには，日本市場における「ジャワ糖問題」（ジャワ糖の過剰供給による植民地糖の販売の阻害）を抑制する必要があり，そのために様々な流通統制（関税改正，補助金，糖業連合会の設立，製糖会社の精粗兼営化）が図られた．

第一次世界大戦期まで流通統制は機能していたが，それは帝国内砂糖貿易の動向だけで達成されたのではなく，ジャワ糖の対日本輸入が適度に制限されるか，あるいは過剰に輸入された場合でも日本精製糖への加工と中国への輸出を通じて処分できるかという，東アジア間砂糖貿易の動向にも影響を受けていた．第1に，ジャワ糖の対日本輸入が抑制されていたのは，ジャワ糖取引が先発の欧州商や蘭印華商に支配されており，後発の日本商がジャワ糖の取引量を増大させることは困難であったからである．また，第2に，日本精製糖の対中国輸出が促進されたのは，中国市場では精製糖に対する需要が増大していたが，香港精製糖を輸入するスワイヤ商会が1900年代に独自の販売網を形成したため，砂糖問屋である糖行にとって，後発の日本商がもたらす日本精製糖が必要不可欠な取扱糖となったからであった．

このように，逆説的ではあるが，東アジア間砂糖貿易において日本商が後発の存在であったことが，帝国内砂糖貿易における流通統制の維持（「ジャワ糖問題」の抑制）に寄与していたのである．

1-2.　台湾糖業から植民地糖業へ――輸入代替化の達成まで（1920年代）

第一次世界大戦期から大戦後にかけて，台湾以外の地域でも製糖業が勃興した．その背景には，砂糖自給率が60%程度にとどまり，輸入代替が依然として「帝国利害」であったこと，および砂糖価格の高騰による製糖業の経営環境の好転があった．製糖業は，沖縄と南洋群島では地域の中核的産業として，北海道・満洲・朝鮮では農業の集約化に際する指導的産業として，各地の「地域利害」（地域開発）に資することを期待された．製糖業の「成功」は地域で濃淡があったが，帝国全土に成立したことが重要であり，当該期には文字通りの「植民地糖業」が形成された．

本書では植民地間の技術移転について十分に考察できなかったが，新興産糖地域では，台湾糖業で培われた経験が導入され，後発性の利益が発揮された事例をいくつも確認することができた．たとえば，上述の原料採取区域制度は，南洋群島では「糖業規則」の施行という公式な形で，北海道では製糖会社間の紳士協定という非公式な形で実施されていた．また，北海道の北海道製糖(株)と日本甜菜製糖(株)は台湾の製糖会社によってそれぞれ設立されたし，南洋群島の南洋興発(株)の社長に就任した松江春次は，台湾の新高製糖(株)に長年勤めていた．新興産糖地域では，上は政策から下は農民との関係に至るまで，様々な局面で「台湾モデル」が導入されたのであり，台湾が約30年かけて到達した土地生産性のレベルに，南洋群島はたった10年で追いついた．

新興産糖地域のプレゼンスは次第に高まっていったが，植民地糖の生産量の約80%は台湾が占めていた．1920年代の台湾糖の生産量の増大は，栽培工程における土地生産性の向上と，製糖工程における製糖歩留の向上に支えられていた．土地生産性は約2.5倍に増大し，その要因としてジャワ大茎種（2725POJ種）が導入されたことが挙げられるが，その植付けが本格化したのは1920年代の後半に入ってからである．一方，1920年代を通して重要であったのは肥料であり，日本産の過燐酸石灰や調合肥料の多くが台湾産に代替され，満洲産の大豆粕がドイツ・イギリス産の硫安に代替されるという質的転換を伴いながら，肥料の投入量は持続的に増大していった．その結果，台湾の単位面積当たり硫安投入量は，ジャワやハワイを凌駕して世界で最も多くなった．垂直統合型小農経済は，プランテーション経済と同等以上の栽培技術の導入に成功したのであり，土地生産性において台湾がジャワやハワイに及ばなかった要因の多くは，地理的環境の差に求められる．農業成長において，垂直統合型小農経済とプランテーション経済は，優劣の関係ではなく，異なる成長経路として理解されるべきである．

製糖工程においても技術進歩が見られ，甘蔗の最適な伐採期を見極めるハンド・リフレクトメーターや，甘蔗からより多くの糖汁を搾取するシュレッダが導入された結果，約10%で停滞していた製糖歩留は1920年代末には約13%へ，30%も向上した．これらの製糖技術は，製糖1単位当たりのエネルギー消費量を増大させる「エネルギー多消費技術」でもあった．したがって，製糖会社はより多くの台湾炭を調達しなければならなくなったが，鉄道輸送力や貯炭コストの問題によって台湾炭の調達にたびたび失敗し，製糖作業が中止に追い込まれる事態を招いた．

しかし，台湾炭の代替財の利用はほとんど見られなかった．電力や石油などの可能性が模索されたが，多くの製糖会社は工場設備の移行コストを問題視して消極的であったほか，満洲の撫順炭も1930年代初頭に一部の製糖会社で利用されたに過ぎなかった．製糖会社は台湾総督府に鉄道輸送力の向上を求めたり，石炭輸送組合を設立して調達力を改善したりするなどして，台湾炭を利用し続けた．

台湾糖生産量の増大のなかで，1910年代に問題視された包蓆の供給能力の限界が，再び意識されるようになった．製糖会社は1920年代初頭に再び包蓆の調達難に直面したため，糖業連合会は1923年に，消費市場に出回る直消糖の包装についても，包蓆からガニーバッグに変更することを決定した．その結果，1920年代後半に移出された台湾糖の約86%がガニーバッグに包装されるようになった．ガニーバッグの使用量の増大は包装袋の輸入代替化にも寄与し，台湾産や日本産のガニーバッグが使用されるようになった．しかし，その原料である黄麻のほとんどはインド産であったため，1920年代末の自給率は製品レベルでは39%に増大したが，原料レベルでは2%に過ぎなかった．

1920年代の日本市場では，ジャワ糖の過剰供給によって植民地糖の販売が阻害される「ジャワ糖問題」が発生した．1918年にジャワ糖の販売機関としてVJSPが設立され，一部の欧州商や蘭印華商に購入が限定されていたジャワ糖は，資力があれば誰もが購入できる「自由」な砂糖となった．その恩恵を受けたのは日本商と小規模な蘭印華商であり，彼らはジャワ糖の買付量を急増させていった．日本商によるジャワ粗糖の買付量の増大は，投機を伴いながら，ジャワ糖の対日本輸入を過剰化させることになった．過剰なジャワ糖を処理するためには，精製糖へ加工したうえで中国へ輸出する必要があったが，日本精製糖の対中国輸出は期待されたほど増大しなかった．なぜなら，中国の砂糖需要量は増大したものの，増大分のほとんどをジャワ白糖が捉えたからである．その背景には，蘭印華商によるジャワ白糖の買付量の増大を受けて，それまで日本精製糖を扱っていた糖行がジャワ白糖の取扱量を増やしたことがあった．糖行は精製糖需要が旺盛な中国市場でジャワ白糖を販売するために，白糖を包装した袋に精製糖のラベルを添付したり，ジャワ白糖と精製糖とを混合したりして，模造精製糖を「生産」した．日本商は，日本精製糖の販売を糖行に依存していたため，糖行のこうした活動に対抗し得ず，精製糖輸出量を十分に伸ばすことができなかった．VJSP の設立を契機とする東アジア間砂糖貿易における砂糖流通の変化が，帝国内砂糖貿易における流通統制の崩壊（「ジャワ糖問題」の発生）に結びついたのである．

1-3.　植民地糖業の帰結——過剰糖の時代（1930 年代）

植民地糖業の成長によって，日本は 1929 年に輸入代替を達成し，「ジャワ糖問題」は収束した．しかし，植民地糖の生産量はその後も増大したため，植民地糖の過剰供給によって植民地糖の販売が阻害される「過剰糖問題」が植民地糖業の新たな問題点となり，どのようにして植民地糖の生産量を抑制するかが問題となった．

まず，糖業連合会によって台湾での生産制限が試みられた．台湾の製糖会社は甘蔗買収価格や前貸金・奨励金を引き下げて，自社の原料採取区域内の農民に甘蔗以外の作物を栽培させた．その結果，1932/33–1933/34 年期には甘蔗栽培面積と土地生産性の双方が減少し，甘蔗生産量は例年の約 3 分の 2 に抑えられた．また，製糖会社は生産制限を実施するなかで，合理化を通じたコスト削減を追求するようになった．エネルギー面では，エネルギー節約技術である「No Coal 工場」化が推進された結果，製糖 1 単位当たりに必要な石炭量は半減し，所要エネルギーのほとんどをバガスで調達できるようになった．工業化は有機資源から鉱物資源へのエネルギー転換を伴いながら進展するとされるが，台湾糖業ではそうした現象は見られなかったのである．

エネルギー転換が発生しなかった要因として，製糖会社がバガスのコストを負担していなかったことを指摘できる．というのも，小農経済下ではバガスの生産者は農民であるから，「甘蔗の買収価格＝砂糖原料代＋バガス代」でなければならないが，製糖会社がバガス代を計上した形跡は管見の限り見当たらない．バガスの調達コストがゼロである以上，製糖会社の意識が，バガスを如何に有効に使用するかという，エネルギー転換とは真逆の方向に向かうのは当然であろう．製糖会社がバガスのコストを負担する必要がなかったのは，甘蔗買収の名目で農民をバガス利用から排除できたからである．垂直統合型小農経済については，甘蔗売買における製糖会社の買手独占という点に議論が集中してきた．しかし，バガス取引の不公正性の可能性や，上述した栽培技術の向上への寄与など，より多面的な視点から捉えなおされる必要があろう．

「過剰糖問題」に対応するべく台湾で実施された生産制限は，日本における米価の低迷を背景に，台湾総督府が稲の代作として甘蔗栽培や黄麻栽培を推奨したことで終焉を迎えた．1935年以降，甘蔗生産量は栽培面積の拡大を通じて再び増大していった．黄麻栽培の拡大は，台湾産ガニーバッグの生産量の増大につながったが，そのほとんどは米用包装袋として用いられた．したがって，砂糖用包装袋は海外からの供給に依存し続け，戦前における砂糖用包装袋の輸入代替化の到達点は，製品レベルでは36%，原料レベルではほぼゼロであった．1930年代中葉に日本が国際的に孤立していくなかで，ガニーバッグや黄麻をインドに依存していることの危機感は強く意識されるようになったが，有効な解決策は講じられなかった．

当該期には，新興産糖地域における生産制限も望まれたが，そこに立ちはだかったのは各植民地の「地域利害」であった．南洋糖業がもたらす砂糖出港税は南洋庁の主要な歳入項目であったし，北海道糖業がもたらす深耕は北海道農業の質的転換（粗放的農法から集約的農法へ）を促していたから，南洋庁も北海道庁も生産制限に反対し，製糖会社もそれを口実に糖業連合会の生産制限協定に協力しなかった．また，1932年に建国された「満洲国」は過剰糖の処分地として有望視されたが，満鉄経済調査会や関東軍は満洲国内での甜菜栽培を目論み，それを阻止した．

帝国内部で処分しきれなかった過剰糖は，中国輸出を通じて処分されるほかなくなった．植民地糖業は東アジア間砂糖貿易に直接対峙しなければならなくなったのである．しかし，過剰糖の対中国輸出は容易ではなかった．なぜなら，1928年末に関税自主権を回復した中国が，砂糖の輸入関税を引き上げたことを背景に，貿易商の間で中国市場を確保するための激しい商圏争いが展開されるようになったからである．それは当初，密輸という非合法的手段として現れ，ジャワ糖は華南・華中一帯へ，日本精製糖や過剰糖は華北一帯へ密輸され，その規模は正規貿易の 70% にものぼった．

ただし，非合法的手段だけで販路を拡大することには限界があり，合法的手段での販路拡張が模索されるようになった．その 1 つが 1934 年に蘭印で開催された日蘭会商である．日蘭会商は，日本・蘭印間の貿易不均衡の是正が目的とされた．しかし，蘭印側が最後まで固執した「再輸出制限条項」は，日本精製糖の対中国輸出量の上限値を設定してジャワ糖の対中国輸出量の増大を図ろうとする，中国市場分割案にその本質があった．日本の代表団は蘭印側の意図を察知して再輸出制限条項に反対し，最終的に会商を休会に持ち込んだ．

第 2 は，1934–35 年に中国で計画・実施された砂糖専売制である．砂糖専売制は，国民経済化を図る中国政府の主体的な経済政策とされてきた．しかし，その計画には，中国の砂糖流通をコントロールしようとする蘭印華商（建源）の思惑が多分に含まれており，言い換えれば蘭印華商による中国市場独占案であった．日本商は，中国の砂糖流通を支配する糖行と協調することで，建源による市場独占の動きを阻止することに成功し，過剰糖の販路を維持した．このように，過剰糖の処分は商圏を再編しようとする試みが渦巻く東アジア間砂糖貿易への対応如何に左右されたのである．

2.　日本植民地の国際的契機

以上の植民地糖業の展開を踏まえながら，日本植民地経済の成長の軸であった対日関係の強化において，他の日本植民地や帝国外地域（とりわけアジア）が，それぞれどのような影響を及ぼしたのかということについて考えてみたい（図 1 を参照）．

2-1.　アジアのなかの日本植民地

日本植民地経済は，日本との完結した関係のなかで展開することはできなかった．「連関 α」（日本植民地の対日関係と日本の対帝国外関係との連関）について見れば，植民地商品のほぼ唯一の移出先であった日本市場の環境はアジア国際分業体制の動向に規定されていた，ということが言えよう．植民地商品は，日本が

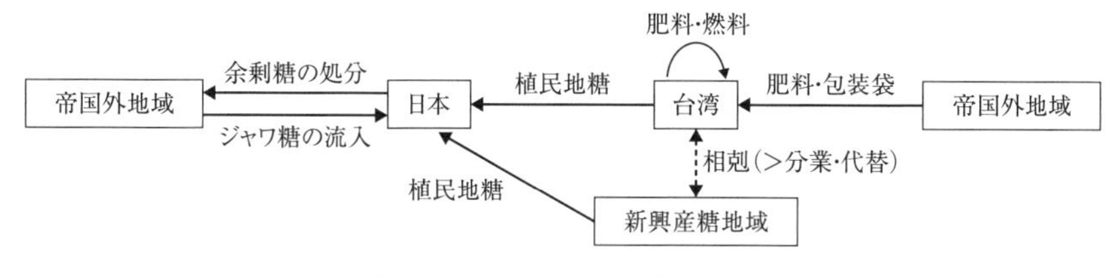

図 1　植民地糖業の地域間関係

出典）著者作成.
注）「余剰糖」とは，実需以上に流入したジャワ糖（1900–20 年代）および過剰糖（1930 年代）を指す.

推進する輸入代替化に資することを期待されたが，その販売が無条件に保障されるわけではなく，日本市場において輸入商品と競争しなければならない．そして，輸入商品の競争力は，関税の引き上げやカルテルの組織などの内的要因のみならず，アジア市場の環境変化，およびアジア市場と日本市場をつなぐプレーヤー（日本商）の活動といった外的要因によっても変化した．それは，植民地糖の販売を阻害する「ジャワ糖問題」の発生・解消や「過剰糖問題」の解消が，東アジア間砂糖貿易の動向に左右されたことに示されている（図 1 の「ジャワ糖の流入」「余剰糖の処分」の部分）．たとえば，VJSP の設立によるジャワ糖取引の自由化を背景に，日本商がジャワ糖取引量を増大させたことが，ジャワ糖の対日本輸入を増大させて「ジャワ糖問題」の発生につながったし，中国政府の政策立案に乗じた建源による中国市場の独占の試みに対し，日本商と糖行が協力してそれに対抗し得たことが，「過剰糖問題」の解消につながっていた．植民地商品の販売市場の環境は，帝国内の論理だけで決定されるものではなかったのである．

また，「連関 β」（日本植民地の対日関係と日本植民地の対帝国外関係との連関）について見れば，植民地商品の増産と対日移出に必要な資材の多くは，帝国外地域からの供給に依存していた，と言うことができる．資材の調達方法として，① 地域内での生産，② 帝国内地域（日本および他の日本植民地）からの移入，③ 帝国外地域からの輸入，の 3 通りが考えられる．日本植民地経済が帝国内部の閉じた構造のなかで展開したとするならば，当初は様々であった調達方法が，経済成長につれて次第に ① や ② へ収斂していくことになるだろう．しかし，台湾糖業の事例は，この見解を必ずしも支持するものではなかった（図 1「肥料・包装袋」「肥料・燃料」の部分)．エネルギーは，一貫して自給されたケースであり (①→①)，台湾糖業で所要されるエネルギーはバガス・薪・台湾炭で賄われ，撫順炭の輸入は1930年代前半に一部の製糖会社によって試みられたに過ぎない．肥料は移入代替化が進んだケースであり (②→①③)，日本産の化学肥料の一部は台湾産に代替され，満洲産の大豆粕はドイツ・イギリス産の硫安に代替されてしまった．包装材は一貫して輸入されたケースであり (③→③)，台湾糖を包装した包蓆は中国から，ガニーバッグはインドから輸入され，輸入代替化は試みられたものの失敗に帰した．このように，帝国外地域から供給される肥料や包装袋なしには，植民地糖の約80％を占める台湾糖の増産と対日移出は不可能だったのである．

2-2.　帝国内相剋論

また，植民地相互の関係は，先行研究が指摘したような「分業」によって日本帝国経済の膨張を支えるものではなかった (図1「相剋＞分業・代替」の部分)．たしかに，植民地相互の分業が見られなかったわけではない．たとえば，1930年代には朝鮮・台湾間では硫安と砂糖の交換，満洲・台湾間では硫安・石炭と砂糖の交換が見られた．しかし，「分業」は植民地相互の関係を特徴づけるキーワードの1つに過ぎず，肥料の事例に示されるように，帝国内からの移入が域内生産に取って代わられる「代替」も，植民地相互の関係を特徴づけるキーワードの1つである．

なによりも，植民地相互の貿易額よりも植民地・日本間の貿易額の方が圧倒的に多かったことに鑑みれば，植民地相互の関係は，日本市場において各植民地の商品がどのような関係にあったのかという点から導き出されるべきであり，植民地糖業の事例からは「相剋」というキーワードが浮かび上がる．

日本は国際収支の問題を解決するために，輸入代替を「帝国利害」とし，特恵関税圏の形成や保護育成政策などの「輸入代替機能」を整備した．その結果，国際競争力に乏しい特定の商品が複数の植民地で生産され，それら商品は日本市場へ吸収されていった．砂糖はその代表的な商品である．しかし，「輸入代替機能」の存在は，輸入代替が達成されるとネガティブに作用し始める．なぜなら，植民地産業は，この機能によって国際競争力を欠いたまま成長したため，輸入代替から輸出志向へという雁行的発展は望めず，輸入代替が達成されれば生産制限に直面せざるを得なくなるからである．したがって，日本は「輸入代替機能」とともに「生産制限機能」も備えていなければならなかったが，その機能が整備されることはなかった．先行研究は輸入代替機能があったことの重要性を指摘するが，正確には，輸入代替機能しかなかったのであり，それは域内貿易結合度が高い帝国日本にとっては致命的な欠陥であった．

その結果，生産制限は各植民地間で調整されるほかないが，そこで問題となったのが各植民地の「地域利害」の相剋であった．戦前期には「植民地政府主導型の植民地政策」が許されていたから，各植民地政府は政策の正当性を主張して「地域利害」を守り続けることが可能であった．1930年代に発生した「過剰糖問題」も，台湾・南洋群島・北海道の主張が並行線を辿ったため，帝国内で解決することはできなかった．「輸入代替機能」しか持ち合わせていなかった帝国日本では，対日関係が緊密になればそれだけ，植民地相互の相剋の可能性が高まる構造にあったのである．

そして，過剰糖が最終的に中国輸出を通じて解消されたように，「相剋」は帝国外地域との関係のなかで解決されるほかなかった．この点でも日本植民地は帝国外地域に依存していたのである．

おわりに

以上をまとめると，日本植民地経済の成長動因であった「対日関係の強化」を図るためには，そしてそのなかで副作用として生み出される「植民地相互の相剋」を解消するためには，アジアを中心とする「帝国外地域への依存」が不可欠であった，と結論付けることができる．日本植民地の高い経済成長はアジア国際分業体制を前提としており，決して日本経済との関係だけで達成されたものではなかったということである．これまで，植民地に対する日本の影響力は絶対視されてきた．しかし，日本の介入が最も強かった製糖業でさえ，アジアや世界との関係なしには成立し得なかった．そのことを当時の人々（たとえば，包装袋の変更を決定しなければならなかった糖業連合会の役員，過剰糖の販路を確保するために外国商や糖行との連携を模索した日本商社の社員，そしてドイツの硫安を好んだ台湾の農民）は十分認識していたはずである．日本植民地経済に「国際的契機」がなかったのではない．我々がそれを見ようとしてこなかっただけなのである．対日関係との「連関」を意識しながら，日本植民地をアジア経済史のなかに位置づける作業を通して，日本植民地経済の本来の姿を描き出すことの必要性を最後に指摘して，本書を閉じたい．

参考文献一覧

年次統計書・報告書

[日文]

大蔵省『外国貿易概覧』.
大蔵省『大日本外国貿易年表』.
上海日本人実業協会『上海港輸出入貿易明細表』.
上海日本商工会議所『上海港輸出入貿易明細表』.
上海日本商業会議所『上海港輸出入貿易明細表』.
上海日本商業会議所『上海日本商業会議所年報』.
台湾総督府『台湾商工統計』.
台湾総督府『台湾総督府交通局鉄道年報』.
台湾総督府『台湾総督府統計書』.
台湾総督府『台湾糖業統計』.
台湾総督府『台湾貿易概覧』(1905年までは『台湾外国貿易概覧』).
台湾総督府『台湾貿易年表』(1917年までは『台湾外国貿易年表』).
台湾総督府『糖務年報』.
台湾総督府『肥料要覧』.
台湾総督府『林業統計書』.
拓務省『拓務要覧』.
朝鮮総督府『朝鮮貿易年表』.
朝鮮総督府『朝鮮貿易要覧』.
南洋庁産業試験場『業務功程報告』.
農林省『肥料要覧』.
山下久四郎編『砂糖年鑑』日本砂糖協会.
臨時台湾糖務局『臨時台湾糖務局年報』.

[欧文]

China (Imperial) Maritime Customs, *Returns of Trade and Trade Reports*, Shanghai: Statistical Department, Inspectorate General of Customs.

China Maritime Customs, *Foreign Trade of China*, Shanghai: Statistical Department, Inspectorate General of Customs.

Department of Commercial Intelligence and Statistics, India, *Review of the Trade of India. Calcutta*, Government of India Central Publication Branch.

House of Commons Parliamentary Papers; Accounts and Papers, XLVII.703, 'tables relating to the trade of British India with British possessions and foreign countries, 1897–98 to 1901–1902.'

International Institute of Agriculture, *International Yearbook of Agricultural Statistics*, Rome: International Institute of Agriculture.

League of Nations (Economic Intelligence Service), *Review of world trade*, Genova: League of Nations.

一次資料

[JACAR (アジア歴史資料センター)]
国立公文書館
「各種調査会委員会文書・行政調査会書類・十九幹事会会議録第五号」Ref. A05021079300.
「台湾甘蔗の暴風被害率調」Ref.A08072350200.
「南洋群島開発調査委員会ヲ廃止ス」Ref.A01200687500.
「包蓆草養成に関する事務に従事せしむる為台湾総督府に臨時職員を増置す」Ref. A01200158600.
「包蓆草養成に関する事務に従事せしむる為台湾総督府に臨時職員を増置の件」Ref. A03021186500.

外務省外交史料館
「有吉公使発広田外務大臣宛 (第250号)」1935年3月18日，Ref.B09040797900.
「2. 中国」Ref.B09041090500.
「日蘭会商問題」Ref.B13081609100.

[帝国議会会議録]
『第24回帝国議会衆議院予算委員第二分科会議録 (速記) 第4回』1908年2月7日.

[台湾総督府府報]
2234号 (1907年7月17日)，3370号 (1911年11月11日)，

[糖業協会所蔵]
極秘文書
赤司初太郎「満洲製糖事業経営案」1935年4月1日.
中村誠司「上海にて 中村誠司 糖業連合会宛」1935年3月25日.
「堀内書記官発 広田外相宛電報」1935年6月1日.

秘文書
中村誠司「中村氏より 連合会宛 (第1電)」1935年6月6日.
中村誠司「中村誠司 日本糖業連合会御中」1935年6月22日.
増幸商店「上海通信 上海増幸商店 安部幸商店」1935年5月27日.
増幸商店「上海通信 上海増幸商店 安部幸商店」1935年6月4日.
増幸商店「上海通信 上海増幸商店 安部幸商店」1935年6月7日.
増幸洋行「増幸洋行発安部幸商店宛」1935年5月11日.
増幸洋行「増幸洋行発安部幸商店宛」1935年5月28日.
増幸洋行「増幸洋行発安部幸商店宛」1935年5月31日.
増幸洋行「増幸洋行発安部幸商店宛」1935年6月8日.
三井物産「上海三井支店より 東京本社」1935年5月23日.
三井物産「上海三井支店より 東京本社」1935年5月25日.
三井物産「上海三井支店より東京本社入電」1935年5月31日.
三菱商事「上海支店長近藤重治 農産部長御中」1935年3月29日.
三菱商事「三菱商事株式会社上海支店長 東京本社農産部長」1935年5月9日.
三菱商事「三菱商事株式会社上海支店長田中勘次 東京本社農産部長御中」1935年5月27日.
三菱商事「三菱商事株式会社上海支店長田中勘次 東京本社農産部長御中」1935年5月31日.
三菱商事「三菱商事株式会社上海支店長田中勘次 東京本社農産部長御中」1935年6月1日.
三菱商事「三菱商事株式会社上海支店長田中勘次 東京本社農産部長御中」1935年6月4日.
三菱商事「三菱商事株式会社上海支店長田中勘次 東京本社農産部長御中」1935年6月17日.

「糖業政策に関する陳情書」1933年11月25日.

協議会議案／協議会議案決議／協議会決議
糖業連合会「第306回協議会議案」1921年11月15日.
糖業連合会「第333回協議会議案」1923年8月10日.
糖業連合会「第354回協議会議案」1924年7月14日.
糖業連合会「第355回協議会議案」1924年7月25日.
糖業連合会「第356回協議会議案」1924年8月8日.
糖業連合会「第357回協議会議案」1924年8月22日.
糖業連合会「第358回協議会議案」1924年9月12日.
糖業連合会「第359回協議会議案」1924年9月26日.
糖業連合会「第361回協議会議案」1924年11月10日.
糖業連合会「第372回協議会議案」1925年5月15日.
糖業連合会「第374回協議会議案」1925年6月5日.
糖業連合会「第375回協議会議案」1925年8月7日.
糖業連合会「第436回協議会議案決議」1929年1月11日.
糖業連合会「第615回協議会議案」1934年3月14日.
糖業連合会「第649回協議会決議」1935年3月8日.
糖業連合会「第706回協議会決議」1936年10月30日.
糖業連合会「第711回協議会決議」1936年12月24日.

台湾支部
糖業連合会台湾支部「第43回支部会仮決議」1919年10月11日.
糖業連合会台湾支部「第44回支部会仮決議」1919年11月4日.
糖業連合会台湾支部「第45回支部会仮決議」1919年11月25日.
糖業連合会台湾支部「第47回支部会仮決議」1920年5月24日.
糖業連合会台湾支部「第48回支部会仮決議」1920年6月10日.
糖業連合会台湾支部「第61回台湾支部議事録」1922年2月21日.
糖業連合会台湾支部「第62回台湾支部議事録」1922年3月26日.
糖業連合会台湾支部「第64回支部会仮決議」1922年5月7日
糖業連合会台湾支部「第65回支部会仮決議」1922年7月10日
糖業連合会台湾支部「第66回支部会仮決議」1922年8月22日.

その他
山下久四郎「関税引上後に於ける支那糖の発展」(未定稿) 1936年.
山下久四郎「北支那砂糖貿易の現状及将来」(未定稿) 1936年.
「上海日本人糖商会より関係官庁に提出すべき嘆願書草稿」1935年5月15日.
「食糖運輸販売の管理大綱」1935年5月28日.

[三井文庫所蔵]
三井物産「事業報告書」各期.
三井物産「明治四十三年度共同購買肥料買入に関する協議事項」(台糖20).
三井物産泗水支店「支店長会議報告書」1926年 (物産390)
三井物産台南支店「支店長会議参考資料」1926年 (物産352–3).
三井物産台南支店長「支店長会議参考資料」1926年 (物産387).
臨時台湾糖務局「明治四十四年度糖業奨励方針」(台糖25)
臨時台湾糖務局「四十五年度糖業奨励方針」(台糖26).

[北海道立文書館所蔵：『糖業に関する件：一般の部』]
北海道庁「甜菜耕作拡張方針に就て」作成年不明.
北海道庁「糖業現在並将来説明資料」1935 年 6 月.
北海道庁「北糖と区域協定の件」作成年不明.
北海道庁「北海道に於ける甜菜糖業奨励の必要と其対策」作成年不明.
北海道庁「北海道農業に於ける甜菜栽培の重要性」作成年不明.

[一橋大学経済研究所所蔵美濃部洋次満洲関係文書]
財政部「満洲製糖工業方策に関する件」1934 年 (J–9–4).
実業部「満洲製糖工業方策案」1934 年 3 月 (J–9–2).

[琉球大学所蔵矢内原忠雄文庫植民地関係資料]
矢内原忠雄「累年作付面積及産糖高表」作成年不明.

[中央研究院台灣史研究所所蔵台湾銀行史料]
台湾銀行『調査資料蒐録』(第一輯) 1936 年 9 月.
台湾銀行台北頭取席調査課「最近三ヵ年間に於ける各営業者肥料種類別輸移入高」1934 年 4 月.
台湾銀行台北頭取席調査課「台湾に於ける販売肥料の需給関係と硫安工業の計画に就て」1934 年 4 月.
台湾銀行台北頭取席調査課「本島に於ける石炭の将来に就いて」1930 年 2 月.

[中央研究院近代史研究所檔案館所蔵]
「上海糖業合作股份有限公司章程」(17–23–01–72–04–008)

[國立台灣大学所蔵田代安定文庫]
古川末太郎「アンピラ草の調査復命書」1910 年

[上海市檔案館所蔵]
上海商業儲蓄銀行「上海商業儲蓄銀行有関糖業調査資料」(Q275–1–1990).
「上海市糖商業同業公会歴届執監理監事名単及歴年牌名」(S352–1–4)

刊行資料

[日文]
伊藤重郎編『台湾製糖株式会社史』台湾製糖株式会社, 1939 年.
上野雄次郎編『明治製糖株式会社三十年史』明治製糖株式会社, 1936 年.
沖縄県沖縄史料編集所『西原叢書及糖業関係資料』(沖縄県史料近代 2) 沖縄県教育委員会, 1979 年.
外務省『在広東帝国総領事館管轄区域内事情』1923 年.
鹿児島高等農林学校編『鹿児島高等農林学校一覧：自大正十一年至大正十二年』1923 年.
川島浦次郎『爪哇糖取引事情』鈴木商店大阪支店, 1924 年.
黒谷了太郎編『宮尾舜治伝』吉川荒造, 1939 年.
小泉製麻株式会社「小泉製麻百年のあゆみ」編纂委員会編『小泉製麻百年のあゆみ』1990 年.
札幌同窓会編『札幌同窓会報告』(第 44 回) 1922 年.
下中彌三郎編『東洋歴史大辞典』(第 5 巻) 平凡社, 1937 年.
上海出版協会編『支那の同業組合と商慣習』1925 年.

上海商務参事官事務所「上海に於ける最近の砂糖事情」1928年.
上海商務官事務所編『支那通商報告』(第3号) 1924年.
商業興信所『日本全国諸会社役員録』1928年.
商工大臣官房統計課『商工省統計表』(第2次) 1927年.
杉野嘉助編『台湾糖業年鑑』(第4版) 台湾新聞社，1921年.
杉原佐一『思い出の記』私家版，1980年 (杉原産業株式会社所蔵).
製糖研究会編『製糖研究会二十年誌』1936年.
宋應星 (藪内清訳)『天工開物』平凡社，1969年.
台南製糖株式会社『台南製糖株式会社第五期報告書』.
台湾銀行編『台湾における肥料の現状並将来』1920年.
台湾経世新報社編『台湾大年表』(第4版) 台北印刷，1938年.
台湾蔗作研究会『蔗作に関する統計』1923年.
台湾製麻株式会社「事業報告書」各期.
台湾総督府編『支那の糖業』1922年.
台湾総督府編『製糖会社農事主任会議答申』1914年.
台湾総督府編『台湾総督府殖産局会議々事録』1912年.
台湾総督府編『台湾糖業概観』1927年.
台湾総督府編『台湾糖業の発展が経済界に及ぼせる影響』1914年.
台湾総督府編『台湾と電力』1941年.
台湾総督府編『台湾の糖業』1930年.
台湾総督府編『台湾包蓆草栽培要説』1921年.
台湾総督府編『台湾貿易四十年表』1936年.
台湾総督府編『第三回製糖会社農事主任会議答申』1919年2月.
台湾総督府編『南支南洋貿易概観』出版年不明.
台湾総督府編『福建，広東両省に於ける各種産業の実況』1918年.
台湾総督府中央研究所高雄検糖支所『拾週年報』1922年.
台湾総督府農事試験場「アンペラ疫病 (予報)」1919年1月
大日本商工会編『大日本商工録』(第5版) 1930年.
高雄州『高雄州産業調査会商業貿易部資料』1936年.
拓殖局『甜菜糖業と朝鮮』1910年.
朝鮮興業株式会社編『既往十五年事業概説』1919年.
朝鮮総督府農事試験場編『朝鮮総督府農事試験場二拾五周年記念誌』(下巻) 1931年.
帝国繊維株式会社台湾事業部『豊原廠四十年之回顧：台湾製麻会社を語る』(未定稿) 1946年.
帝国地方行政学会編『南洋庁法令類聚』1928年.
手島康編「昭和七，八年期各製糖会社燃料消費一覧表」1933年.
鉄道省編『塩，砂糖，醤油，味噌に関する調査』(重要貨物状況第9編) 1926年.
鉄道省編『木材に関する経済調査』1925年.
東亜同文会編『最近支那貿易』1916年.
東亜同文会編『支那経済全書』1908年.
東亜同文会編『支那省別全誌』(第1巻) 1918年.
東亜肥料株式会社「第4回営業報告書」.
東京肥料日報社『大日本肥料年鑑』(昭和6年版) 1931年.
糖業改良事務局編『砂糖に関する調査』1913年.
糖業連合会編『内地直接消費糖引取高月別表』糖業連合会，1927年.
東洋経済新報社編『日本貿易精覧』1935年.
仲摩照久編『日本地理風俗体系』(第15巻台湾編) 新光社，1931年.
長岡春一「追懐録続々編」外務省『日本外交追懐録 (1900～1935)』1983年.

南洋興発株式会社『裏南洋開拓と南洋興発株式会社』1933年.
南洋庁編『南洋庁施政十年史』1932年.
西原雄次郎編『新高略史』新高製糖株式会社，1935年.
西原雄次郎編『日糖最近二十五年史』大日本製糖株式会社，1934年.
日糖興業株式会社編『日糖略史』慶應出版社，1944年.
日本銀行『砂糖取引状況』1921年.
日本銀行統計局編『明治以降本邦主要経済統計』1966年.
日本経営史研究所『稿本三井物産株式会社100年史』（上巻）1978年.
日本甜菜製糖社史編集委員会編『日本甜菜製糖四十年史』日本甜菜製糖株式会社，1961年.
日本糖業連合会編『支那の糖業』1939年.
日本糖業連合会編『（再版）内地直接消費糖引取高月別表』1935年.
日本糖業連合会編『内地精製糖製造高及引取高表』1935年.
忍頂寺誠一「南支那におけるアンペラ」神戸高等商業学校編『大正七年夏期海外旅行調査報告』1918年.
熱帯産業調査会『工業に関する事項』台湾総督府，1935年.
熱帯産業調査会『糖業に関する調査書』台湾総督府，1935年.
農商務省編『砂糖に関する調査』1913年.
農商務省編『糖業概覧』1919年.
農商務省編『主要工業概覧』（第一部繊維工業）1922年.
細田勝次郎『台湾に於ける黄麻』台湾総督府，1918年.
北海道編『新北海道史』（第4巻）1973年.
北海道編『新北海道史』（第5巻）1975年.
北海道製糖株式会社『事業要覧』1936年.
松江春次『南洋開拓拾年誌』南洋興発株式会社，1932年.
眞室幸教『爪哇之糖業』台湾総督府，1912年.
丸田治太郎『台湾製糖株式会社創業当時の追憶』台湾製糖株式会社，1940年.
三井物産『Juteの産地並に需要地事情』三井物産，1920年.
三井物産『爪哇糖提要』三井物産，1919年.
三井文庫編『三井事業史』（本篇第三巻上）三井文庫，1980年.
三井文庫編『三井物産支店長会議議事録4（明治38年）』丸善，2004年.
三井文庫編『三井物産支店長会議議事録6（明治40年）』丸善，2004年.
三井文庫編『三井物産支店長会議議事録7（明治41年）』丸善，2004年.
三井文庫編『三井物産支店長会議議事録14（大正10年）』丸善，2004年.
三井文庫編『三井物産支店長会議議事録16（昭和6年）』丸善，2005年.
三菱商事『立業貿易録』1958年.
三菱商事編『三菱商事社史』（上巻）1986年.
南満州鉄道株式会社経済調査会編『満洲甜菜糖工業及甜菜栽培方策』1935年.
三宅康次『技術上より見たる本道の甜菜栽培と甜菜糖業』北海道庁，出版年不明.
山中一郎『甘蔗南洋一号に就て』（熱帯産業研究所彙報第4号）南洋庁熱帯産業研究所，1940年8月.
山村悦造『甘蔗地方肥料試験成績報告』（台湾総督府中央研究所農業部報告13）台湾総督府，1925年.
横浜正金銀行編『爪哇砂糖市場に於ける邦商の地位と砂糖トラスト』1925年.
臨時台湾旧慣調査会『臨時台湾旧慣調査会第二部調査経済資料報告』（上巻）1905年.
臨時台湾糖務局『台湾糖業一班』1908年.

［中文］

黃富三，林滿紅，翁佳音『清末台灣海關歷年資料Ｉ』台北：中央研究院台灣史研究所，1997年.

黃富三，林滿紅，翁佳音『清末台灣海關歷年資料Ⅱ』台北：中央研究院台灣史研究所，1997年.

上海商業儲蓄銀行『上海之糖與糖業』1932年.

新聞記事・雑誌記事

［日文］

『金曜会パンフレット』第136号

『砂糖経済』第1巻10号，第2巻10号，第3巻1号，第3巻6号，第4巻8号，第5巻2号.

『紙業雑誌』第14巻第11号，第13巻第1号，第22巻第7号，第17巻第8号，第24巻12号.

『支那貿易通報』第20号，第23号.

『商工彙報』第3号.

『台湾事業界』昭和8年3月号.

『台湾新聞』1919年4月29日.

『台湾電気協会会報』第2号，第3号，第15号.

『台湾日日新報』1909年1月7日，1909年1月30日，1909年6月13日，1909年9月2日，1909年9月22日，1910年11月18日，1911年2月18日，1913年3月14日，1915年12月2日，1917年3月17日，1917年10月24日，1918年2月3日，1919年3月25日，1919年4月17日，1919年4月24日，1922年7月20日，1924年7月25日，1926年1月28日，1926年2月3日，1926年11月27日，1930年7月23日，1934年3月11日，1934年11月15日，1935年8月8日，1935年12月3日.

『台湾農事報』第66号，第87号，第118号.

『中外商業新報』1933年8月22日，1936年10月30日.

『通商公報』第66号，第108号.

『糖業』第3年9月号，第5年2月号，第5年3月号，第5年4月号，第5年5月号，第5年6月号，第8年2月号，第8年7月号，第10年5月号，第11年1月号，第11年4月号，第11年10月号，第11年12月号，第12年1月号，第12年9月号，第12年11月号，第13年2月号，第13年8月号，第13年9月号，第17年3月号，第17年5月号，第17年6月号，第18年9月号，第19年11月号，第22年4月号.

『糖業（臨時増刊蔗作奨励号）』第169号，第181号，第193号，第207号，第221号，第246号.

『東洋経済新報』第507号，第986号，第1024号，第1090号.

『若葉』第4号.

［中文］

『新聞報』1935年6月7日

『申報』1935年5月26日，1935年6月21日，1935年6月25日

『工商半月刊』第1巻5号.

研究書・論文

［日文］

秋田茂『イギリス帝国の歴史』中公新書，2012年.

浅田喬二『日本帝国主義と旧植民地地主制』御茶の水書房，1968年.

浅田喬二・小林英夫編『日本帝国主義の満洲支配』時潮社，1986 年.
安宅産業株式会社社史編纂室編『安宅産業 60 年史』安宅産業株式会社，1968 年.
安部昇「製糖工場と動力の電化」『台湾電気協会会報』第 3 号，1933 年 7 月.
安部惇「南洋庁の設置と国策会社東洋拓殖の南進：南洋群島の領有と植民政策 (2)」『愛媛経済論集』第 5 巻 2 号，1985 年 11 月.
石川一郎『化学肥料』(現代日本工業全集 13) 日本評論社，1934 年.
石川亮太『近代アジア市場と朝鮮：開港・華商・帝国』名古屋大学出版会，2016 年.
李昌玟『戦前期東アジアの情報化と経済発展：台湾と朝鮮における歴史的経験』東京大学出版会，2015 年.
井出季和太『台湾治績誌』台湾日日新報社，1937 年.
伊藤正直「国際連盟と 1930 年代の通商問題」藤瀬浩司編『世界大不況と国際連盟』名古屋大学出版会，1994 年.
今井駿「いわゆる「冀東密輸」についての一考察」『歴史学研究』第 438 号，1976 年 11 月.
今泉裕美子「南洋興発㈱の沖縄県人政策に関する覚書」『沖縄文化研究』第 19 号，1992 年 9 月.
今泉裕美子「サイパン島における南洋興発株式会社と社会団体」波形昭一編『近代アジアの日本人経済団体』同文舘出版，1997 年.
林炳潤『植民地における商業的農業の展開』東京大学出版会，1971 年.
榎本守恵「北海道第二期拓殖計画」和歌森太郎先生還暦記念論文集編集委員会編『明治国家の展開と民衆生活』弘文堂，1975 年.
大澤篤「領台初期におけるサトウキビの品種改良」『経済論叢』第 191 巻 1 号，2017 年 3 月.
大島久幸「中国人労働者の導入と労働市場」須永徳武編『植民地台湾の経済基盤と産業』日本経済評論社，2015 年.
岡出幸生「台湾糖業試験所について」樋口弘編『糖業事典』内外経済社，1959 年.
岡田幸三郎「塩水港製糖の各時代」樋口弘編『糖業事典』内外経済社，1959 年.
岡本真希子『植民地官僚の政治史』三元社，2008 年.
柯志明「「米糖相剋」問題と台湾農民」小林英夫編『植民地化と産業化』(近代日本と植民地 3) 岩波書店，1993 年.
筧干城夫「台湾製糖の現地三十五年」樋口弘編『糖業事典』内外経済社，1959 年.
籠谷直人『アジア国際通商秩序と近代日本』名古屋大学出版会，2000 年.
籠谷直人，脇村孝平編『帝国とアジア・ネットワーク：長期の 19 世紀』世界思想社，2009 年.
加藤聖文「政党内閣確立期における植民地支配体制の模索」『東アジア近代史』創刊号，1998 年 3 月.
金井道夫「わが国砂糖消費の特徴」『農業総合研究』第 21 巻 4 号，1967 年 10 月.
加納啓良「オランダ植民地支配下のジャワ糖業：1920 年代を中心に」『社会経済史学』第 51 巻 6 号，1986 年 2 月.
加納啓良「ジャワ糖業史研究序論」『アジア経済』第 22 巻 5 号，1981 年 5 月.
加納啓良「植民地期の蘭印・英印貿易関係」『東洋文化』第 82 号，2002 年.
加納啓良「総説」加納啓良編『植民地経済の繁栄と凋落』(東南アジア史 6) 岩波書店，2001 年.
亀井英之助『砂糖取引事情の大要』拓殖新報社，1914 年.
川島真，服部龍二編『東アジア国際政治史』名古屋大学出版会，2007 年.
川島淳「南洋群島開発調査委員会の設置と廃止について」『駒沢史学』第 81 巻，2013 年 12 月.
川野重任『農業発展の基礎条件』東京大学出版会，1972 年.
河村九淵『台湾肥料改良論』智利硝石普及会東洋本部，1909 年.
河原林直人『近代アジアと台湾』世界思想社，2003 年.
姜抮亜「1930 年代広東陳済棠政権の製糖業建設」『近きに在りて』第 30 号，1997 年 5 月.
神田さやこ「近現代インドのエネルギー」田辺明生ほか編『多様性社会の挑戦』(現代インド 1) 東京大学出版会，2015 年.

北波道子『後発工業国の経済発展と電力事業：台湾電力の発展と工業化』晃洋書房，2003 年.
金洛年『日本帝国主義下の朝鮮経済』東京大学出版会，2002 年.
金洛年「植民地期台湾と朝鮮の工業化」中村哲，堀和生編『日本資本主義と朝鮮・台湾』京都大学学術出版会，2004 年.
木村増太郎『支那の砂糖貿易』糖業研究会，1914 年.
木村光彦「植民地下台湾・朝鮮の民族工業」名古屋学院大学産業科学研究所，Discussion Paper No.3，1981 年.
草鹿砥祐吉「橋仔頭の思い出と砂糖雑話」樋口弘編『糖業事典』内外経済社，1959 年.
工藤裕子「蘭領東インドにおけるオランダ系銀行の対華商取引」『社会経済史学』第 79 巻 3 号，2013 年 11 月.
久保亨『戦間期中国<自立への模索>』東京大学出版会，1999 年.
久保文克「甘蔗買収価格をめぐる製糖会社と台湾農民の関係：中瀬文書を手がかりに」『商学論纂』第 47 巻 5・6 号，2006 年 7 月.
久保文克「甘蔗栽培奨励規程に見る甘蔗買収価格の決定プロセス（1）」『商学論纂』第 55 巻 3 号，2014 年 3 月.
久保文克「甘蔗栽培奨励規程に見る甘蔗買収価格の決定プロセス（2）」『商学論纂』第 55 巻 5・6 号，2014 年 3 月.
久保文克『近代製糖業の経営史的研究』文眞堂，2016 年.
久保文克編『近代製糖業の発展と糖業連合会：競争を基調とした協調の模索』日本経済評論社，2009 年.
呉文星「札幌農学校卒業生と台湾近代糖業研究の展開：台湾総督府糖業試験場を中心として（1903–1921）」松田利彦編『日本の朝鮮・台湾支配と植民地官僚』国際日本文化研究センター，2007 年.
黄紹恆「近代日本糖業の成立と台湾経済の変貌」堀和生，中村哲編『日本資本主義と朝鮮・台湾』京都大学学術出版会，2004 年.
高淑媛「植民地期台湾における洋紙工業の成立：バガス製紙を中心として」『現代台湾研究』第 18 号，1999 年 12 月.
江丙坤『台湾地租改正の研究』東京大学出版会，1974 年.
小風秀雅『帝国主義下の日本海運：国際競争と対外自立』山川出版社，1995 年.
兒玉州平「序言：戦前日本帝国下の植民地・占領地経済に関する関係史的接近」『社会経済史学』第 83 巻 1 号，2017 年 5 月.
小林英夫編『植民地化と産業化』（近代日本と植民地 3）岩波書店，1993 年.
坂口誠「近代日本の大豆粕市場」『立教経済学研究』第 57 巻 2 号，2003 年 10 月.
佐々木常記『清国に於ける砂糖』出版社不明，1911 年.
笹間愛史「糖業」中島常雄編『食品』（現代日本産業発達史 18）交詢社，1967 年.
芝崎勲，横山理雄『新版食品包装講座』日報出版，1993 年.
島田竜登「近世ジャワ砂糖生産の世界史的位相」秋田茂編『アジアからみたグローバルヒストリー：「長期の 18 世紀」から「東アジアの経済的再興」へ』ミネルヴァ書房，2013 年.
島西智輝「石炭産業の発展」須永徳武編『植民地台湾の経済基盤と産業』日本経済評論社，2015 年.
清水元「1920 年代における「南進論」の帰趨と南洋貿易会議の思想」清水元編『両大戦間期日本・東南アジア関係の諸相』アジア経済研究所，1986 年.
社会経済史学会編『エネルギーと経済発展』西日本文化協会，1979 年.
白木沢旭児『大恐慌期日本の通商問題』御茶の水書房，1999 年.
杉原薫『アジア間貿易の形成と構造』ミネルヴァ書房，1996 年.
杉山伸也「十九世紀後半期における東アジア精糖市場の構造」速水融・斎藤修・杉山伸也編『徳川社会からの展望』同文舘，1994 年.

杉山伸也「スワイア商会の販売ネットワーク」杉山伸也，リンダ・グローブ編『近代日本の流通ネットワーク』創文社，1999 年.
杉山伸也，リンダ・グローブ編『近代アジアの流通ネットワーク』創文社，1999 年.
杉山伸也，山田泉「製糸業の発展と燃料問題：近代諏訪の環境経済史」『社会経済史学』第 65 巻 2 号，1999 年 7 月.
高嶋朋子「大島農学校をめぐる人的移動についての試考」『日本語・日本学研究』第 3 号，2013 年 3 月.
高橋英一「歴史の中の肥料：19 世紀に起こった「肥料革命」とその影響」『日本土壌肥料学雑誌』第 78 巻 1 号，2007 年 2 月.
高橋周「20 世紀初頭の魚肥需要」『早稲田経済学研究』第 52 号，2001 年 3 月.
高橋周「両大戦間期における魚粉貿易の逆転」『社会経済史学』第 70 巻 2 号，2004 年 7 月.
高橋周「20 世紀初頭における在来魚肥の改良の試み」『経営史学』第 41 巻 2 号，2006 年 9 月.
高橋泰隆『日本植民地鉄道史論』日本経済評論社，1995 年.
竹野学「戦時期樺太における製糖業の展開」『歴史と経済』第 48 巻 1 号，2005 年 10 月.
田中重雄『台湾に黄麻栽培奨励を提唱す』加藤豊吉，1933 年.
谷口忠義「在来産業と在来燃料：明治～大正期における埼玉県入間郡の木炭需給」『社会経済史学』第 64 巻 4 号，1998 年 11 月.
ダニエルス，クリスチャン「中国砂糖の国際的位置：清末における在来砂糖市場について」『社会経済史学』第 50 巻 4 号，1985 年 1 月.
ダニエルス，クリスチャン「明末清初における甘蔗栽培の新技術」神田信夫先生古稀記念論集編纂委員会編『清朝とアジア』山川出版社，1992 年.
玉真之介，坂下明彦「北海道農法の成立過程」桑原真人編『北海道の研究』(第 6 巻) 清文堂，1983 年.
陳來幸「開港上海における貿易構造の変化と華商」森時彦編『長江流域社会の歴史景観』京都大学人文科学研究所，2013 年.
暉峻衆三編『日本農業 100 年のあゆみ』有斐閣，1996 年.
凃照彦『日本帝国主義下の台湾』東京大学出版会，1975 年.
糖業協会編 (服部一馬著)『近代日本糖業史』(上巻) 勁草書房，1962 年.
糖業協会編 (服部一馬著)『近代日本糖業史』(下巻) 勁草書房，1997 年.
糖業協会編 (河本正彦著)『糖業技術史』丸善プラネット，2003 年.
波越廉平「州下製糖会社の前貸制度に就て」台中州農会『農業経営研究会報』(第 1 報) 台中州農会，1930 年.
中西聡「肥料流通と畿内市場」中西聡，中村尚史編『商品流通の近代史』日本経済評論社，2003 年.
中村誠司「歩いて来た道」樋口弘編『糖業事典』内外経済社，1959 年.
中山大将『亜寒帯植民地樺太の移民社会形成：周縁的ナショナル・アイデンティティと植民地イデオロギー』京都大学学術出版会，2014 年.
朴慶植『日本帝国主義の朝鮮支配』(上巻) 青木書店，1973 年.
朴慶植『日本帝国主義の朝鮮支配』(下巻) 青木書店，1973 年.
朴ソプ「植民地朝鮮における肥料消費の高度化」『朝鮮学報』第 143 輯，1992 年 4 月.
朴永九「「朝鮮産米増殖計画」における肥料の経済効果研究」『三田学会雑誌』第 82 巻 4 号，1990 年 1 月.
浜口栄次郎「台湾糖業の技術的進歩」樋口弘編『糖業事典』内外経済社，1959 年.
濱下武志，川勝平太編『アジア交易圏と日本工業化：1500–1900』リブロポート，1991 年.
ピーティー，マーク『植民地：帝国 50 年の興亡』読売新聞社，1996 年.
平井健介「1900～1920 年代東アジアにおける砂糖貿易と台湾糖」『社会経済史学』第 73 巻 1 号，2007 年 5 月.

平井健介「台湾の稲作における農会の肥料事業（1902–37年）」『日本植民地研究』第22号，2010年6月.
平井健介「第一次大戦期～1920年代の東アジア精白糖市場：中国における日本精製糖販売の考察を中心に」『社会経済史学』第76巻2号，2010年8月.
平井健介「包装袋貿易から見た日本植民地期台湾の対アジア関係の変容」『アジア経済』第51巻9号，2010年9月.
平井健介「1910–30年代台湾における肥料市場の展開と取引メカニズム」『社会経済史学』第76巻3号，2010年11月.（Hirai, Kensuke, "the peasant's dilemma: finance and fraud problems in purchasing fertilizer in Taiwan (1910–1930s)," in Sawai, Minoru (ed.), *Economic Activities under the Japanese Colonial Empire* (Monograph Series of the Socio-Economic History Society, Japan), Tokyo: SpringerJapan, 2016.）
平井健介「日本植民地期台湾における甘蔗用肥料の需給構造の変容（1895–1929）」『三田学会雑誌』第105巻1号，2012年4月.
平井健介「甘蔗作における「施肥の高度化」と殖産政策」須永徳武編『植民地台湾の経済基盤と産業』日本経済評論社，2015年.
平井健介「日本植民地の産業化と技術者：台湾糖業を事例に（1900–1910年代）」『甲南経済学論集』第57巻3・4号，2017年3月.
平井健介「日本帝国内における分業と相剋：製糖業を事例に」『社会経済史学』第83巻1号，2017年5月.
平井廣一『日本植民地財政史研究』ミネルヴァ書房，1997年.
藤井国武『南洋糖業論』内外糖業調査会，1943年.
藤田幸敏「砂糖供給組合の結成・解散と産糖調節協定の成立」久保文克編『近代製糖業の発展と糖業連合会』日本経済評論社，2009年.
ブース，アン「日本の経済進出とオランダの対応」杉山伸也，イアン・ブラウン編『戦間期東南アジアの経済摩擦』同文舘出版，1990年.
古田和子「境域の経済秩序」『アジアとヨーロッパ』（世界歴史23）岩波書店，1999年.
古田和子『上海ネットワークと近代東アジア』東京大学出版会，2000年.
堀和生『朝鮮工業化の史的分析』有斐閣，1995年.
堀和生『東アジア資本主義史論Ⅰ』ミネルヴァ書房，2009年.
堀宗一『朝鮮の糖業』糖業研究会，1913年.
堀内義隆「日本殖民基地台湾の米穀産業と工業化」『社会経済史学』第67巻1号，2001年5月.
堀内義隆「植民地期台湾における中小零細工業の発展」『調査と研究』第30号，2005年4月.
松本貴典「両大戦間期における世界貿易の貿易結合度分析：その計測と含意」『成蹊大学経済学部論集』第25巻1号，1994年10月.
松本俊郎「植民地」1920年代史研究会編『1920年代の日本資本主義』東京大学出版会，1983年.
松本俊郎『侵略と開発』御茶の水書房，1992年.
満洲史研究会『日本帝国主義下の満洲』御茶の水書房，1972年.
溝口敏行・梅村又次編『旧日本植民地経済統計』東洋経済新報社，1988年.
湊照宏「両大戦間期における台湾電力の日月潭事業」『経営史学』第36巻3号，2001年12月.
湊照宏『近代台湾の電力産業：植民地工業化と資本市場』御茶の水書房，2011年.
宮嶋博史「東アジア小農社会の形成」溝口雄三ほか編『長期社会変動』（アジアから考える6）東京大学出版会，1994年.
宮田道昭『中国の開港と沿岸市場』東方書店，2006年.
村山良忠「第一次日蘭会商：日本の融和的経済進出の転換点」清水元編『両大戦間期日本・東南アジア関係の諸相』アジア経済研究所，1986年.
森亜紀子「委任統治領南洋群島における開発過程と沖縄移民」野田公夫編『日本帝国圏の農林資源開発：「資源化」と総力戦体制の東アジア』京都大学学術出版会，2013年.

林満紅「華商と多重国籍」『アジア太平洋討究』第 3 号，2001 年.
林満紅「日本植民地期台湾の対満洲貿易促進とその社会的意義」秋田茂，籠谷直人編『1930 年代のアジア国際秩序』渓水社，2001 年.
林満紅「日本の海運力と「僑郷」の紐帯」松浦正孝編『昭和・アジア主義の実像：帝国日本と台湾・「南洋」・「南支那」』ミネルヴァ書房，2007 年.
林満紅「日本と台湾を結ぶネットワーク」貴志俊彦編『近代アジアの自画像と他者：地域社会と「外国人」問題』京都大学出版会，2011 年.
林満紅「日本政府と台湾籍民の対東南アジア投資（1895–1945）」『アジア文化交流研究』第 3 号，2008 年 3 月.
谷ヶ城秀吉『帝国日本の流通ネットワーク：流通機構の変容と市場の形成』日本経済評論社，2012 年.
矢内原忠雄『帝国主義下の台湾』岩波書店，1929 年.
矢内原忠雄『南洋群島の研究』岩波書店，1935 年.
山口明日香『森林資源の環境経済史：近代日本の産業化と木材』慶應義塾大学出版会，2015 年.
やまだあつし「1900 年代台湾農政への熊本農業学校の関与」『名古屋市立大学大学院人間文化研究科人間文化研究』第 18 号，2012 年 12 月.
山本轍「製糖用圧搾機の電化（その二）」『台湾電気協会会報』第 2 号，1933 年 3 月.
山本博史「タイ砂糖産業」加納啓良『植民地経済の繁栄と凋落』（東南アジア史 6）岩波書店，2001 年.
山本美穂子「台湾に渡った北大農学部卒業生たち」『北海道大学文書館年報』第 6 号，2011 年 3 月.
山本有造『日本植民地経済史研究』名古屋大学出版会，1992 年.
横山宏章『孫中山の革命と政治指導』研文出版，1983 年.
横山宏章『中華民国：賢人支配の善政主義』中公新書，1997 年.
渡辺徳二編『化学工業（上）』（現代日本産業発達史 13）交詢社，1968 年.

［中文］

呉敏超「抗戦変局中的朱家驊与僑商黄氏家族」『抗日戦争研究』2014 年第 4 期，2015 年 1 月.
蔡仁龍「黄仲涵家族与建源公司」『南洋問題』1983 年 01 期，1983 年 3 月.
蔡龍保『推動時代的巨輪：日治中期的台灣國有鐵路』台灣古籍出版，2004 年.
周正慶『中国糖業的発展与社会生活研究』上海古籍出版社，2006 年.
人民出版社編輯部『鄧中夏文集』人民出版社，1982 年.
中國問題研究会編『走私問題』中國問題研究会，1936 年.
趙国壮，喬南「近代東亜糖業格局的変動（1895–1937）」『歴史教学』総第 677 期，2013 年 8 月.
陳基「雷州蒲苞業的一些史料」『広東文史資料』第 21 辑，1965 年.
李力庸『日治時期台中地區的農會與米作』稻鄉出版社，2004 年.
林蘭芳『工業化的推手：日治時期台灣的電力事業』國立政治大學歷史學系，2011 年.

［欧文］

Abbott, Elizabeth, *Sugar: A Bittersweet History*, London and New York: Duckworth Overlook, 2009.（エリザベス・アボット（樋口幸子訳）『砂糖の歴史』河出書房新社，2011 年）
Allen, Robert C., *The British Industrial Revolution in Global Perspective*, Cambridge: Cambridge University Press, 2009.
Amin, Shahid, *Sugarcane and Sugar in Gorakhpur: An Inquiry into Peasant Production for Capitalist Enterprises in Colonial India*, Delhi and New York: Oxford University Press, 1984.
Ayala, César J., “social and economic aspects of sugar production in Cuba, 1880–1930,”

Latin American Research Review, 30–1, 1995.
Booth, Anne, *The Indonesian Economy in the Nineteenth and Twentieth Centuries: A History of Missed Opportunities*, New York: Palgrave, 2001.
Bosma, Ulbe, Juan, Giusti-Cordero and Knight, G. Roger eds., *Sugarlandia Revisited: Sugar and Colonialism in Asia and the Americas, 1800 to 1940*, New York and Oxford: Berghahn Books, 2007.
Bosma, Ulbe, *The Sugar Plantation in India and Indonesia: Industrial Production, 1770–2010*, New York: Cambridge University Press, 2013.
Bulbeck, David et al., *Southeast Asian Exports since the 14th Century: Cloves, Pepper, Coffee, and Sugar*, Singapore: Institute of Southeast Asian Studies, 1998.
Ch'en, Kuo-tung, "nonreclamation deforestation in Taiwan, c. 1600–1976," in Elvin, Mark and Liu, Ts'ui-jung (eds.), *Sediments of Time: Environment and Society in Chinese History*, Cambridge and New York: Cambridge University Press, 1998.
Chen, Tu-yu, "the development of the coal mining industry in Taiwan during the Japanese colonial occupation, 1895–1945," in Miller, Sally M. et al. eds., *Studies in the Economic History of the Pacific Rim*, London and New York; Routledge, 1998.
Daniels, Christian, "agro-industries: sugarcane technology," in Needham, Joseph (ed.), *Science and Civilization in China*, Volume 6, Part 3, New York: Cambridge University Press, 1996.
Dye, Alan, *Cuban Sugar in the Age of Mass Production*, Stanford and California: Stanford University Press, 1998.
Eckert, Carter J., *Offspring of Empire: The Koch'ang Kims and the Colonial Origins of Korean Capitalism, 1876–1945*, Seattle: University of Washington Press, 1991.（カーター・J. エッカート（小谷まさ代訳）『日本帝国の申し子』草思社，2004 年）
Fraginals, Manuel Moreno, *The Sugarmill: The Socioeconomic Complex of Sugar in Cuba 1760–1860*, New York and London: Monthly Review Press, 1976.
Galloway, J. H., *The Sugar Cane Industry: An Historical Geography from Its Origins to 1914*, Cambridge: Cambridge University Press, 1989.
Galloway, J. H., "the modernization of sugar production in southeast Asia, 1880–1940," *Geographical Review*, 95–1, Jan. 2005.
Goswami, Omlar, *Industry, Trade, and Peasant Society: The Jute Economy of Eastern India, 1900–1947*, Delhi: Oxford University Press, 1991.
Graevenitz, Fritz Georg von, "exogenous transnationalism: Java and 'Europe' in an organised world sugar market (1927–37)," *Contemporary European History*, 20, Aug. 2011.
Griggs, Peter, "improving agricultural practices: science and the Australian sugarcane grower, 1864–1915," *Agricultural History*, 78–1, winter 2004.
Griggs, Peter, "deforestation and sugar cane growing in eastern Australia, 1860–1995," *Environment and History*, 13–3, Aug. 2007.
Hayami, Yujiro and Ruttan, Vernon W., *Agricultural Development: An International Perspective*, Baltimore and London: The Johns Hopkins University Press, 1971.
Hill, Emily M., *Smokeless Sugar: The Death of a Provincial Bureaucrat and the Construction of China's National Economy*, Vancouver and Toronto: UBC Press, 2010.
Hsiao, Liang-lin, *China's Foreign Trade Statistics, 1864–1949*, Cambridge: East Asian Research Center Harvard University, 1974.
Ingram, James C., *Economic Change in Thailand 1850–1970*, Stanford and California: Stanford University Press, 1971.

Ka, Chih-ming, *Japanese Colonialism in Taiwan: Land Tenure, Development, and Dependency, 1895–1945*, Boulder and Colo: Westview Press, 1995.

Knight, G. Roger, "exogenous colonialism: Java sugar between Nippon and Taikoo before and during the interwar depression, c. 1920–1940," *Modern Asian Studies*, 44–3, Mar. 2009.

Knight, G. Roger, "a precocious appetite: industrial agriculture and the fertiliser revolution in Java's colonial cane fields, c. 1880–1914," *Journal of Southeast Asian Studies*, 37–1, Feb. 2006.

Lewis, W. Arthur, *Growth and Fluctuations, 1870–1913*, London: George Allen and Unwin, 1978.

Liu, Ts'ui-jung and Liu, Shi-yung, "a preliminary study on Taiwan's forest reserves in the Japanese colonial period: a legacy of environmental conservation"『台灣史研究』第6巻1期，1999年6月.

Manarungsan, Sompop, *Economic Development of Thailand, 1850–1950: Response to the Challenge of the World Economy*, Bangkok: Institute of Asian Studies, Chulalongkorn University, 1989.

Mazumdar, Sucheta, *Sugar and Society in China; Peasants, Technology, and the World Market*, Cambridge and London: Harvard University Asia Center, 1998.

Mintz, Sidney, *Sweetness and Power: The Place of Sugar in Modern History*, New York: Viking, 1985.（シドニー・W. ミンツ（川北稔訳）『甘さと権力：砂糖が語る近代史』平凡社，1988年）

Myers, Ramon H., and Yamada, Saburo, "agricultural development in the empire," in Myers, Ramon H., and Peattie, Mark R. (eds.), *The Japanese Colonial Empire, 1895–1945*, Princeton: Princeton University Press, 1984.

Storey, William Kelleher, "small-scale sugar cane farmers and biotechnology in Mauritius: the "Uba" Riots of 1937," *Agricultural History*, 69–2, Spring 1995.

Peattie, Mark R., *Nan' yō*, Honolulu: University of Hawaii Press, 1988.

Perkins, J. A., "the agricultural revolution in Germany, 1850–1914," *The Journal of European Economic History*, 10 (1), Spring 1981.

Ray, Rajat K., *Industrialization in India: Growth and Conflict in the Private Corporate Sector, 1914–47*, Delhi: Oxford University Press, 1979.

Tsuru, Shuntaro, "embedding technologies into the farming economy: extension work of Japanese sugar companies in colonial Taiwan," *East Asian Science, Technology and Society: An International Journal*, published online, July 5, 2017 (DOI: 10.1215/18752160-4129327).

Thompson, F. M. L., "the second agricultural revolution, 1815–1880," *The Economic History Review*, second series, 21–1, Apr. 1968.

Williams, Michael, *Deforesting the Earth: From Prehistory to Global Crisis*, Chicago and London: the University of Chicago Press, 2006.

Wright, Stanley F., *China's Struggle for Tariff Autonomy: 1843–1938*, Taipei: Ch'eng-Wen Publishing Company, 1966.

Wrigley, E. A., *Continuity, Chance and Change: The Character of the Industrial Revolution in England*, Cambridge: Cambridge University Press, 1988 (E. A. リグリィ（近藤正臣訳）『エネルギーと産業革命』同文舘出版，1991年）

Yoshihara, Kunio, "Oei Tiong Ham concern: the first business empire of Southeast Asia," *Southeast Asian Studies*, 27–2, Sep. 1989.

図表一覧

地図 1　1930 年代のアジア太平洋　iv
地図 2　1930 年代の植民地糖業と日本精製糖業の分布　v
地図 3　1930 年代の台湾糖業　vi

序章
図 1　アジア間貿易の主要環節 1898,1913,1928,1938 年　3
図 2　先行研究の分析視角と本書の分析視角　11
図 3　製糖業と砂糖の類型　13
図 4　東アジアの砂糖市場の構造　21
図 5　台湾糖業における作業期間　25
表 1　世界の一次産品貿易額 1932,1934,1935 年　15
表 2　台湾糖業の主要資材の使用額　1916/1917–1935/36 年期　24
写真 1　バガスの堆積　26
写真 2　砂糖包装袋の堆積　26

第 1 章
図 1　東アジアの砂糖市場 1902, 1913 年　32
図 2　日本の砂糖輸入量 1875–1917 年　34
図 3　台湾糖の生産量 1901/02–1916/17 年期　36
図 4　東京市場における砂糖価格 1900–17 年　39
図 5　帝国内砂糖貿易における流通統制　40
図 6　上海における砂糖取引　53
表 1　日本の砂糖輸入関税と国内精製糖の生産費 1895–1926 年　34
表 2　日本の砂糖需給量 1908–17 年　43
表 3　ジャワ糖の主要取扱商　47
表 4　三井物産の砂糖取引 1902–17 年　49
表 5　中国の砂糖輸入量 1902–17 年　51

第 2 章
図 1　東アジアの砂糖市場 1928 年　60
図 2　砂糖価格 1917–29 年　66
図 3　帝国内砂糖貿易における流通統制 1918–27 年　68
表 1　植民地糖の生産量 1917/18–1928/29 年期　61
表 2　日本の砂糖需給量 1918–27 年　67
表 3　VJSP からの買付量 1918–29 年　72
表 4　三井物産の砂糖取引 1918–29 年　74
表 5　日本精製糖の輸出約定価格と東京卸売価格 1924–25 年　78
表 6　中国の砂糖輸入量 1918–29 年　79
表 7　上海糖行の取扱糖　81

第 3 章
図 1　帝国内砂糖貿易における流通統制 1930 年代　90
表 1　植民地糖の需給量 1928/29–1935/36 年期　89

表 2　台湾製糖(株)の甘蔗買収価格 1930/31–1935/36 年期　92
表 3　北海道と南洋群島の砂糖生産量 1924/25–1935/36 年期　94
表 4　台湾糖と日本精製糖の輸出量 1929–34 年　102

第 4 章
図 1　東アジアの砂糖市場 1934 年　109
図 2　上海におけるジャワ糖取引　121
図 3　中華糖業公司に関する報道　132
表 1　ジャワ糖の需給量 1928/29–1934/35 年期　110
表 2　中国の砂糖輸入量 1928–35 年　112
表 3　第一次日蘭会商における砂糖問題の交渉過程　114
表 4　上海糖業合作公司の主要株主　120

第 5 章
図 1　甘蔗生産量の成長経路 1902/03–1934/35 年期　138
図 2　帝国日本の肥料貿易 1913, 1918, 1928, 1936 年　159
表 1　台湾総督府の製糖補助金 1902–29 年度　141
表 2　台湾総督府の模範蔗園事業 1906–14 年度　143
表 3　台湾総督府の肥料共同購買事業 1904–16 年度　145
表 4　製糖会社の肥料共同購買事業 1915–34 年　153
表 5　原料採取区域の施肥状況 1920/21–1934/35 年期　153
表 6　林本源製糖(株)の特調肥料の原料 1915/16–1917/18 年期　155
表 7　塩水港製糖(株)の目標施肥量と実際施肥量 1913–22 年　156
表 8　各種肥料の供給量 1913–35 年　162
表 9　工場別の「会社指定肥料」と施肥状況 1928/29 年期　165
表 10　取扱商別の肥料輸移入額 1930 年　169
表 11　硫安消費量の国際比較 1927/28 年期　172

第 6 章
図 1　台湾糖業における砂糖生産量とエネルギー消費量 1902/03–1935/36 年期　180
図 2　技術導入とバガス量 1915/16–1935/36 年期　183
図 3　各工場におけるエネルギー消費量 1932/33 年期　185
図 4　近代製糖業におけるエネルギー消費量 1902/03–1935/36 年期　189
図 5　石炭価格と撫順炭輸入量 1920–36 年　196
表 1　台湾製糖(株)後壁林工場におけるハンド・リフレクトメーターの導入と製糖歩留　182

第 7 章
図 1　アジアにおける包装袋貿易 1913,1920,1925 年　208
図 2　包装袋の価格 1905–29 年　220
図 3　藺草と黄麻の繊維質　222
表 1　包装袋の供給量 1896–1936 年　209
表 2　砂糖移出額と種類別・地域別の包装率 1910–36 年　211
表 3　開港期の包装袋輸入量と価格 1881–95 年　219

終章
図 1　植民地糖業の地域間関係　241

あとがき

私と「日本植民地」との出会いは，学部3年生（2001年）の台湾旅行まで遡る．きっかけは，当時所属していたサークルの練習後，行きつけの喫茶店『しゃねるII』で友人が練っていた台湾旅行の計画に私が便乗した，それだけのことであった．台湾について，旧日本植民地であったこと以上の知識は持ち合わせていなかったし，それ以上のものを学びに行こうとも考えていなかった．しかし，最終的に5人となった約10日間の旅行で，台湾に少し魅了されていたのかもしれない．アジア経済史のゼミに所属していたこともあって，「台湾」から連想した「日本植民地」が，卒業論文の対象となった．私を「日本植民地」の入り口に導いてくれた友人達に，まず感謝したい．

日本植民地時代の台湾をアジアとの関係のなかで捉えようという意識が生まれたのは，大学院に進んでからである．不勉強な学生であったにもかかわらず，学部ゼミでお世話になっていた古田和子先生に拾っていただけた．当初は「開発」に興味があり，植民地工業化論や植民地近代化論に関心を持ったが，それらの議論は「完成」されていたし，日本による植民地支配のおかげで現在の台湾や韓国の経済成長があるという「日本のおかげ」論に利用されてしまうように思われ，次第に関心が薄れた．一方で，古田先生の下で学んだアジア経済史の分析視角がヒントとなり，日本以外の地域との関係で考えると，どのような日本植民地を描けるだろうかという問題関心が芽生えた．言い換えれば，台湾や韓国の経済成長の基盤が日本時代に築かれたことを認めたとしても，それを「日本のおかげ」で片づけられるのか，と問うてみたということである．

しかし，最初は植民地とアジアを直接に結びつけようとする気持ちが強く，具体的な研究テーマが定まらなかった．アジアにおける台湾茶の重要性や台湾商人の活動を研究しようとしたものの，優れた先行研究があり，新たに取り組むのは不可能に思えた．最大の問題は，植民地・日本間の経済的紐帯の強さであった．対外関係を考えようとすると，対日貿易の主力品である砂糖や米が立ちふさがり，その壁の高さに何度も絶望した．

転機は突然訪れた．ある日，台湾貿易の年次報告書である『台湾貿易概覧』を眺めていたとき，「がんに一嚢」「包蓆」という商品が目に入った．貿易額はわずかであったが，見たことのない字面に興味が湧いて報告内容を読むと，「これだ!!」と手が震えた．修士課程1年の冬，意気揚々として包装袋の重要性を大学院ゼミで報告した．古田先生からいただいたコメントは，「非常に面白い．しかし，砂糖をやりなさい」であった．あの時の感覚は今も忘れられない．

古田先生には褒められた記憶しかない．先生はいつも，私の話を面白いと評価してくださり，最後に少しだけ，しかし重要な軌道修正を提案してくださった．「砂糖をやりなさい」という言葉には，砂糖を語らない台湾研究がアジア経済史の世界で生きていけるのか，という含意があったのだと思う．対日関係を象徴する砂糖を取り上げて，対外関係を議論できるものかと途方に暮れはしたが，先生は常々「研究者は楽観主義でなければならない」ともおっしゃった．砂糖への挑戦を回避して，砂糖用包装袋の研究からスタートしていれば，浅学の私は研究者になれなかっただろう．先生には，本書の原稿も読んでいただくなど，最後までご指導いただいた．心より感謝申し上げたい．

大学院時代には，神田さやこ，柳生智子，岸田真，鷲崎俊太郎，山本裕，石井寿美世，島西智輝，瀬戸林政孝の各先輩方から，温かいご指導を賜った．大学院棟6階での雑談，院生報告会での議論，三田界隈の居酒屋でのアフターセッション，文章の添削など，様々な場面で頂戴したコメントはいつも厳しかったが，その分褒められると自信になった．とくに，同じ研究室の先輩である瀬戸林さんには，研究のイロハを教えていただいただけでなく，歩むべき道を照らしていただいた．心よりお礼申し上げる．

本書を構成した各章の初出論文は以下のとおりであるが，本書をまとめるにあたっては大幅に加筆・修正している．

序　章　書き下ろし

第1章　「1900–1920年代東アジアにおける砂糖貿易と台湾糖」(『社会経済史学』第73巻1号，2007年5月)，「第一次大戦期–1920年代の東アジア精白糖市場：中国における日本精製糖販売の考察を中心に」（『社会経済史学』第76巻2号，2010年8月）．

第2章　「1900–1920年代東アジアにおける砂糖貿易と台湾糖」（『社会経済史学』第73巻1号，2007年5月），「第一次大戦期–1920年代の東アジア精白糖市場：中国における日本精製糖販売の考察を中心に」（『社会経済史学』第76巻2号，2010年8月）．

第3章　「日本帝国内における分業と相剋：製糖業を事例に」（『社会経済史学』第83巻1号，2017年5月）．

第4章　書き下ろし

第5章　「日本植民地期台湾における甘蔗用肥料の需給構造の変容（1895–1929）」（『三田学会雑誌』第105巻1号，2012年4月），「甘蔗作における「施肥の高度化」と殖産政策」（須永徳武編『植民地台湾の経済基盤と産業』日本経済評論社，2015年），「日本植民地の産業化と技術者：台湾糖業を事例に（1900–1910年代）」（『甲南経済学論集』第57巻第3・4号，2017年3月），“two paths toward raising quality: fertilizer use in rice and sugarcane in colonial Taiwan (1895–1945),” in Furuta, Kazuko and Grove, Linda (eds.), *Imitation, Counterfeiting and the Quality of Goods in Modern Asian History*, Singapore: Springer Nature Singapore Pte Ltd, 2017 (DOI: 10.1007/978-981-10-3752-8_10).

第6章　書き下ろし

第7章　「包装袋貿易から見た日本植民地期台湾の対アジア関係の変容」（『アジア経済』第51巻9号，2010年9月）．

終　章　書き下ろし

2003–08年にかけては，第I部の第1章・第2章で扱った東アジアの砂糖市場について研究し，修士論文としてまとめたうえで，学会誌に発表した．ここでの最大の問題は，全体像をどのように描くかであった．アジアの製糖業に関する先行研究は多いが，全体像を捉えたものはなく，第二次世界大戦中に書かれた日本貿易研究所編『糖業より見たる広域経済の研究』（栗田書店，1944年）が，皮肉にも最も広範にアジアの製糖業を扱っていた．序章図4は，当該書に着想を得たものである．また，第I部全体の議論との調整も問題であった．なかでも，「ジャワ糖問題」は，初出論文では「台湾糖優遇体制」としていたが（視点が少し異なる），それでは植民地糖業を対象とした表現にならないため，第3章・第4章の「過剰糖問題」に対応させる形で変更した用語である．

第I部の研究にある程度目途がついた2008年には，台湾に1年間留学し，第7章で扱った包装袋の研究を進めた．留学にあたって，中央研究院近代史研究所の張啓雄先生のご尽力を賜り，同研究所の訪問学人とさせていただいた．無学な私は，どこの「近代史」なのか理解しておらず，同研究所に植民地研究者が一人もいないことに驚いたが，両岸関係史の第一人者である林滿紅先生に何度かご指導いただく機会を得た．時計の音しか聞こえない静かな夜の研究室で，両岸関係史における包蓆の重要性を拙い台湾国語で説明すると，先生から「包装袋は世界的な題材だから，世界レベルの議論をすることを心掛けなさい」というコメントをいただいた．世界レベルとはいかなかったが，両岸関係以上の議論はできたのではないかと思っている．

日本に戻った2009年から2011年にかけては，第5章で扱った肥料の研究を進めた．台湾での留学生活のなかで，日本植民地期の台湾を対象としながら，自身の専門をアジア経済史としていることに疑問を持つようになっていた．なかでも，植民地内部をほとんど議論していなかった（要するに知らずにいた）ことが恥ずかしくなった．肥料は，植民地の対外関係の変容という問題関心を，植民地の内部の動き（製糖会社・農民関係）と「連関」させながら議論できたという点で，私の研究を植民地経済史にもしてくれた重要な題材である．そして，それまでの研究を博士論文『東アジア砂糖市場の変動と台湾糖業の対応（1895–1929年）』としてまとめ，2011年に慶應義塾大学に提出した．審査くださった杉山伸也（主査），籠谷直人（副査）の各先生に感謝申し上げる．ただし，第5章は，既発表論文に，谷ヶ城秀吉氏に誘っていただいた研究会（須永徳武先生主催）で扱った糖業政策，古田先生とグローブ先生が主催された研究会で扱った肥料取引，近年研究を進めている糖業技術という「内」の視点と，編集者と古田先生からのアドバイスを受けて取り入れた国際比較（第5章表11など）という「外」の視点を加えながら，リバイズしていったものである．多くの論点を盛り込めたが，それだけ議論が分散してしまったようにも思う．

残された章の研究は，2012年4月に甲南大学経済学部に採用されて以降，同時並行で進めていった．第4章は，湊照宏氏に誘っていただいた「アジア政治外交史・経済史研究会」（簑原俊洋先生主催）で進めた研究の成果である．本研究会は，政治外交史と経済史の交流を図るという学際性と，日本班・台湾班・韓国班で構成される国際性を備えていた．本章の主要史料となった日本商社の電報文は「偶然」発見したものであったが，まるでドラマを見ているかのような刺激的な内容とともに，自由貿易体制が崩壊した1930年代でも東アジア砂糖市場の議論ができることを気づかせてくれた．日蘭会商を東アジア砂糖市場の視点から捉え直そうと思えたのも，この「気づき」があったからである．本研究会に助けられて，私は1930年代に議論を発展させていくことができた．

第3章は，木越義則，兒玉州平，竹内祐介の各氏と共に進めた研究会（戦前日本帝国下の植民地・占領地経済に関する関係史的接近）の成果である．本研究会では，植民地相互の直接貿易にこだわるあまり，門外漢の青果物を取り上げるという「黒歴史」も作ってしまったが，最終的に第4章の前史を考察することで落ち着いた．ここでの研究によって，植民地相互の関係を「相剋」として特徴づけることができたが，それ以上に重要であったのは，製糖業が帝国日本の全土に形成された意味を実感できたことにあった．「台湾糖業」から「植民地糖業」へと議論の範囲を拡張させ，本書に『砂糖の帝国』なるタイトルをつけることができたのは，ひとえに本研究会のおかげであった．

最後に進めたのは，第6章で扱ったエネルギーの研究である．構想は以前からあったが，実際に研究を進めるきっかけは，慶應義塾大学が採択されたプロジェクト（ユーラシアにおける「生態経済」の史的展開と発展戦略）への参加を許されたことにある．本研究で直面した問題は史料の乏しさであり，とくに市場に現れないバガスはまとまった史料がなかった．この問題を解決してくれたのはIT技術であり，台湾でこの数年間に進められた日本語資料のデジタル化には大いに助けられた．検索機能に頼る弊害は大きいが，本章の研究を5年前にできたかと言われれば，迷うことなく「否」と答える．

以上が各章にまつわる「余談」である．名前を挙げさせていただいた方以外にも，アジア経済史，日本植民地経済史，中国経済史，日本経済史・経営史を専門とされる研究者の方々から，多くのご指導やコメントをいただいた．資料調査・閲覧に際しては，慶應義塾図書館をはじめとする，国内外の図書館・文書館の方々に助けていただいた．また，JSPS 科研費 26870754・26380437（代表・古田和子）・24243045（代表・城山智子）・23330116（代表・須永徳武），2014–15 年度サントリー文化財団研究助成，2015 年度 KIER 経済研究財団研究会及び講演会・シンポジウム助成，2013 年度 JFE21 世紀財団アジア歴史研究助成（代表・竹内祐介），文部科学省私立大学戦略的研究基盤形成支援事業「ユーラシアにおける「生態経済」の史的展開と発展戦略」（代表・細田衛士）には金銭的支援をいただいた．さらに，勤務先の甲南大学からも，様々な形で後押しいただいている．研究・教育・学務に熱心な教員，私の怠慢や失敗をフォローしてくださる職員，自律して学習に励む「少数精鋭」のゼミ生の助けなしには，これほど多くの時間を研究に割くことはできなかった．また，2016 年 10 月から 1 年間，国内研究休暇の機会をいただいた（名古屋大学に受け入れていただいた）．研究のことだけ考えられる環境になければ，本書を完成させることは不可能であった．さらに，「2017 年度伊藤忠兵衛基金出版助成」もいただくことができた．私の研究を様々な形で支えて下さったすべての方々と団体に，心より感謝申し上げる．

編集者の山本徹氏には，多くのコメントと助言を頂戴した．とくに，最初の原稿をお見せした際の「読者を選んでいます」というコメントには，「顔の見える読者」に向けて原稿を書いていたことに気づかされた．それから数か月かけて，原稿全体を書き直していった．製糖業や日本植民地経済史を専門としない読者に，本書の内容や意図を理解いただけたとしたら，それは山本氏のコメントによるものである．そのほか，私の無理な要求をすべて聞き入れていただき，多くの提案をしてくださった．感謝申し上げたい．

最後に家族へ．金銭的援助への感謝はもちろんのこと，片時も仕事が頭から離れない父親（今は兄弟も）と読書家の母親の存在は，私が研究（仕事＋本）の道に進んだバックボーンであると，勝手に思っている．そして，私が「研究生活」（生活＋研究）を謳歌できているのは，そのリズムを熟知する妻明日香のおかげである．本当にありがとう．本書の刊行を 2 人の家族に報告できなかったことが悔やまれる．私の研究生活をいつも気遣ってくれた祖母には，本書を一番に見せたかった．自身の怠惰を恥じ入る．そして，あまりにも早く旅立った佑には，今よりも相互理解が深まった東アジアの世界を見せたかった．証拠より論が大手を振る現状を見ると，その実現までは前途多難であろうが，私には研究に邁進するしかない．あくまでも「楽観主義」で．

2017年8月

平井健介

索 引

あ 行

赤司初太郎　103–105
赤糖　→含蜜糖
阿什河製糖廠　64, 104, 105
アジア　1, 6, 7, 15, 16, 172, 228, 231, 232
　東南——　2, 3, 7, 96, 113, 207
　東——　1, 2, 4, 13, 16, 17, 207–209
　南——　1, 2, 13, 45, 113
　——間貿易　3, 6
　——経済　3, 5–7, 10, 12, 20, 230
　——国際分業体制　231, 240, 243
圧搾機　14, 178–180, 183
安部幸兵衛（安部幸商店）　35, 48, 161, 168
アメリカ　6, 113
有馬洋行　70
イギリス　1, 2, 16, 167, 170, 242
藺草　204, 205, 211, 212, 218, 221–223, 234
一次産品　2, 3, 5, 15, 203, 206, 228
ウェレンステイン・クラウセ商会（Wellenstein, Krause & Co）　71
ウラジオストク　207
英国商　20, 53, 117, 124, 128
英領
　——インド　2, 3, 7, 13, 15–17, 46, 109, 178, 179, 205, 207, 234, 239, 242
　——マラヤ　2
　——ビルマ　1, 2
エネルギー　23, 25–27, 175, 176, 185, 232, 234, 242
　自然——　14, 177, 178
　人工——　14, 178, 179
　——効率　178, 179, 197
　——制約　175, 198, 234
　——節約　181, 199, 238
エルドマン・ジールケン商会（Erdmann & Sielcken）　71
遠心分離機　14, 179, 180
塩水港製糖　18, 48, 62, 91, 145, 151, 155, 162, 184, 185, 195–197
欧州商　20, 46, 48, 50, 58, 71, 79, 80, 101
黄麻　2, 91, 205, 213, 217, 218, 221, 229, 234, 235, 237, 239
大倉組（大倉商事）　48, 161
大蔵省　100, 106
大阪アルカリ　161
大阪製麻　214, 217
大阪硫曹　160
沖台拓殖製糖会社　63
沖縄（琉球）　1, 4, 13, 17, 18, 62, 63, 88, 106, 235
沖縄製糖会社　18, 63
オーストラリア糖業　137, 176
オランダ　45, 113, 116, 117
　——東インド会社　45, 176

か 行

開港　2, 3, 17, 20
買い戻し　68, 69
外延的拡大　61, 97, 137–139, 171
筧干城夫　146
郭河東　71
郭春秧　80
嘉義　144, 194, 212
華商
　——ネットワーク　7, 8
　蘭印——　20, 46, 48, 50, 52, 58, 71, 80, 118, 122, 123
過剰糖　22, 88, 89, 99, 101, 102, 104, 105, 125
　——の中国輸出　101, 103
　——の満洲輸出　103, 104

——問題　22, 23, 87, 88, 92, 99, 101, 106
賀田組　161, 162, 168
華中　103, 240
華南　112, 240
ガニーバッグ　27, 203, 209, 210, 212, 218–222, 224–226, 229, 234, 235, 237, 242
　インド産——　205, 206, 207, 209, 213–217, 228, 234, 239
　台湾産——　209, 210, 213–217, 229, 237, 239
　日本産——　209, 210, 213–217, 229, 237
　満洲産——　209, 210, 217
　——の生産　213, 214, 216, 228
　——の輸出　207, 208
華北　52, 55, 103, 111, 240
株出　148
樺太　4, 18, 19, 92, 101, 106, 160
樺太製糖　19, 101
過燐酸石灰　144, 152, 159–161, 171, 234, 236
カルカッタ　205, 207, 228
為替相場　77, 101, 113
勧業模範場　63, 64
漢口　54, 56, 207
甘蔗　12–14, 177
　——試作場　141, 142
　——買収　24, 36, 91, 139, 140, 239
　——買収価格　91, 92, 138, 145, 233, 238
甘蔗栽培
　沖縄の——　63
　ジャワの——　16, 45, 46
　台湾の——　24–26, 43, 61, 90, 91, 138, 140, 144, 145, 147, 149, 152, 168, 171, 181, 233, 234, 236, 239
　南洋群島の——　95
　——奨励規程　145, 233
関税改正・関税自主権　1, 38, 106
　インドの——　109, 179
　中国の——　22, 101, 107–109, 111, 239
　日本の——　18, 31, 33, 37, 38, 41, 57, 108, 146, 235
関東酸曹　161, 168
関東州　4, 103, 112
広東　52, 111–113, 118, 204, 207, 209, 223, 224, 226, 234
　——政府　109, 112, 118, 119, 121, 122, 133
　——糖　119–122
含蜜糖　12, 16, 17, 109
　赤糖　13, 33, 35
　グル糖　13
　黒糖　13, 63
技術
　——者　148
　栽培——(ジャワの)　46
　栽培——(台湾の)　62, 139, 142, 143, 146–149, 151, 163, 166, 168, 172, 182, 233, 234, 239
　栽培——(中国の)　45
　栽培——(南洋群島の)　95
　栽培——(北海道の)　98
　製糖——(台湾の)　62, 181, 184, 188, 190, 194, 236
　製糖——(中国の)　45
冀東特殊貿易　111
客商　54, 57
キューバ　14, 176, 178, 179
　——糖　101, 176
　——糖業　137
供給過剰　37, 65, 69
強制栽培制度　16, 45
共同購買事業　18, 142, 143, 149–152, 161, 171
魚肥　159, 160, 167
基隆　146, 168, 189, 193, 195, 209
均益　130, 131
近代製糖業　→製糖業
金輸出再禁止　101, 102, 113, 172
銀相場　101, 195, 222–224
草鹿砥祐吉　179, 190
久原商事　52
クラッシャ　14
グル糖　→含蜜糖
警察官　146
ケインナイフ　14
建源　47, 71, 121–123, 125, 130, 133, 240, 241
源記　121, 122
元興　119, 122

元泰恒　119, 122, 130
原料
　――係員　145, 146, 151, 171, 182
　――採取区域（台湾の）　18, 36, 61, 140, 142, 144, 146, 152, 155, 156, 171, 233, 238
　――採取区域（南洋群島の）　64, 94, 236
　――採取区域（北海道の）　65, 98, 236
　――糖　→分蜜糖
　――糖売買協定　38, 41, 88, 90
小泉製麻　214, 217
興華公司　119, 122
工業化　5, 9, 13, 15, 175, 176, 238
廣源　130
黄江泉　122–126, 128–130
公使館　128
恒春　191
孔祥熙　132
黄注　71
黄仲涵　47, 122
交通・通信インフラ　2, 5
河野信治　82
神戸精糖　35, 39
国際
　――競争力　5, 31, 38, 87, 242
　――金本位制　2
　――公共財　2, 3
　――砂糖協約　110
　――的契機　1, 6, 9, 10, 12, 20
　――分業体制　2, 14, 228
　――連盟　4, 93, 96, 217
黒糖　→含蜜糖
越田佐一郎　116, 117
米　3, 5, 11, 61, 91
　蓬莱――　163, 187, 195
　――騒動　61, 163
　――糠　160, 167
呼蘭製糖廠　64, 104, 105

さ　行

栽培工程　23, 42, 95, 140
栽培面積　137
　台湾の――　61, 91, 142, 163, 164, 171, 172, 233, 238, 239
　南洋群島の――　94, 95
　北海道の――　100
サイパン島　94, 95
在来製糖業　→製糖業
砂糖　2, 3, 5, 12, 13, 15
　――価格（ジャワ）　65, 66, 70, 73, 76
　――価格（中国）　55, 66, 82–85, 101
　――価格（日本）　38, 39, 62, 64, 66, 69, 75, 77, 78, 89, 102, 146, 184, 223
　――出港税　96, 239
　――消費税　18, 39, 76
　――専売制　22, 107, 108, 118, 122, 125, 133, 240
　――の帝国　19
　――の流通統制　57, 66, 89, 41, 58, 90, 106, 235, 241
　――販売組合　→ NIVAS
砂糖需要
　アジアの――　15, 16
　中国の――　50, 78, 83, 86, 118, 103, 237
　日本の――　21, 22, 31, 33, 41, 65, 88, 104, 106
　満洲の――　103
三亜製紙　186, 187
産業試験場　95
　南洋群島の――　64
　満洲の――　64
産地転売　50, 73, 74, 77
産糖処分協定　38, 41, 66, 96, 100
産米増殖計画　167
シャム　1, 2, 16, 17
ジャーディン・マセソン商会（Jardine, Matheson & Co.）　16, 52, 55, 58, 128
ジャマイカ・トレイン　178
ジャワ　15, 17, 20, 31, 46, 48, 59, 110, 176, 184, 207, 232, 236
　――原料糖　33, 37–39, 41, 42, 44, 68, 77, 85, 102
　――直消糖　41–44, 49, 66, 69, 85
　――糖　17, 16, 20–22, 32, 33, 45, 46, 59, 60, 65, 70, 71, 73, 74, 76, 85, 88, 108–110, 113, 115–117, 119–122, 124, 125
　――糖業　16, 45, 46, 109, 110, 113, 116, 137, 172
　――糖の対日本輸入　33, 44, 48, 50, 58,

60, 75, 77, 86, 114, 235, 237, 241
――糖の取引　47, 48, 50, 58, 69, 74, 88, 241
――糖販売団　121
――糖問題　22, 23, 31, 33, 37, 41, 42, 44, 50, 57–60, 65, 66, 69, 77, 85, 86, 88, 114, 115
――白糖　51–53, 78–80, 82, 85, 86, 111, 113, 118, 133
――実生種・大茎種　→品種
上海　52, 54–57, 78, 80, 82–84, 102, 103, 112, 117, 119, 122, 123, 130, 207
――事変　103
――ネットワーク　2
――の砂糖取引　52, 84, 121
上海商業儲蓄銀行　79, 119
上海糖業合作公司　119–121, 124, 125, 133
集団蔗園　156, 157
朱家驊　122
シュレッダ　14, 62, 182–184, 186, 187, 199, 236
自由貿易　2, 3, 109–112, 133
縦貫鉄道　→台湾鉄道
順全隆洋行（Meyerink & Co.）　79, 128
昌記　121, 122
昌興　119, 122, 130
捷成洋行（Jebseon & Co.）　79, 128
小農　13, 139, 233, 238
垂直統合型――経済　140, 145, 147, 148, 171, 233, 236, 239
昌隆　210, 216
奨励金　5, 35, 64, 65, 95, 98, 100, 145, 233, 238
昭和製糖　103, 186
殖産局会議　149
食糖
――運銷管理員会　122–124, 126, 128
――運輸販売の管理大綱　127, 128
植民地
――原料糖　42, 41, 66
――直消糖　41, 42, 66, 69, 97
――的流出　113
――糖　20–22, 23, 31, 32, 37, 41, 50, 59, 65, 66, 76, 77, 85, 87, 89, 90, 106, 114, 115
――糖業　19, 22, 23, 31, 32, 35, 57, 58, 59, 87, 8, 101, 107, 115, 232–235, 238–240
内地――　4
食料原料基地　5
蔗苗養成所　147, 148
新益　121, 122
真空結晶缶　14, 178, 179
新興産糖地域　19, 59, 65, 85, 88, 91, 93, 99, 114, 115, 236, 239
新興製糖　91, 189
新大陸　13
申報　126, 131, 132
森林枯渇　176, 178, 186, 187, 191, 199, 234
人糞尿　14
瑞香園　216
杉原商店　168, 170
鈴鹿商店　165, 170
鈴木商店　35, 48, 52, 70, 71, 73, 88, 162, 165, 168, 170, 211, 215, 225
住友肥料　161, 168
スラバヤ　70
生産制限　87–91, 96, 97, 101, 106, 107, 115, 197, 199, 238, 239, 243
盛進商行　168, 170, 215
精製糖業　→製糖業
精粗兼営化　40, 41, 44, 52, 57, 235
製糖
――会社農事主任会議　150, 154, 157, 193
――研究会　181–183
――場取締規則　36, 42, 61, 140, 145, 233
――歩留　62, 181, 182, 236
製糖業　232
在来――　14, 16, 33, 35, 62, 109, 177, 180, 198, 232–234
近代――　14–19, 35, 59, 63, 179, 180, 198, 232–234
甘蔗糖業　12–14
甜菜糖業　12, 14
精製糖業　13
製糖工程　12, 25, 26, 42, 95, 140, 176, 198, 233
圧搾――　12, 14, 177, 178
刈取・運搬――　12, 25, 177, 181
精製――　12

煎糖──　12, 14, 177, 178, 180
分離──　12, 177, 180
精白糖　→分蜜糖
製麻工業
インドの──　205, 206, 228
台湾の──　213, 229
日本の──　214, 229
盛裕　130
世界恐慌　109, 113
石炭　5, 25, 27, 176, 180, 181, 185, 187, 188, 197, 198, 238
製糖用──　192–196, 198
台湾──　189, 191, 195, 196, 199, 234, 237, 242
日本──　189
撫順──　195–197, 199, 237, 242
──の調達　192, 194, 195, 197–199, 237
──輸送組合　193, 194
セレー病　46
銭荘　53
千田商会　70
相剋　11, 242, 243
相思樹　189–192
総督府　→台湾総督府
荘票　53
粗糖　→分蜜糖

た　行

太古糖房　52, 55
大成化学　165
台中　144, 147, 164, 166, 212
台南　144, 164, 166, 212
台南製糖　48, 63, 148, 186, 191
堆肥　14, 95, 151
台北製糖　157
台湾　4, 6–9, 17–20, 24, 25, 27, 31, 33, 35–37, 48, 57, 59–62, 65, 85, 88, 90, 91, 96, 101, 106, 111, 112, 137, 140–142, 146, 147, 150–152, 158, 160–163, 167, 168, 170, 172, 175, 178, 179, 188, 190, 191, 199, 206, 211–214, 218, 219, 233, 234, 236, 239, 242–244
──原料糖　37–39, 40, 44, 101, 102, 210, 212, 213, 215–217, 220, 222, 224, 229, 234
──蔗作研究会　150
──再製白糖　184, 195
──製麻組合　217
──籍民　111
──総督府　18, 35–37, 41, 90, 91, 123, 140–142, 145, 147–150, 154, 157, 158, 163, 166, 170, 178–181, 183, 187, 191, 194, 211, 212, 223, 229, 233, 234, 237, 239
──総督府鉄道部　193, 195, 198
──直消糖　37, 39, 42, 44, 49, 210, 212, 215, 217, 222, 224–226, 229, 237
──鉄道　147, 189, 191, 192, 195, 199, 234
──糖　27, 42, 49, 58, 88, 100, 101, 103, 111, 146, 203, 204, 223, 233–237, 242
──糖業　23, 26, 31, 36, 60, 62, 91, 99, 137, 139, 146, 147, 151, 171, 178, 180, 182, 184, 187–189, 196–199, 204, 209, 224, 229, 238, 241, 242
──白糖　62, 184, 195, 210, 212, 215
台湾銀行　70, 71, 170, 187
台湾商事　161
台湾製紙　187
台湾製糖　18, 35, 39, 48, 52, 62, 91, 146, 149, 150, 155, 157, 164, 182–187, 189–191, 195, 196, 233
台湾製麻　213, 214, 216, 217, 234
台湾電力　170, 187
台湾肥料　161, 162, 168
第三国輸出　50, 73, 74
大昌　130
大豆粕　5, 144, 152, 154, 159, 161, 164, 166, 167, 171, 234, 236, 242
第二次拓殖計画　98, 100
大日本人造肥料　160, 161
大日本製糖　18, 35, 52, 55, 63, 64, 91, 103, 112, 155, 162, 164, 165, 185, 191, 197
大里製糖所　35
大連　103, 111, 112, 159, 207
大連汽船　195
高雄（打狗）　27, 111, 147, 195, 209
──打狗検糖所（高雄検糖支所）　147, 161, 163
多木合名　170

多木製肥所　161
拓殖局　63
拓殖省　90, 106
拓務省　90
多重効用缶　14, 178
辰馬汽船　195
炭鉱　187, 189, 192, 193, 195, 196
地域利害　10, 11, 18, 19, 89, 103, 105–107, 198, 232, 235, 239, 243
築港　189, 199
中央研究所　163
中央製糖　149
中華糖業公司　126–131, 133
中華糖局　52
中国　1, 3, 4, 15–17, 20, 22, 23, 31, 33, 46, 50–52, 54, 58, 59, 77–80, 83, 102, 104, 106, 116–118, 123, 124, 127, 133
　——糖　109, 111
　——の政情不安　184, 223–228
調合肥料　144, 152, 154, 161–165, 170, 171, 234, 236
朝鮮　4, 6, 7, 9, 18, 19, 62, 63, 97, 101, 160, 167, 175, 235
　——精製糖　101
　——総督府　63
　——糖　64, 92
　——糖業　63
朝鮮製糖　19, 64
直消糖　→分蜜糖
陳済棠　118
低為替放任策　108, 172
帝国
　——内砂糖貿易　19–23, 31, 37, 41, 44, 48, 57, 59, 60, 62, 86, 89, 107
　——内分業論　9–11, 87, 106
　——内貿易　6, 10, 87
　——内貿易（肥料の）　159–161, 167, 170
　——利害　10, 11, 18, 19, 89, 105, 106, 198, 232, 233, 235, 242
帝国製糖　40, 48, 99
帝国製麻　214
テニアン島　94, 95
天工開物　178
電気化学工業　166
甜菜　12, 14, 177
甜菜栽培　103
　朝鮮の——　63
　ドイツの——　14
　北海道の——　63, 65, 98, 100
　満洲の——　64, 104
天祥洋行（Dodwel & Co.）　79, 128
天津　52, 83
ドイツ　14, 166, 167, 170, 236, 242
東亜肥料　168
東京人造肥料　160
糖業
　——改良意見書　35, 140
　——改良事務局　63
　——規則　64, 94, 236
　——公会（點春堂）　82, 83, 119, 130, 131
　——試験所　163
　——試験場（ジャワの）　16, 46
　——試験場（台湾の）　18, 142, 147, 163, 171, 211, 212, 233
　——奨励規則（台湾の）　35, 37, 140
　——奨励規則（南洋群島の）　64, 94, 95
　——政策　35, 91, 93, 140, 142, 158, 180, 211
糖業連合会　38, 41, 57, 66, 68, 69, 82, 88, 90, 91, 93, 96, 97, 99–101, 115, 122, 123, 131, 146, 193, 203, 204, 220, 225, 226, 229, 235, 238, 239
　——台湾支部　157, 158, 192–194, 225
　——石炭輸送部　194, 237
糖行　20, 53–58, 79, 80, 82–85, 119, 120, 122, 124, 130–133, 235, 238, 240, 241
　株主——（上海糖業合作公司の）　119–121, 124
糖商会　84, 123–131
糖廍　178–180
唐有壬　131
東洋麻糸紡織　217
東洋製糖　48, 62, 146, 148, 150, 151, 165, 170, 183, 184, 191
東洋製麻　214
東洋拓殖　64, 93
糖類營銷取締暫行規則　118
特調肥料　152, 154, 155, 162–164, 170, 171, 234
土壌　150, 154, 166, 233

土地生産性　25, 137, 171
ジャワの——　16, 172
台湾の——　62, 143, 152, 154, 155, 163, 164, 171, 172, 236, 238
南洋群島の——　95, 236
土地調査事業　5, 36, 140
特恵関税圏　5, 7, 242
トラスト　→VJSP

な　行

内包的深化　62, 137–139, 171
長岡春一　114, 117
中村誠司　123, 124, 131
南京条約　16
南京政府　108, 118, 122, 124, 125, 128, 131–133
南洋
——群島　4, 18, 62, 64, 88, 93, 96, 98, 99, 106, 235, 236, 243
——群島開発調査委員会　96
——庁　64, 92–97
——糖　64, 94, 95, 97, 101
——糖業　64, 93, 95–97, 239
南洋興発　18, 64, 93–97, 236
南洋拓殖　93, 94
新高製糖　40, 48, 64, 154, 165, 170, 236
二国間主義　115
西村製糖所　93, 94
日英通商航海条約　18
日蘭会商　23, 107, 108, 113–115, 117, 118, 123, 133, 240
最低輸入条項　114–116
再輸出制限条項　114–117, 133, 240
生産制限条項　114, 116
日蘭貿易商会　70
日露戦争　4
日貨排斥　82, 84, 101, 103, 106, 109, 184
日清戦争　4
新渡戸稲造　35, 140
日本　1, 3, 4, 6, 15, 17, 18, 20–22, 31, 32, 37, 42, 44–46, 50, 57, 59, 65, 73, 75, 77, 85, 87, 93, 96, 101, 104, 105, 107, 108, 111, 113–118, 122, 123, 125, 133, 138, 145, 146, 148, 159–161, 163, 166–168, 170, 171, 175, 180, 186, 195, 204, 206, 214, 217, 218, 231–233, 235, 237–240, 242, 243
——商　5, 20, 22, 33, 48, 49, 53, 54, 56–58, 60, 69–71, 73, 76, 77, 83–85, 111, 117, 123, 124, 131, 133, 161, 168, 216, 235, 237, 238, 241
日本化学　168
日本砂糖貿易　70, 123, 128
日本植民地　8, 10, 18–20, 23, 25, 35, 59, 62, 105, 175, 176, 198, 231, 232, 243, 244
——経済　1, 5–10, 12, 20, 231, 232, 240, 241, 243, 244
日本精製糖　18, 20, 22, 33, 34, 38, 44, 50–58, 77, 78, 80, 82–85, 101–103, 116–118, 120, 133, 240
国内精製糖　38, 39, 41, 66, 69, 88
輸出精製糖　38, 41, 44, 66, 69, 88, 101, 102, 114
——業　18, 31, 33, 35, 37, 39–41
——の対中国輸出　33, 44, 50, 57, 58, 60, 77, 78, 86, 109, 112, 235, 237
日本精製糖（会社）　33, 35, 48
日本精糖　33, 35, 48
日本窒素肥料　166, 167
日本甜菜製糖　64, 100, 236
農会　143, 211
農学校　148
農業銀行　45, 46
農事試験場　65, 98
台湾の——　211, 212
北海道の——　65, 98
農民　23, 24, 36, 61, 63, 91, 100, 138, 140, 145, 146, 148, 151, 152, 155, 156, 163, 212
No Coal 工場　197, 199, 238

は　行

ハー・アーレンス（H. Ahrens）　170
買弁　54, 124
バガス　14, 25–27, 176–181, 186–188, 190, 197–199, 234, 238, 242
——損失　182, 184
——のコスト　238, 239
——パルプ　186–188, 199
白糖　→分蜜糖

バタフィールド・スワイア商会（Butterfield and Swire.）　16, 52, 55, 56, 58, 128, 235
ハーバー・ボッシュ法　166
浜口栄次郎　146
バルバドス　178
ハワイ　142, 183, 236
　——糖業　172, 179
ハンド・リフレクトメーター　62, 181, 182, 184, 199, 236
蕃産物交換所　190
東アジア間砂糖貿易　17, 18, 20–23, 31, 44, 57–60, 69, 86, 107, 108, 111, 122
肥料　9, 14, 23, 24, 25, 27, 91, 95, 98, 137, 142, 143, 232–234, 242
　——価格　149, 154, 163, 164, 166
　——革命　16, 172, 173
　——工業　160, 162, 166, 168
　——試験　149, 150, 154
　——代　24, 151, 156, 163
　——需要（台湾の）　160, 161
　——需要（朝鮮の）　167
　——需要（日本の）　159, 166
　会社指定——　151, 152, 155, 164, 171
　総督府指定——　144, 149
品種　9, 14, 25, 62, 95, 137, 233
　ジャワ大茎種　95, 163, 171, 183, 184, 236
　ジャワ実生種　149, 183
　南洋一号　95
　ローズバンブー種　144, 148, 149, 183
馮鋭　122
復和裕　52, 123, 126, 128
藤田豆粕製造合資会社　161
福建　111–113
仏領インドシナ　2, 7, 207
ブラナー・モンド（Brunner, Mond & Co. Ltd.）　170
プランテーション　24, 35, 36, 45, 46, 139, 140, 155, 178, 233, 236
ブロック化　218
分業　11, 242
分蜜糖　12, 13, 17, 33
　原料糖　12, 13
　再製白糖　185
　精製糖　12, 13, 62
　精白糖　12
　粗糖　12, 16, 62, 185
　直消糖　12
　白糖　12, 16, 62, 185
米価　61, 91, 138, 145, 159, 163, 166, 212, 239
米穀統制法　91, 99, 115, 218
米糖相剋　138, 145
米領フィリピン　2
ヘルデレン（Van Gelderen, J.）　116, 117
「便利屋」貿易　112
包蓆　27, 203, 205, 206, 209, 210, 212, 214–216, 218–224, 226–229, 234, 235, 237, 242
　——の生産　205
　——の輸出　207, 208
　——商　205, 207, 227
包装
　——材　25, 26, 187, 203, 232, 234, 242
　——袋　27, 206, 214, 234
　——率　210, 212, 214–217
蓬萊米　→米
暴風雨　96
　台湾の——　43, 62, 96, 147, 151, 171, 183, 233
　南洋群島の——　97
北満製糖　105
保護貿易　110
補助金　35, 37, 38, 41, 93, 140, 143, 144, 146, 150–152, 154–156, 171, 235
北海道　1, 4, 18, 19, 62–64, 88, 92, 93, 97–99, 100, 106
　——庁　65, 97, 98–100, 239
　——帝国大学　148
　——糖　65, 100
　——糖業　64, 98, 99, 239
北海道製糖　19, 64, 65, 98–100, 236
埔里社製糖　149
香港　15, 16, 20, 31, 51, 111, 117, 120, 206–209, 223, 228, 232
　——海員大罷工　224, 225
　——商　52, 53, 210, 216
　——精製糖　16–18, 20, 33, 34, 38, 51–53, 55, 58, 78, 101, 120, 235

ま　行

前貸金　23–25, 145, 151, 163, 233, 238
前田吉次郎　204, 211, 212
澳門　111, 206, 209
薪　14, 25, 27, 176, 177, 179–181, 188, 198, 234, 242
　――の調達　189–192, 199
マクレイン・ワトソン商会（Maclaine Watson & Co.）　47, 48, 71
馬宗傑　124, 126
増幸洋行　82, 123, 125, 128–130
増田増蔵（増田屋・増田商店・増田合名会社）　35, 48, 53, 56, 161
松江春次　64, 93, 236
丸田治太郎　190
満洲　7, 18, 19, 64, 97, 103, 106, 159, 160, 166–168, 171, 234–236, 242
　――国　4, 88, 103, 104, 105, 111, 239
　――事変　101, 103, 106
　――糖業　104, 105
満洲製糖　104, 105
満洲製麻　217
三井物産　48–50, 52, 57, 70–74, 85, 111, 123, 124, 128, 129, 161, 162, 170, 211, 213, 215, 224, 225, 227, 228
三菱商事　70, 71, 73–75, 111, 123, 124, 128–130
密輸　103, 111–113, 122, 124, 128, 133, 239, 240
　ジャワ糖の――　111, 112
　台湾糖の――　111
　日本精製糖の――　111
　――業者　111, 112
南日本製糖　157
南満洲製糖　19, 64, 103–105
南満洲鉄道　64, 159
　――経済調査会　104, 105, 239
宮尾舜治　97, 98
三宅康次　99
無煙糖　119
明華糖廠　128
明治製糖　18, 39, 48, 52, 62, 64, 65, 91, 98, 100, 101, 149, 151, 157, 162, 164, 183, 185, 195
模造精製糖　82, 117, 238
モノカルチャー経済　113
模範蔗園　142, 143, 171, 233
モーリシャス糖業　137, 172

や　行

湯浅竹之助（湯浅商店・湯浅貿易商会・湯浅洋行）　35, 52, 56, 70, 211, 223
湯浅製糖所　35
裕泰恒　130
裕豊恒　130
輸出志向　243
輸出精製糖　→日本精製糖
輸入原料糖戻税制度　34, 37, 38
輸入代替　12, 27, 88, 105, 57
　砂糖の――（日本）　9, 18, 22, 19, 31, 85, 87, 108, 109, 116, 232–234, 238
　砂糖の――（中国）　80, 108, 109, 116
　包装袋の――　211–213, 215–217, 229, 234, 237, 239
揚子江流域　52, 54, 55, 103, 112, 113
横浜正金銀行　70, 71
横浜精糖　35, 39
横浜肥料　161
ヨーロッパ　1, 4, 6, 13, 14, 166, 232

ら行・わ行

雷州　204, 206, 211, 227
ラサ島燐鉱　168
蘭印華商　133　→華商
ランネフト（Ranneft, J. W. Meyer）　117
蘭領東インド　2, 7, 15, 16, 23, 45, 107, 110, 113–118, 133, 240
立基洋行（Kuipschildt）　79
硫安　46, 152, 154, 158, 164–167, 170, 172, 232, 236, 242
琉球　→沖縄
梁敬錞　122, 124, 126, 128–131
領事館　128, 129
緑肥　151
臨時台湾糖務局　140, 143, 147, 149
林本源製糖　154
冷害　98, 100
レイノソ法　46
連関　10, 20, 23, 231, 232, 240, 241, 244

ローズバンブー種　→品種
ロタ島　94
ロンドン世界経済会議　218
和興　131

欧文

NIVAS　110, 128, 133
official smuggling　118, 119, 122
VJSP　70, 71, 73, 76, 80, 85, 86, 237, 241

著者略歴

1980 年　兵庫県生まれ
2003 年　慶應義塾大学経済学部卒業
2005 年　慶應義塾大学大学院経済学研究科修士課程修了
2011 年　慶應義塾大学大学院経済学研究科博士課程修了
慶應義塾大学先導研究センター研究員，甲南大学経済学部専任講師をへて
現　在　甲南大学経済学部准教授，博士（経済学）

主要論文

"the peasant's dilemma: finance and fraud problems in purchasing fertilizer in Taiwan (1910–1930s)," in Sawai, Minoru (ed.), *Economic Activities under the Japanese Colonial Empire* (Monograph Series of the Socio-Economic History Society, Japan), Tokyo: Springer Japan, 2016.
"assimilation and industrialization: the demand for soap in colonial Taiwan," in Furuta, Kazuko and Grove, Linda (eds.), *Imitation, Counterfeiting and the Quality of Goods in Modern Asian History*, Singapore: Springer Nature Singapore Pte Ltd, 2017

砂糖の帝国
日本植民地とアジア市場

2017 年 9 月 25 日　初　版

［検印廃止］

著　者　平井健介（ひらい けんすけ）

発行所　一般財団法人　東京大学出版会
代表者　吉見俊哉
153-0041 東京都目黒区駒場 4-5-29
http://www.utp.or.jp/
電話 03-6407-1069　Fax 03-6407-1991
振替 00160-6-59964

印刷所　研究社印刷株式会社
製本所　誠製本株式会社

ISBN 978-4-13-046123-8　Printed in Japan